物質・材料テキストシリーズ　　藤原毅夫・藤森　淳・勝藤拓郎 監修

先端機能材料の光学
光学薄膜とナノフォトニクスの基礎を理解する

梶川浩太郎 著

内田老鶴圃

本書の全部あるいは一部を断わりなく転載または
複写(コピー)することは，著作権および出版権の
侵害となる場合がありますのでご注意下さい．

物質・材料テキストシリーズ発刊にあたり

　現代の科学技術の著しい進歩は，これまでに蓄積された知識や技術が次の世代に引き継がれて発展していくことの上に成り立っている．また，若い世代が先達の知識や技術を真剣に学ぶ過程で，好奇心・探求心が刺激され新しい発想が芽生えることが科学技術をさらに発展させてきた．蓄積された知識や技術の継承は世代間に限らない．現代の分化し専門化した様々な学問分野は常に再編や融合を模索しており，複数の既存分野の境界領域に多くの新しい発見や新技術が生まれる原動力となっている．このような状況においては，若い世代に限らず第一線で活躍する研究者・技術者も，周辺分野の知識と技術を学ぶ必要性が頻繁に生じてくる．とくに，科学技術を基礎から支える物質科学，材料科学は，物理学，化学，工学，さらには生命科学にわたる広範な学問分野にまたがっているため，幅広い知識と視野が必要とされ，基礎的な知識の十分な理解が必須となってきている．

　以上を背景に企画された本テキストシリーズは，物質科学，材料科学の研究を始める大学院学生，新しい研究分野に飛び込もうとする若手研究者，周辺分野に研究領域を広げようとする第一線の研究者・技術者が必要とする質の高い日本語のテキストを作ることを目的としている．科学技術の分野は国際化が進んでおり学術論文は大部分が英語で書かれているので，教科書・入門書も英語化が時代の流れであると考えがちである．しかし，母国語の優れた教科書はその国の科学技術水準を反映したもので，その国の将来の発展のポテンシャルを示すものでもある．大学院生や他分野の研究者の入門を目的とした優れた日本語のテキストは，我が国の科学技術の水準，ひいては文化水準を押し上げる役目を果たすと考える．

　本シリーズがカバーする主題は，将来の実用材料として期待されている様々な物質，興味深い構造や物性を示す物質・材料に加えて，物質・材料研究に欠かせない様々な測定・解析手法，理論解析法に及んでいる．執筆はそれぞれの分野において活躍されている第一人者にお願いし，「研究室に入ってきた学生

に最初に読ませたい本」を目指してご執筆いただいている．本シリーズが，学生，若手研究者，第一線の研究者・技術者が新しい分野を基礎から系統的に学ぶことの助けとなり，我が国の科学技術の発展に少しでも貢献できれば幸いである．

監修　　藤原毅夫　　藤森　淳　　勝藤拓郎

はじめに

近年の微細加工技術の進展に伴い，マイクロメートルからナノメートルサイズの微細な構造を持つ光学材料（以下先端光学材料と呼ぶ）を設計し作製することができるようになってきた．そのため，メタマテリアルのような革新的な性質を持つ微細構造をいかに創出するかが研究の鍵となっている．先端光学材料の種類は，その光学応答が解析的に解けるような比較的シンプルな構造から大きな規模の数値計算が必要な複雑な構造まで多岐にわたる．

光と物質の相互作用を扱う光物性や光学材料の分野には多くの教科書がある．また，多くの光学の教科書も出版されている．ところが，先端光学材料では物質自体が持つ光学的な性質に加えて，形状や配置，各要素間の相互作用がその光学応答に大きく寄与する．そのような先端光学材料の光学を網羅的に扱っている書籍は限られており，対象とする材料の光学応答の考え方や計算方法がすぐにはわからないことが多い．

本書では，大学院生や研究者を対象として，先端光学材料を学んだり研究したりする際に避けて通ることができない光学について具体的に取り扱った．個々の内容はこれまで誰かがどこかに記したものであるが，これを1冊にまとめることは，この分野の学習の際だけでなく，研究の際にも参考になると考えた．

第1章では，等方性媒質中の光学について述べ，導波路中の光伝搬や屈折率の起源，有効媒質近似などを論じた．この章内の知識を使えば直面する課題の多くを解くことができる．第2章では，異方性媒質中の光学について述べた．異方性媒質中の光学は複雑な式が並ぶが，液晶ディスプレイや非線形光学効果を理解する上では，それらを避けて通ることはできない．第3章では，その非線形光学効果について光学的な観点から説明を行った．非線形光学効果については光と物質の相互作用が要であるが，一方で，たとえば，発生した高調波光がどのように伝搬するかを考えることも大事である．これは，高調波光のみならず蛍光発光などのインコヒーレント発光の場合にも応用できる．第4章では

はじめに

今日の先端光学材料の重要な分野であるフォトニック結晶と表面プラズモン，メタマテリアルを紹介した．これらの分野は今後一層発展すると考えられるが，それらの原理など基本的な事項の理解は優れた研究成果を得るための基盤となる．第5章では，実際にナノスケールの光学で用いられる計算方法をまとめた．精度や計算速度の上では解析的な手法で解けることが望ましいが，多くの場合それは困難であり数値計算に頼らざる得ない．数値計算のためのソフトウエアを使う使う上で，最低限知っておきたいことを述べた．

本書で記されているたくさんの複雑な式は，取っつきにくさを感じると思っている．しかし，内容を充分に理解するためには，結局は一つ一つ式を追っていくことが近道である．最終的に与えられた式を用いるだけでは，その裏にある物理は見えてこないし，新しい発見を生み出すこともない．深い理解を得るためには，参考文献も含めて，一つ一つの式や事項を掘り下げて読みすすめていくことをお薦めしたい．

2016年10月

梶川浩太郎

目　次

物質・材料テキストシリーズ発刊にあたり i
はじめに iii

第1章　等方媒質中の光の伝搬 1

1.1　電磁波 1
1.2　均一媒質中の光の伝搬 4
1.3　偏光(直線偏光，円偏光) 7
　　1.3.1　直線偏光・自然偏光 8
　　1.3.2　楕円偏光・円偏光 10
1.4　ジョーンズベクトル 12
1.5　局所電場とクラウジウス–モソッティーの式 15
1.6　屈折率の微視的な描像 20
1.7　有効媒質近似 22
1.8　界面における透過と反射(誘電体，金属) 24
　　1.8.1　スネルの法則 24
　　1.8.2　界面における透過と反射 26
　　1.8.3　反射率と透過率 28
　　1.8.4　全反射とエバネッセント光 31
1.9　金属の誘電率とプラズマ周波数 34
1.10　多層問題(反射，透過) 37
　　1.10.1　多重反射を考えて無限級数を用いる解法 37
　　1.10.2　連立方程式を使った解法 39
　　1.10.3　伝搬行列法 42
1.11　光導波路 43

         1.11.1　s-偏光(TE 偏光) 44
         1.11.2　p-偏光(TM 偏光) 47
   1.12　光ファイバ 48

第 2 章　異方性媒質中の光の伝搬

   2.1　異方性媒質の種類と屈折率楕円体 55
   2.2　異方性媒質中の光の伝搬 59
         2.2.1　異方性媒質中の光の伝搬の基本式 59
         2.2.2　波面に関するフレネルの式 61
         2.2.3　光線に関するフレネルの式 64
   2.3　異方性媒質中における反射と透過 66
         2.3.1　波面や光線の進む方向 66
   2.4　反射と透過 69
   2.5　反射係数と透過係数 70
   2.6　異方性媒質の多層膜における反射率と透過率 73
         2.6.1　伝搬行列法(異方性媒質) 73
         2.6.2　Berreman の 4×4 行列法 79
   2.7　複屈折材料 85
         2.7.1　セロハンテープの複屈折 85
         2.7.2　液晶ディスプレイ 87

第 3 章　非線形光学効果

   3.1　非線形光学効果 93
   3.2　2 次の非線形光学効果 94
   3.3　3 次の非線形光学効果 97
   3.4　非線形分極 99
   3.5　光高調波発生 100
         3.5.1　光高調波発生の表記 100

	3.5.2 光高調波の伝搬 102
	3.5.3 位相整合 105
	3.5.4 疑似位相整合 109
3.6	光第2高調波の反射と透過 110
3.7	多層膜からの光高調波発生 114
3.8	電気光学効果 116
3.9	光誘起屈折率変化と光双安定現象 119
	3.9.1 光誘起屈折率変化 119
	3.9.2 光双安定現象 121

第4章　構造を利用した光機能材料 125

4.1	Whispering Gallery mode 125
	4.1.1 共振器 125
	4.1.2 Whispering Gallery mode 126
4.2	フォトニック結晶 130
	4.2.1 1次元フォトニック結晶 131
	4.2.2 2次元フォトニック結晶 136
	4.2.3 3次元フォトニック結晶 139
4.3	表面プラズモン 140
	4.3.1 伝搬型表面プラズモン 140
	4.3.2 表面プラズモンの励起 142
	4.3.3 局在表面プラズモン共鳴 146
4.4	メタマテリアル 150
	4.4.1 負の屈折 151
	4.4.2 ハイパボリック–メタマテリアルと超解像 154
	4.4.3 メタマテリアルによる光吸収 156

第 5 章　光学応答の計算手法 ... 159

- 5.1　境界値問題 ... 159
  - 5.1.1　球 ... 159
  - 5.1.2　2 連球 ... 167
  - 5.1.3　基板上の球 ... 170
- 5.2　離散双極子近似 ... 176
  - 5.2.1　離散双極子近似の原理 ... 177
  - 5.2.2　分極率 ... 179
- 5.3　FDTD ... 180
  - 5.3.1　マックスウェル方程式の差分 ... 181
  - 5.3.2　光源 ... 185
  - 5.3.3　吸収境界 ... 189
  - 5.3.4　分散媒質 ... 196

付録 A　媒質中のマックスウェルの方程式 ... 201
付録 B　屈折率楕円体 ... 202
付録 C　SHG の式 ... 204
付録 D　ベクトル球面調和関数 ... 206
付録 E　基板上の球の式 ... 208
付録 F　3 次元 FDTD ... 209

参考文献 ... 211
欧字先頭索引 ... 215
総索引 ... 217

第1章
等方媒質中の光の伝搬

本章では,光に関する基本的な知識を理解する.電磁波の一種である光は,波長により様々な種類がある.光が媒質中を伝搬するとき,その振る舞いは媒質の屈折率(正確には誘電率と透磁率)により決まる.ただし,媒質は等方的で均一とは限らない.また,導波路構造や光ファイバー等,形状も様々であり,その境界条件を使って上手に解かないと振る舞いを見通し良く理解することができない.

1.1 電磁波

光は電磁波の一種である.光を知るためにラジオ波などの低い周波数の電磁波(電波)の性質を一通り述べる.近年は光とラジオ波等の電波の境界がなくなりつつある.これは,光の波長より小さい構造が人工的に作れるようになってきたためである.その結果,光の波長に共振するアンテナが作れるようになり,光を電波のように扱ったり,光に近い周波数の電波(テラヘルツ波)を用いた研究が注目を集めるようになってきた.図 **1.1** に波長で分類した電磁波の種類を示した.長波 (LW: low frequency wave) は波長が 30 〜 300 kHz(波長になおすと 1〜10 km) の電波であり,電離層による伝搬ではなく地表に沿って遠くまで伝搬する地表波(表面波)である.伝搬距離は 1000 km に及ぶ.そのため,電波時計 (40 kHz と 60 kHz) や船舶航行用の基準電波に用いられている.波長が長いため,送信には長いアンテナを必要とする.中波 (MW: midium frequency wave) と呼ばれる電波の周波数の範囲は 300〜3000 kHz である.振幅変調 (AM: amplitude modulation) を使ったラジオ放送に用いられている.昼間は電離層で吸収されるため伝搬距離は短い (200 〜 300 km 程度) が,夜間には電離層による反射が起こり,数 1000 km の長距離伝搬が起こることがある.

一方,海外放送に用いられる短波 (HF: high frequency または SW: short wave) は,周波数 3〜30 MHz の電波である.昼夜を問わず電離層での反射を

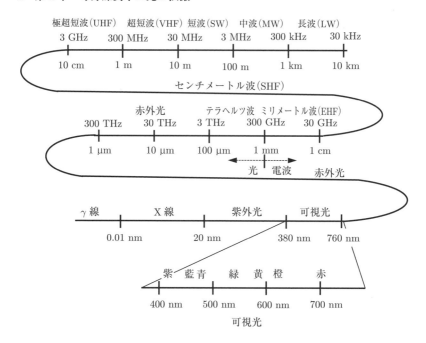

図 1.1 様々な電磁波の周波数と波長.

使った遠距離通信が可能であり，インターネットや国際電話が普及するまでは，長距離通信にも使われていた．さらに短い波長を持つ電波に超短波 (VHF: very high frequency) がある．超短波は波長が 30 〜 300 MHz の電波である．通常は，電離層を透過するため，それを使って長距離通信を行うことはできない．また，地表に沿った伝搬距離も短いため見通し範囲内 (100〜200 km 程度) の通信に限られる．占有周波数帯幅が広い周波数変調 (FM: frequency modulation) を使うことができるため，音質の良い FM 放送に利用されたり，少し前まではテレビ放送に使われてきた．それより高い周波数 (300〜3000 MHz) の電波が極超短波 (UHF: ultrahigh frequency) である．遠くまで伝わらないため，ローカル放送や近距離通信に用いられる．波長が 0.1〜1 m と短いため，アンテナが小型ですむ．これより高い周波数では，電波ではあるが光のような性質が現れるようになる．たとえば，建物などの陰では，HF や VHF の電波が届いていた

1.1 電磁波

場合も，UHF 波は届かないことがある．これは，HF 波や VHF 波では波長が長いため回折効果が大きいのに対して，UHF 波は波長が短いため回折効果が小さく物陰に電波が届かないためである．また，電子レンジは UHF の一種である 2.45 GHz の電磁波を使っている．水による電磁波の吸収が大きく，そのエネルギーが熱に変わるためである．

さらに高い周波数の電波に SHF (super high frequency) 波（センチメートル波）がある．名前のとおり波長が 1～10 cm の電波であり，周波数は 3～30 GHz である．光のように電波の直進性が高く，衛星放送や無線 LAN (Wi-Fi) に用いられている．この周波数帯も水の吸収が大きい．雨が激しくなると衛星放送が受信できなくなるのはこのためである．EHF (extremely high frequency) 波（ミリ波）と呼ばれる波長 1～10 mm（周波数 30～300 GHz）の電磁波は天文学やレーダーに使われる．電波法上は電波は EHF 波までであり，これ以上の周波数の電磁波は，電波ではない電磁波であり，光や放射線として扱われる．周波数が数百 GHz ～ 数 THz の遠赤外線は特にテラヘルツ波と呼ばれる．最近までこの周波数帯は未開拓であった．適当な発振源（光源）や検出器がなかったためである．しかし，近年，テラヘルツ波の重要性が認識されるようになり，その発振や検出技術が進歩している．そのため，近年はこの周波数帯が注目されるようになってきた．特にセキュリティー分野等での利用が期待されている．赤外線は波長が 0.76 μm～1 mm の電磁波である．波長の長い順に遠赤外線（波長 4～1000 μm），中赤外線（波長波長 2.5～4 μm），近赤外線（波長 0.75～2.5 μm）に分類される．遠赤外線のうち長いものは，テラヘルツ波である．

さて，我々が光として感じる可視光の波長は 0.38～0.76 μm (380～760 nm) である．可視光は波長が長い順に赤橙黄緑青藍紫の虹の色の順番となる．物質が色を呈するメカニズムは様々である．まず色素による発色が考えられるが，それ以外にも干渉色，構造色，屈折率の波長分散，散乱効率の波長依存性によるもの，複屈折による発色等がある．干渉色は，波長程度の厚さを持つ層による光の干渉により生じる．玉虫の羽や水たまりの表面の油の膜の色などがその例である．自然界における構造色としては，蝶の鱗粉等の例がある．また，回折により生じる CD や DVD の表面の反射で見られる虹色も構造色である．また，屈折率の波長分散が原因の発色現象の一つに虹がある．水の屈折率が波長

により変わることが虹が現れる理由である．また，散乱効率の波長依存性による発色として，空の色，夕焼けの色の例がある．これらは波長の短い紫や青の光が，空気中の塵などの浮遊物により散乱されるため生じる現象である．複屈折による発色は，偏光板との組み合わせで現れるため普段の生活で見られないが，理科の自由研究などでセロハンテープを偏光板で挟んだ実験などが紹介されている．材料力学の分野では，光弾性体に応力を加えた際に生じる複屈折を測定することにより，応力分布の画像化が行われている．

可視光よりも短い波長を持つ電磁波に紫外光がある．波長は 10〜380 nm であり肉眼で見ることはできない．波長により，近紫外 (200〜380 nm) と真空紫外 (10〜200 nm) 等に分類できる．近紫外光は日焼けの原因となったり，ブラックライトによる演出に使われたりする．体内ではビタミン D の合成に必要である．もちろん，物質の性質を調べる分光でも使われる．また，短い波長の近紫外光は殺菌や光化学反応に用いられる．さらに，波長の短い真空紫外光の一種であるオゾン線と呼ばれる 185 nm の光は，酸素に吸収されて化学的に活性なオゾン O_3 を生成する．オゾンは物質を酸化する力が強く，また，殺菌作用もある．オゾンは 250 nm 付近の紫外領域に吸収を持ち，分解する際に強い酸化反応を起こす．そのため，表面を清浄化するランプとして用いられたりする．また，集積回路のリソグラフィーに用いられる．

20 nm 以下の波長を持つ電磁波には軟 X 線，硬 X 線，ガンマ線（γ 線）などがある．軟 X 線は分光やリソグラフィーに用いられる．硬 X 線は医療分野で使われるレントゲン（X 線）や CT 検査に用いられる．γ 線はそれよりもエネルギーの高い電磁波であり，殺菌をはじめ，ジャガイモの発芽を抑える処理に使われたりする．γ 線は原子核の β 崩壊に伴い放出される場合もあり，核崩壊に伴う放射線量の測定に用いることができる．

1.2　均一媒質中の光の伝搬

光は電磁波の一種であり，自由空間中では図 **1.2** に示すように直交する電場（電界）E と磁場（磁界）H からなる．この振る舞いは付録 A に示したマックスウェルの方程式から求められる．時間的に振動する磁場より電場が発生し，そ

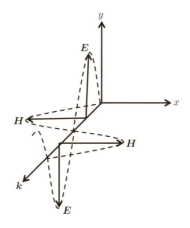

図 1.2 電磁波.

の電場により磁場が発生する．自由空間中の電磁波には平面波と球面波があるが，多くの場合には平面波を扱う．その様子を式に示すと以下のようになる[*1]．

$$\bm{E} = \bm{E}_0 \exp i(\bm{k} \cdot \bm{r} - \omega t) \tag{1.1}$$

$$\bm{H} = \bm{H}_0 \exp i(\bm{k} \cdot \bm{r} - \omega t) \tag{1.2}$$

ここで，$\bm{E}_0$ および $\bm{H}_0$ は電場および磁場の振幅ベクトルであり，$\bm{k}$ は波数ベクトル，$\bm{r}$ は位置を表すベクトル，ω は角周波数，t は時間である．また，「・」（ドット）は内積を表す．波数ベクトル $\bm{k}$ は，向きが波面の進む方向（多くの場合，光の進む方向）で長さが波数のベクトルである．波数とは 1 周期の位相 2π を波長 λ で割ったものである[*2]．また，角周波数 ω は振動数 ν との間に $\omega = 2\pi\nu$ の関係がある．exp の中は複素数であり，$i\omega t$ 成分が時間的な振動を表す．ある時間や位置における磁場や電場を求めるには $\bm{E}$ や $\bm{H}$ の実数をとる．また，位相は複素数ベクトル $\bm{E}$ や $\bm{H}$ の偏角で決まる．

光（電磁波）が平面波の場合，マックスウェルの方程式から $\bm{E}$ と $\bm{H}$ の間には

[*1] $\bm{E} = \bm{E}_0 \exp i(\omega t - \bm{k} \cdot \bm{r})$ と定義する場合もある．この場合には，屈折率や誘電率の虚部の符号が変わり，位相の進みと遅れの符号が逆になる．

[*2] 分野によっては $1/\lambda$ で定義される場合もある．

$$\boldsymbol{k} \times \boldsymbol{E} = \mu\omega \boldsymbol{H} \tag{1.3}$$

$$\boldsymbol{k} \times \boldsymbol{H} = -\epsilon\omega \boldsymbol{E} \tag{1.4}$$

の関係が導ける．ここで × は外積である．また，ϵ は媒質の誘電率で μ は媒質の透磁率である．ϵ や μ を真空の誘電率 ϵ_0 や真空の透磁率 μ_0 で割った比誘電率 $\epsilon_\mathrm{r} = \epsilon/\epsilon_0$ や比透磁率 $\mu_\mathrm{r} = \mu/\mu_0$ もよく用いられる．

光に対する物質（媒質）の応答を表す最も基本的なパラメータの一つに屈折率 n がある．屈折率 n は媒質の誘電率 ϵ と透磁率 μ との間に以下の関係がある．

$$n = \sqrt{\frac{\epsilon}{\epsilon_0}}\sqrt{\frac{\mu}{\mu_0}} = \sqrt{\epsilon_\mathrm{r}}\sqrt{\mu_\mathrm{r}} \tag{1.5}$$

光の周波数では $\mu = \mu_0$ なので，

$$n = \sqrt{\frac{\epsilon}{\epsilon_0}} = \sqrt{\epsilon_\mathrm{r}} \tag{1.6}$$

である[*3]．

屈折率は光の速度（位相速度）v_p を決め，$v_\mathrm{p} = c/n$ となる．ここで c は真空中の光速である．物質の n は電磁波の振動数（周波数）ν により変わる．これを周波数分散（波長分散）という．ただし，ある振動数の範囲で屈折率 n の変化が無視できる場合がある．このとき，その媒質を非分散性媒質と呼ぶ．空気がその例である．ただし，厳密には分散がない物質は存在しない．

さて，位相速度 v_p は，

$$v_\mathrm{p} = \frac{\omega}{k} \tag{1.7}$$

と記述される．ここで波数 $k = |\boldsymbol{k}|$ である．位相速度とは，波の位相が進む速度である．

電磁波の波形やそれが持つエネルギーが進む速度は位相速度とは異なり，群速度で表される．群速度は非分散性媒質では位相速度に等しいが，分散性媒質では位相速度とは異なる．群速度 v_g は以下の式で表される．

[*3] 4.4 節に記したように，近年ではメタマテリアルなどの人工構造物において，$\mu \neq \mu_0$ の媒質が報告されている．また，5.3 節で述べるように計算機によるシミュレーション等では $\mu \neq \mu_0$ の媒質を扱うこともあるので注意する．

$$v_g = \frac{d\omega}{dk} \tag{1.8}$$

屈折率の実部が1より小さい場合(金属等)には,電磁波の位相速度は真空中の光速 c を越えることがあるが,群速度が光速を越えることはない.

電磁波におけるエネルギーの流れは以下の式で示されるポインティングベクトル S の時間平均で表される.

$$S = E \times H \tag{1.9}$$

よって,ポインティングベクトル S は,E と H の両方に直交する.ポインティングベクトルの方向は光エネルギーの進行方向である.第2章で示すように,異方性媒質や導波路中,表面近傍の特殊な条件下では,波数ベクトルの方向とポインティングベクトルの方向が異なることがあるので注意が必要である.光の強さ I は以下のように表される.

$$I = \int_0^{2\pi} (E \times H)\, dt = \frac{1}{2}|E_0||H_0| = \frac{n}{2Z_0}|E_0|^2 \tag{1.10}$$

ここで,Z_0 は真空のインピーダンスと呼ばれる.その値は

$$Z_0 = \sqrt{\frac{\mu_0}{\epsilon_0}} = 377\ \Omega \tag{1.11}$$

である.媒質のインピーダンスを Z とすれば,

$$Z = \sqrt{\frac{\mu_0}{\epsilon}} = \frac{1}{n}\sqrt{\frac{\mu_0}{\epsilon_0}} = \frac{Z_0}{n} \tag{1.12}$$

なので,

$$I = \frac{1}{2Z}|E_0|^2 \tag{1.13}$$

となる.媒質のインピーダンスは,反射や透過など,光の伝送効率に関連するパラメータである.

1.3 偏光(直線偏光,円偏光)

偏光とは光の電場の振動の方向である.式 (1.1) で E の方向として表されている.偏光方向が時間的に変わらない偏光を直線偏光という.その方向が時間

と共に回転する楕円偏光や円偏光もある．その場合には $\boldsymbol{E}$ の成分が複素数となる．偏光板を通過した光はある方向に直線偏光している．偏光板は液晶ディスプレイなど身の周りの光学機器に使われている身近な光学素子である．

1.3.1 直線偏光・自然偏光

レーザー等の特別な光源をのぞけば，太陽や電球，蛍光灯，炎などの光源から放射される光は様々な偏光方向の光を含んでいる．これを自然偏光という．図 **1.3** に示すような光と偏光板を考える．自然偏光の光が偏光板1を通ると，偏光板の方向の偏光成分のみが偏光板を通過する．この様子は以下のように記述される．入射する自然偏光の光の電場ベクトルを $\boldsymbol{E}_{\rm in} = (E_{\rm in}\cos\phi, E_{\rm in}\sin\phi)$ とする．ここで $E_{\rm in}$ は入射電場の振幅である．偏光板1の偏光方向の単位ベクトルを $\hat{\boldsymbol{e}}_1 = (\cos\alpha, \sin\alpha)$，通過した光の電場ベクトル $\boldsymbol{E}_1$ とする．ϕ は z 軸からの角度であり，自然偏光の場合には同じ確率で $\phi = 0 \sim 2\pi$ の値をとる．$E_{\rm in}$ も様々な値をとるが，ここでは簡単ためその平均値として考える．ϕ は偏光板の偏光方向の x 軸からの角度である．すると $\boldsymbol{E}_1$ は以下のようになる．

$$E_1 = \hat{\boldsymbol{e}}_1 \cdot \boldsymbol{E}_{\rm in} = E_{\rm in}(\cos\phi\cos\alpha + \sin\phi\sin\alpha) \tag{1.14}$$

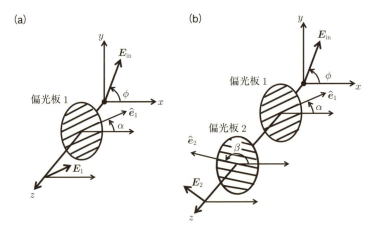

図 **1.3** 偏光と偏光板．

ここで，$E_1 = |\boldsymbol{E}_1|$ である．入射偏光が一方向に偏光しており ϕ と α が直交しているときは括弧内は 0 になり $E_1 = 0$ である．すなわち，偏光板が偏光と直交する際には光は通らない．

$\boldsymbol{E}_1$ は E_1 と $\hat{\boldsymbol{e}}_1$ を使って

$$\boldsymbol{E}_1 = \hat{\boldsymbol{e}}_1 E_1 \tag{1.15}$$

である．自然偏光の場合には同じ確率で $\phi = 0 \sim 2\pi$ の値をとる．透過した光の強度 I_1 は

$$I_1 = \frac{1}{2\pi} \int_0^{2\pi} E_1^2 \, dt = \frac{1}{2} E_{\rm in}^2 \tag{1.16}$$

となる．すなわち，偏光板を通過した光の強度は入射光強度の 1/2 であり，偏光方向は偏光板の方向である．

次に 2 枚目の偏光板を通った光を考える．1 枚目の偏光板の x 軸からの角度を α，2 枚目の偏光板の x 軸からの角度を β とする．それらの方向の単位ベクトルは，それぞれ $\hat{\boldsymbol{e}}_1 = (\cos\alpha, \sin\alpha)$，$\hat{\boldsymbol{e}}_2 = (\cos\beta, \sin\beta)$ である．

入射光を自然偏光とすれば，偏光板 1 を通過した光の電場ベクトル $\boldsymbol{E}_1$ は，式 (1.15) と同様に $\boldsymbol{E}_1 = \hat{\boldsymbol{e}}_1 (\hat{\boldsymbol{e}}_1 \cdot \boldsymbol{E}_{\rm in})$ であり，2 枚目の偏光板を通過した光の電場ベクトル $\boldsymbol{E}_2$ は

$$\begin{aligned}\boldsymbol{E}_2 &= \hat{\boldsymbol{e}}_2 (\hat{\boldsymbol{e}}_2 \cdot \boldsymbol{E}_1) \\ &= \hat{\boldsymbol{e}}_2 (\cos\alpha\cos\beta + \sin\alpha\sin\beta)(\cos\phi\cos\alpha + \sin\phi\cos\alpha) E_{\rm in}\end{aligned} \tag{1.17}$$

である．二つの偏光板が直交する場合には $\cos\alpha\cos\beta + \sin\alpha\sin\beta = 0$ なので光は通らない．

式 (1.17) を使えば，偏光板を 2 枚を用いることにより偏光方向を 90° 回転できることがわかる．入射光の偏光方向を $\phi = 0$ とする．1 枚目の偏光板を直交 ($\alpha = \frac{1}{2}\pi$) すると光は通らない．それ以外の角度，たとえば $\alpha = \frac{1}{4}\pi$ とすれば，2 枚目の偏光板を直交した場合 $\beta = \frac{1}{2}\pi$ でも $\boldsymbol{E}_2 = 0$ とはならない．ただし，このときの強度 I_2 は

$$I_2 = E_2^2 = \frac{1}{4} E_0^2 \tag{1.18}$$

と入射光強度の 1/4 になるため，光の偏光方向を回転する際には，波長板やフレネルロムを使う方が有利である．

自然偏光では同じ確率で $\phi = 0 \sim 2\pi$ の値をとるが，やや偏光した部分偏光という状態の光もある．ガラスや水面などの誘電体表面で反射した自然偏光がその例である．これは，後述のように，偏光方向により反射率が異なることによる．このような状態を表す指標として，偏光度 P があり，偏光した光の強度 I_p と，偏光していない光の強度 I_u を使って

$$P = \frac{I_\mathrm{p}}{I_\mathrm{p} + I_\mathrm{u}} \tag{1.19}$$

と定義される．ただし，I_p と I_u を直接測定することはできないので，実際には偏光板を回転した際に透過する光の強度の最大値 I_max と最小値 I_min を使って，式 (1.19) を書きなおして得られる式

$$P = \frac{I_\mathrm{max} - I_\mathrm{min}}{I_\mathrm{max} + I_\mathrm{min}} \tag{1.20}$$

を使って求める．

1.3.2 楕円偏光・円偏光

一周期にわたり偏光方向が変わらない直線偏光に対して，図 **1.4** に示すような一周期中に偏光方向が変わる偏光がある．これらを楕円偏光や円偏光と呼ぶ．これらの偏光は，たとえば，直線偏光の光が異方性媒質を透過した際や反射した際に生じる．ここでは，z 方向に伝搬する光を考える．この光電場ベクトル $\boldsymbol{E}$ は，その x 成分の振幅 E_x および y 成分の振幅 E_y を使って，以下のように示される．

$$\boldsymbol{E} = \begin{pmatrix} E_x \exp i(kz - \omega t) \\ E_y \exp i(kz - \omega t) \end{pmatrix} = \begin{pmatrix} E_x \\ E_y \end{pmatrix} \exp i(kz - \omega t) \tag{1.21}$$

この様子を図示したものが図 **1.5** である．E_x と E_y の両者の位相が等しいとき（いずれも実数のときなど）や位相差が π であるとき[*4]，この光は $\begin{pmatrix} E_x \\ E_y \end{pmatrix}$ 方向に偏光する直線偏光となる．

[*4] $\arg(E_x) = \arg(E_y)$ のときや $\arg(E_x) - \arg(E_y) = \pm\pi$ のとき．

1.3 偏光（直線偏光，円偏光）　11

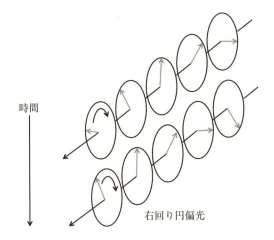

時間

右回り円偏光

図 1.4　円偏光，楕円偏光．この場合は右回りである．

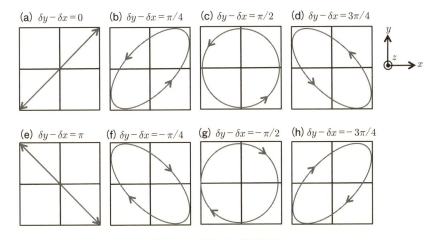

図 1.5　円偏光と楕円偏光．

一方，両者の位相差が 0 または π 以外のときには様子が異なる．E_x に対して E_y が位相 δ 進んでいるときには，式 (1.21) は以下のように書ける．

$$\boldsymbol{E} = \begin{pmatrix} E_x \\ E_y \exp i\delta \end{pmatrix} \exp i(kz - \omega t) = \begin{pmatrix} E_x \exp i(kz - \omega t) \\ E_y \exp i(kz - \omega t + \delta) \end{pmatrix} \quad (1.22)$$

$0 < \delta < \pi$ ときの様子を示したものが図 1.5(a)〜(d) である．偏光方向は直線偏光とは異なり一定方向ではなく回転する．偏光の回転方向は，光が進む側から見て左回りになる．これを左回り偏光と呼ぶ．

$\delta = \pi/2$ の場合には，偏光は左回り回転し偏光の形が円になるため，左回り円偏光と呼ぶ．(g) に示した $\delta = -\pi/2$ の場合には偏光は右回り回転するため，右回り円偏光と呼ぶ．一方，これら以外の場合には楕円となりこれを楕円偏光と呼ぶ．楕円偏光が最も細くなった極限 ($\delta = 0$ または π) が直線偏光であることもわかる．

1.4 ジョーンズベクトル

式 (1.21) や式 (1.22) は光の偏光状態を示しているが，$\exp i(kz - \omega t)$ の項は共通している．そのため，$\exp i(kz - \omega t)$ の項を除いても偏光状態を表すことができる．すなわち，式 (1.21) の偏光状態を単に

$$\begin{pmatrix} E_x \\ E_y \end{pmatrix} \tag{1.23}$$

と記すことができる．これをジョーンズベクトル表記という．たとえば，

$$\begin{pmatrix} 1 \\ 2 \end{pmatrix}$$

は (1,2) の方向に偏光した直線偏光を表している．ベクトルの成分は一般に複素数であり，E_x 成分と E_y 成分に位相差があるため，円偏光や楕円偏光となる場合には虚数成分が生じる．

$$\begin{pmatrix} 1 \\ i \end{pmatrix} \quad \begin{pmatrix} 1 \\ -i \end{pmatrix}$$

は，それぞれ左回りおよび右回りの円偏光を示している．

ジョーンズベクトルの成分の大きさは，偏光状態とは関係がないため，ベクトルの外側に括り出すことにより表記を簡略化することができる．たとえば，

$$\begin{pmatrix} A \\ A \end{pmatrix} = A \begin{pmatrix} 1 \\ 1 \end{pmatrix} \tag{1.24}$$

となり，(1,1) の方向に偏光した直線偏光を表している．このとき，A は偏光状態とは無関係である．以下，他の例をあげる．

$$\begin{pmatrix} -i \\ 1 \end{pmatrix} = -i \begin{pmatrix} 1 \\ i \end{pmatrix} \qquad \begin{pmatrix} 1+i \\ 1-i \end{pmatrix} = (1+i) \begin{pmatrix} 1 \\ -i \end{pmatrix} \tag{1.25}$$

それぞれ左回りおよび右回りの円偏光を表している．

ジョーンズベクトルの利用法の一つに，偏光した光電場の加算を簡単に計算できることがある．たとえば，x 軸に対する位相が等しい右回りの円偏光と左回りの円偏光が合成されると

$$\begin{pmatrix} 1 \\ i \end{pmatrix} + \begin{pmatrix} 1 \\ -i \end{pmatrix} = \begin{pmatrix} 2 \\ 0 \end{pmatrix} = 2 \begin{pmatrix} 1 \\ 0 \end{pmatrix} \tag{1.26}$$

となり，x 方向に偏光した直線偏光となる．

偏光した光が偏光板や波長板などの光学素子や異方性を持つ材料を通過すると偏光状態が変わる．どのように偏光状態が変わるかを計算するときにもこの方法は有用である．光学素子はジョーンズマトリクスという行列で示される．光学素子のジョーンズマトリクスを**表 1.1** にまとめた．

これを使うと，たとえば，右回り円偏光の光が x 方向の偏光子を通過した後の偏光状態は

$$\begin{pmatrix} 1 & 0 \\ 0 & 0 \end{pmatrix} \begin{pmatrix} 1 \\ -i \end{pmatrix} = \begin{pmatrix} 1 \\ 0 \end{pmatrix} \tag{1.27}$$

のように計算できる．この光は x 方向に直線偏光していることがわかる．

$\lambda/4$ 波長板は，複屈折[*5]を利用して，速軸と遅軸の間の位相差 $\pi/4$ を与える光学素子であり，直線偏光を円偏光に変換するとき等に使われる．ここで，速軸とは光学軸のうち屈折率の低い（位相速度が速い）軸をさし，遅軸とは光学軸のうち屈折率の高い（位相速度が遅い）軸である．図 **1.6**(a) に示すように，直線

[*5] 複屈折については 2.7 節を参照．

表 1.1 光学素子のジョーンズマトリクス.

光学素子	ジョーンズマトリクス
偏光子（x 方向に偏光）	$\begin{pmatrix} 1 & 0 \\ 0 & 0 \end{pmatrix}$
偏光子（y 方向に偏光）	$\begin{pmatrix} 0 & 0 \\ 0 & 1 \end{pmatrix}$
$\lambda/4$ 波長板（速軸が x 方向）	$\begin{pmatrix} 1 & 0 \\ 0 & i \end{pmatrix}$
$\lambda/2$ 波長板（速軸が x 方向）	$\begin{pmatrix} 1 & 0 \\ 0 & -1 \end{pmatrix}$
位相差板	$\begin{pmatrix} \exp i\phi_x & 0 \\ 0 & \exp i\phi_y \end{pmatrix}$

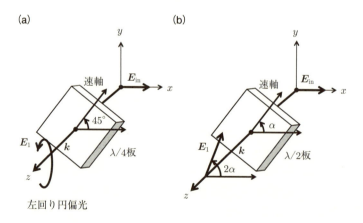

図 1.6 (a) $\lambda/4$ 板に直線偏光を入射した場合と (b) $\lambda/2$ 板に円偏光を入射した場合.

偏光を速軸が $\pi/4$ 傾いた $\lambda/4$ 板に入射すると，通過した光は円偏光になる．これをジョーンズベクトルとジョーンズマトリクス，および $\pi/4$ の回転行列を用いて偏光状態を表すと以下のようになる．

$$\begin{pmatrix} \cos\pi/4 & -\sin\pi/4 \\ \sin\pi/4 & \cos\pi/4 \end{pmatrix} \begin{pmatrix} 1 & 0 \\ 0 & i \end{pmatrix} \begin{pmatrix} \cos\pi/4 & \sin\pi/4 \\ -\sin\pi/4 & \cos\pi/4 \end{pmatrix} \begin{pmatrix} 1 \\ 0 \end{pmatrix} = \frac{1}{2}(1+i) \begin{pmatrix} 1 \\ -i \end{pmatrix} \tag{1.28}$$

表 1.1 に示した $\lambda/4$ 板は速軸を x 方向とした場合なので，回転行列を用いて速軸が $\pi/4$ 傾いた $\lambda/4$ 板としてジョーンズベクトルに作用させている．

逆に，図 1.6(b) に示すように，円偏光を入射した際には，$\lambda/4$ 板を通過した光は以下のように直線偏光となることがわかる．

$$\begin{pmatrix} \cos\pi/4 & -\sin\pi/4 \\ \sin\pi/4 & \cos\pi/4 \end{pmatrix} \begin{pmatrix} 1 & 0 \\ 0 & i \end{pmatrix} \begin{pmatrix} \cos\pi/4 & \sin\pi/4 \\ -\sin\pi/4 & \cos\pi/4 \end{pmatrix} \begin{pmatrix} 1 \\ i \end{pmatrix} = (i+1) \begin{pmatrix} 1 \\ 0 \end{pmatrix} \tag{1.29}$$

次に $\lambda/2$ 位相差板による偏光状態の変化を考えてみる．$(1,0)$ 方向に偏光した光が $\lambda/2$ 位相差板を通過している．ただし，$\lambda/2$ 位相差板の軸は $(1,0)$ 方向に対して角度 α 傾いている．このとき，ジョーンズマトリクスを使えば，$\lambda/2$ 位相差板から出てきた光の偏光は

$$\begin{pmatrix} \cos\alpha & -\sin\alpha \\ \sin\alpha & \cos\alpha \end{pmatrix} \begin{pmatrix} 1 & 0 \\ 0 & -1 \end{pmatrix} \begin{pmatrix} \cos\alpha & \sin\alpha \\ -\sin\alpha & \cos\alpha \end{pmatrix} \begin{pmatrix} 1 \\ 0 \end{pmatrix} = \begin{pmatrix} \cos 2\alpha \\ \sin 2\alpha \end{pmatrix} \tag{1.30}$$

となり，位相差板の軸と偏光方向の角度 α の 2 倍の角度 2α 回転する．これを利用して，$\lambda/2$ 位相差板は偏光の回転に用いられる．

1.5 局所電場とクラウジウス–モソッティーの式

屈折率や誘電率は媒質の巨視的な光学定数の一つであり，それは個々の分子や原子の応答の総和と考えることができる．一方で，個々の分子や原子のミクロな光学応答は，マクロな光学応答を単純に小さくしたものとは限らない．ここでは，分子や原子の微視的な光学応答と巨視的な光学応答との関係を考える．

16 第1章 等方媒質中の光の伝搬

図 **1.7**(a) に示すような媒質を考える．入射する外部電場 (external electric field) を E_{ext} として，それが印加されることにより分極 P が発生する．この分極の大きさは表面に発生する表面電荷密度 σ に関連する．この表面に発生する電荷により生じる電場を反電場 E_{dep}(depolarizatoin electric field) と呼び，印加電場を打ち消す働きをする．分極 P による反電場は，形状により決まる反電場係数 η を使って以下のように示される．

$$E_{\text{dep}} = -\eta \frac{P}{\epsilon_0} \tag{1.31}$$

平板における反電場が生じる様子を図 **1.8**(a) に示す．印加電場により生じる電荷密度 σ は，分極の大きさ P に等しいので $\eta = 1$ である．一方，図 1.8(b) に示すように，球では $\eta = \frac{1}{3}$，図 1.8(c) に示すような無限に長い円柱では，軸

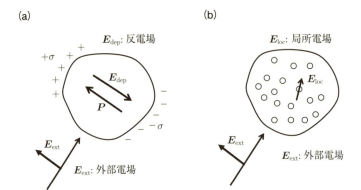

図 **1.7** 各電場と分極，表面電荷密度の関係．光は交流電場であるが，ここでは簡単に図示するために，ある瞬間の電場の様子を示している．

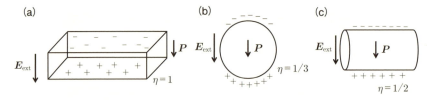

図 **1.8** 様々な形状における反電場係数 η．

1.5 局所電場とクラウジウス–モソッティーの式

に垂直な方向の反電場係数は $\eta = \frac{1}{2}$ である.

媒質中の電場は巨視的電場 $\boldsymbol{E}_{\mathrm{mac}}$ (macroscopic electric field) と呼ばれ, 式 (1.32) のように入射光の電場 $\boldsymbol{E}_{\mathrm{ext}}$ と入射光の電場により生じる反電場 $\boldsymbol{E}_{\mathrm{dep}}$ の和である.

$$\boldsymbol{E}_{\mathrm{mac}} = \boldsymbol{E}_{\mathrm{ext}} + \boldsymbol{E}_{\mathrm{dep}} \tag{1.32}$$

これは, 式 (1.31) を使って

$$\boldsymbol{E}_{\mathrm{mac}} = \boldsymbol{E}_{\mathrm{ext}} - \eta \frac{\boldsymbol{P}}{\epsilon_0} \tag{1.33}$$

となる. また, 巨視的電場 $\boldsymbol{E}_{\mathrm{mac}}$ により発生する分極 $\boldsymbol{P}$ は, 電気感受率 χ を用いて

$$\boldsymbol{P} = \epsilon_0 \chi \boldsymbol{E}_{\mathrm{mac}} \tag{1.34}$$

となる. 電気感受率 χ は巨視的電場と分極を結ぶ量であり, 一般には 2 階のテンソル量である. 以降は, 簡単のため均一な媒質を考えて, 電気感受率をスカラー量として記述する. 式 (1.34) を使って式 (1.32) を書きなおすと

$$\boldsymbol{E}_{\mathrm{mac}} = \boldsymbol{E}_{\mathrm{ext}} - \eta \chi \boldsymbol{E}_{\mathrm{mac}} \tag{1.35}$$

となる. 右辺と左辺の両方に $\boldsymbol{E}_{\mathrm{mac}}$ が現れている. 右辺が原因で左辺が結果であり, それらは厳密には異なるが, 充分長い時間を考えるとその値は収束し, 同じ値になると見なしてもよい. よって, 式 (1.35) を解くと以下のようになる.

$$\boldsymbol{E}_{\mathrm{mac}} = \frac{1}{1 + \eta \chi} \boldsymbol{E}_{\mathrm{ext}} \tag{1.36}$$

これより分極が求まる.

$$\boldsymbol{P} = \epsilon_0 \frac{\chi}{1 + \eta \chi} \boldsymbol{E}_{\mathrm{ext}} \tag{1.37}$$

分極に寄与する電場は, 外部電場 $\boldsymbol{E}_{\mathrm{ext}}$ とは反電場の分だけ異なること, 電気感受率 χ が大きくなっても反電場も大きくなるので, 分極が無限に大きくならないことがわかる.

ここまで物質中の巨視的電場 $\boldsymbol{E}_{\mathrm{mac}}$ が外部から印加された光電場 $\boldsymbol{E}_{\mathrm{ext}}$ と異なることを述べたが, 図 1.7(b) に示すような実際に分子や原子に印加される局

所的な光電場（局所電場または局所場: local field）$E_{\rm loc}$ は，$E_{\rm mac}$ ではない．周辺分子や原子の寄与をすべて取り入れれば，$E_{\rm loc}$ を計算することができるが，物質中の分子や原子の数は膨大であり，実際は無理である[*6]．しかし，均一な媒質中では，$E_{\rm loc}$ は図 1.9 に示すような四つの電場の和として近似することができる．

$$E_{\rm loc} = E_{\rm ext} + E_{\rm dep} + E_{\rm cav} + E_{\rm nei} = E_{\rm mac} + E_{\rm cav} + E_{\rm nei} \qquad (1.38)$$

$E_{\rm cav}$ は注目する分子や原子の周りの媒質を仮想的に取り除いた空洞中に誘起される電場であり，ローレンツの空洞電場と呼ばれる．考える空洞のサイズは原子や分子より充分大きく，媒質より充分小さい．可視光領域の光電場に対しては，光の遅延（位相の遅れ）を無視できる，大きさが 50 nm 程度の空洞を考えればよい．球状の空洞を仮定すれば，球の反電場と同様に計算できる．符号が逆になることを考慮して

$$E_{\rm cav} = \frac{P}{3\epsilon_0} \qquad (1.39)$$

となる．$E_{\rm nei}$ は，取り除いた空洞中にあった原子や分子が注目する分子の場所につくる電場である．空洞が球の場合，立方晶では一方向にそろった双極子からの寄与はキャンセルされるため

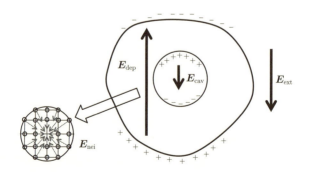

図 1.9　ローレンツの空洞電場．

[*6] 単分子層などの限られた系では計算できることがある．

1.5 局所電場とクラウジウス–モソッティーの式

$$\bm{E}_{\text{nei}} = 0 \tag{1.40}$$

となる*7. 以上より局所電場は

$$\bm{E}_{\text{loc}} = \bm{E}_{\text{mac}} + \frac{\bm{P}}{3\epsilon_0} \tag{1.41}$$

と記述される.

$\bm{E}_{\text{loc}}$ により誘起される分子や原子の双極子モーメント $\bm{p}$ は, 分極率 α を使って

$$\bm{p} = \alpha \bm{E}_{\text{loc}} \tag{1.42}$$

と表される*8. 分極 $\bm{P}$ は, 単位体積中の双極子モーメント $\bm{p}$ の総和であり, これは i 番目の原子や分子の双極子モーメント $\bm{p}_i$ を使って式 (1.43) のようになる.

$$\bm{P} = \sum_{i=1}^{N} \bm{p}_i \sim N\bm{p} \tag{1.43}$$

ここで, N は単位体積中の双極子の数 (分子や原子の数) である. 式 (1.41)〜(1.43) から

$$\bm{P} = N\alpha \bm{E}_{\text{loc}} = N\alpha \left(\bm{E}_{\text{mac}} + \frac{\bm{P}}{3\epsilon_0} \right) \tag{1.44}$$

となる. よって $\bm{P}$ について解くと以下のように表される.

$$\bm{P} = \frac{N\alpha}{1 - \dfrac{N\alpha}{3\epsilon_0}} \bm{E}_{\text{mac}} \tag{1.45}$$

式 (1.45) と (1.34) を比べて, 比誘電率 ϵ_r を求めると以下の関係が得られる.

$$\epsilon_r = n^2 = 1 + \chi = \frac{1 + \dfrac{2}{3\epsilon_0} N\alpha}{1 - \dfrac{1}{3\epsilon_0} N\alpha} \tag{1.46}$$

---

*7 強誘電性結晶などの分極を持つ異方性結晶では別の取り扱いが必要である.
*8 文献によっては $\bm{p} = \epsilon_0 \alpha \bm{E}_{\text{loc}}$ と記述することもある.

式 (1.46) は原子や分子の種類が複数の場合にも拡張することができる．原子や分子が m 種類の場合，種類 j の原子や分子の単位体積あたりの数を N_j，その分極率を α_j とすれば

$$\epsilon_{\mathrm{r}} = \frac{1 + \dfrac{2}{3\epsilon_0} \sum_{j=1}^{m} N_j \alpha_j}{1 - \dfrac{1}{3\epsilon_0} \sum_{j=1}^{m} N_j \alpha_j} \tag{1.47}$$

となる．これをクラウジウス–モソッティー (Clausius–Mossotti) の式という．分子の分極率と誘電率を結ぶ式である．

1.6 屈折率の微視的な描像

原子は原子核と電子からに分けられるが，電子の質量は原子核の質量に比べて非常に小さい．光の周波数は高いため，光電場による動きは，電子の方が大きく，光学応答に強く寄与する．すなわち，光電場では原子核は動かないと近似できる．そこで，図 1.10 に示す質量 M の原子核と質量が m で電荷が q の

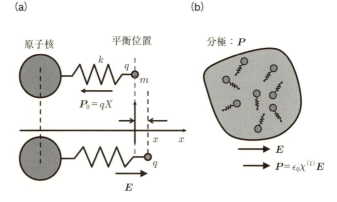

図 1.10 屈折率の微視的な描像．(a) バネとおもりを使った原子のモデル，(b) 原子によって構成される媒質．

1.6 屈折率の微視的な描像

電子がバネ定数 k のバネでつながれているモデルを考えて，電子の微視的な光学応答を考える．このモデルは単純であるが，光学応答を定性的に表現できる．

この原子に外部より光電場 $E = E_0 \exp(-i\omega t)$ が印加された状況を考える．電子に働く力の運動方程式は以下のように書ける．

$$m\frac{d^2x}{dt^2} = -kx - m\gamma\frac{dx}{dt} + qE \tag{1.48}$$

ここで減衰定数 γ を導入する．これは電子の移動速度に比例して移動方向とは逆方向に力をあたえ，光学的には吸収として表れる．

バネ定数 k をバネの固有振動数 $\omega_0 = \sqrt{k/m}$ で書きなおすと式 (1.48) は以下のようになる．

$$m\frac{d^2x}{dt^2} = -m\omega_0^2 x - m\gamma\frac{dx}{dt} + qE \tag{1.49}$$

電場 E は $E = E_0 \exp(-i\omega t)$ なので，位置 x も同じ時間依存性を持つ．よって，

$$x = x_0 \exp(-i\omega t) \tag{1.50}$$

と記述できる．x_0 は振幅の最大値である．式 (1.49) に式 (1.50) を代入して整理すると以下のようになる．

$$x_0 = \frac{qE_0}{m(\omega_0^2 - \omega^2 - i\gamma\omega)} \tag{1.51}$$

電場により誘起される双極子モーメントは $p = qx_0$ である．一方，双極子モーメントは式 (1.42) のように記述されるので，$E_0 = E_{\mathrm{loc}}$ と近似して両者を比較すると

$$\alpha = \frac{q^2}{m(\omega_0^2 - \omega^2 - i\gamma\omega)} \tag{1.52}$$

となる．

単位体積あたりの原子や分子の数を N とすれば，双極子間の相互作用が無視できるときには分極 P は

$$P = N\alpha E_{\mathrm{mac}} \tag{1.53}$$

と記述される．つまり，双極子が N 個集まったものが分極となる．また，分極は式 (1.34) と記述されるので，電気感受率 χ は式 (1.54) のようになる．

$$\chi = \frac{Nq^2}{m\epsilon_0(\omega_0^2 - \omega^2 - i\gamma\omega)} \tag{1.54}$$

さて，誘電率は以下のように定義される．

$$\epsilon \boldsymbol{E} = \epsilon_0 \boldsymbol{E} + \boldsymbol{P} \tag{1.55}$$

両辺を ϵ_0 で割れば

$$\epsilon_\mathrm{r} \boldsymbol{E} = \boldsymbol{E} + \frac{\boldsymbol{P}}{\epsilon_0} = (1+\chi)\boldsymbol{E} \tag{1.56}$$

となる．式 (1.6) と (1.54) から

$$\epsilon_\mathrm{r} = n^2 = 1 + \frac{Nq^2}{m\epsilon_0(\omega_0^2 - \omega^2 - i\gamma\omega)} \tag{1.57}$$

となる．ϵ_r を実部と虚部に分けて $\epsilon_\mathrm{r} = \epsilon_1 + i\epsilon_2$ とする．これを式 (1.57) と比較すると以下の式が得られる．

$$\epsilon_1 = 1 + \frac{Nq^2}{m\epsilon_0} \frac{\omega_0^2 - \omega^2}{(\omega_0^2 - \omega^2)^2 + \gamma^2\omega^2} \tag{1.58}$$

$$\epsilon_2 = \frac{Nq^2}{m\epsilon_0} \frac{\omega\gamma}{(\omega_0^2 - \omega^2)^2 + \gamma^2\omega^2} \tag{1.59}$$

1.7 有効媒質近似

媒質が複数の種類の組成を持つとき，その媒質の屈折率は，単純な体積や質量比とはならない．これは，各組成の間や分子や原子の間に相互作用があるためである．すべてをよく説明できるモデルは存在しないが，よく用いられるモデルには図 **1.11** に示す四つのモデルがある[38]．(a) 並列モデル，(b) 直列モデル，(c) マックスウェル–ガーネット (Maxwell–Garnett: MG) モデル，(d) ブラッグマン (Bruggeman: B) モデルである．これらを注意深く選べば，適切に有効誘電率 ϵ_eff を計算することができる．この手法を「均一化」(homogenization) または有効媒質近似 (effective medium approximation: EMA) と呼ぶ．

ここでは簡単のため，組成 a と組成 b の二つの組成で構成される媒質を考える．ここでは，誘電率 ϵ で記述するが，式 (1.6) を使えば屈折率 n に直すのは

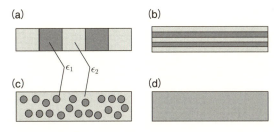

図1.11 有効媒質近似．(a) 並列モデル，(b) 直列モデル，(c) マックスウェル–ガーネット (MG) モデル，(d) ブラッグマン (B) モデル．

容易である．(a) の並列モデルでは，図に示すように組成 a (誘電率 ϵ_a) と組成 b (誘電率 ϵ_b) を誘電体としたコンデンサを並列接続することに対応する．よって，実効誘電率 ϵ_eff は

$$\epsilon_\text{eff} = f\epsilon_a + (1-f)\epsilon_a \tag{1.60}$$

と表される．ここで f は組成 a の体積比である．このモデルは各組成の間に相互作用がない場合には良い近似となる．

(b) の直列モデルでは，図に示すようにコンデンサを直列に接続することに対応する．有効誘電率 ϵ_eff は

$$\epsilon_\text{eff}^{-1} = f\epsilon_a^{-1} + (1-f)\epsilon_b^{-1} \tag{1.61}$$

となる．このモデルでは，各組成の間の相互作用が強く現れている．

(c) の MG モデルは，クラウジウス–モソッティーの式 (式 (1.47)) から求めることができる．周辺媒質の比誘電率が ϵ_1 のときのクラウジウス–モソッティーの式は

$$\epsilon_r = \frac{\epsilon_1 + \dfrac{2}{3\epsilon_0}\sum_{j=1}^{m} N_j \alpha_j}{\epsilon_1 - \dfrac{1}{3\epsilon_0}\sum_{j=1}^{m} N_j \alpha_j} \tag{1.62}$$

となる．これを変形すると

$$\frac{\epsilon_r - \epsilon_1}{\epsilon_r + 2\epsilon_1} = \sum_{j=1}^{m} \frac{N_j \alpha_j}{3\epsilon_0 \epsilon_1} \tag{1.63}$$

となる．ここでは，簡単な二つの組成（組成 a と組成 b）の場合を考える．組成 b 中に組成 a が分散している場合には，式 (1.63) は $\epsilon_{\text{eff}} = \epsilon_{\text{r}}$, $\epsilon_1 = \epsilon_{\text{b}}$ として

$$\frac{\epsilon_{\text{eff}} - \epsilon_{\text{b}}}{\epsilon_{\text{eff}} + 2\epsilon_{\text{b}}} = f \frac{N_{\text{a}} \alpha_{\text{a}}}{3\epsilon_{\text{b}}} \tag{1.64}$$

となる．各組成に対して，式 (1.63) の関係が成り立つので，組成 b 中に組成 a が分散している場合には，これを適用して式 (1.64) の右辺を書きなおすと

$$\frac{\epsilon_{\text{eff}} - \epsilon_{\text{b}}}{\epsilon_{\text{eff}} + 2\epsilon_{\text{b}}} = f \frac{\epsilon_{\text{a}} - \epsilon_{\text{b}}}{\epsilon_{\text{a}} + 2\epsilon_{\text{b}}} \tag{1.65}$$

となる．MG モデルでは，組成 b 中に組成 a が分散している場合を考えているため，組成 a と組成 b は対等に考えることはできない．つまり，組成 b が組成 a に比べて圧倒的に多い場合に適用できるモデルである．

(d) のブラッグマンのモデルでは，式 (1.63) において，均一化の結果，周辺媒質が ϵ_{eff} になったと考える．このとき，$\epsilon_1 = \epsilon_{\text{eff}}$ なので

$$\frac{\epsilon_{\text{r}} - \epsilon_{\text{eff}}}{\epsilon_{\text{r}} + 2\epsilon_{\text{eff}}} = f \frac{\epsilon_{\text{a}} - \epsilon_{\text{eff}}}{\epsilon_{\text{a}} + 2\epsilon_{\text{eff}}} + (1 - f) \frac{\epsilon_{\text{b}} - \epsilon_{\text{eff}}}{\epsilon_{\text{b}} + 2\epsilon_{\text{eff}}} \tag{1.66}$$

と書ける．ϵ_{r} も ϵ_{eff} に等しいので，式 (1.66) の左辺は 0 となる．よって，次の式が得られる．

$$f \frac{\epsilon_{\text{a}} - \epsilon_{\text{eff}}}{\epsilon_{\text{a}} + 2\epsilon_{\text{eff}}} + (1 - f) \frac{\epsilon_{\text{b}} - \epsilon_{\text{eff}}}{\epsilon_{\text{b}} + 2\epsilon_{\text{eff}}} = 0 \tag{1.67}$$

ブラッグマンのモデルでは，組成 a と組成 b の関係は対等であり，さらに組成が多数の場合にも適用できる．現在最もよく使われている EMA である．

図 **1.12** にそれぞれの有効媒質近似で求めた屈折率を組成の体積 f の関数として表したものを示す．誘電体の場合が (a)，金が混ざった場合が (b) である．誘電体の場合には，並列モデル以外はモデルによる違いが見られないが，金の場合にはモデルによる依存性が大きい．用いる物質によって，モデルの選択を慎重に行わなければいけないことがわかる．

1.8　界面における透過と反射（誘電体，金属）

1.8.1　スネルの法則

図 **1.13** に示すように媒質 1（屈折率 n_1）と，媒質 2（屈折率 n_2）の間の界面

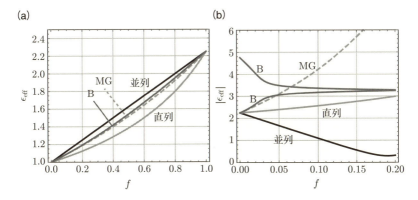

図 1.12 有効媒質近似の計算結果．(a) 誘電率 1.0 の媒質に誘電率 2.25 (屈折率 1.5) の媒質が割合 f で混ざった場合．並列モデル，直列モデル，マックスウェル–ガーネットモデル (MG)（破線）そして，ブラッグマンモデル (B) の場合をそれぞれプロットした．(b) 誘電率 1.5 の媒質に金が割合 f で混ざった場合の誘電率 ϵ_{eff} の絶対値．金の誘電率は $-9.39 + 1.53i$ を用いた（波長 600 nm）．B モデルの場合は 2 次方程式となるため正と負の 2 種類の解が現れるので，どちらを選ぶか吟味しなければならない．

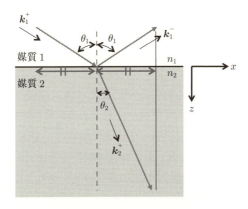

図 1.13 界面における屈折．

に光を入射すると光の反射および屈折が生じる．入射角 θ_1 は表面法線（z 方向）と入射光の進む方向の角度として定義される．ここで，θ_i の i は媒質を表す．屈折角は媒質 2 を伝搬するので θ_2 と表す．入射角と反射角，屈折角の間にはス

ネルの法則が成り立つ．スネルの法則は以下の式で表される．

$$n_1 \sin\theta_1 = n_2 \sin\theta_2 \tag{1.68}$$

スネルの法則は波数ベクトルを使って記述すると簡単である．入射光の波数ベクトルを $\bm{k}_1^+$，反射光の波数ベクトルを $\bm{k}_1^-$，屈折光の波数ベクトルを $\bm{k}_2^+$ とする．上付きの + と − は光の進む方向を表す．+ が透過方向（z の正の方向）であり，− は反射方向である．入射光の波数ベクトルの x 成分を k_{1x}^+，反射光の波数ベクトルの x 成分を k_{1x}^-，屈折光の波数ベクトルの x 成分を k_{2x}^+ とすれば，式 (1.68) より，これらの間には以下のような関係がある．

$$k_{1x}^+ = k_{1x}^- = k_{2x}^+ \tag{1.69}$$

スネルの法則は後述の非線形光学でも成り立つ重要な関係である．

1.8.2 界面における透過と反射

さて，界面に光を入射した際には，2 種類の偏光を考慮しなければならない．界面法線と光の進む方向 (波数ベクトル) で作られる面を入射面と呼び，入射面に垂直な偏光を s-偏光，入射面内の偏光を p-偏光と呼ぶ．s-偏光や p-偏光を，それぞれ TE (transverse electric) 偏光，TM (transverse magnetic) 偏光と呼ぶこともある．

図 1.14 に示すように一つの媒質の界面に光が入射した際の反射率や透過率について考える．反射率 R は入射光強度に対する反射光強度の比である．また，透過率 T は同様に入射光強度に対する透過光強度の比である．R や T を考える前に，以下のように反射係数 r および透過係数 t を求めることにする．反射係数 r は入射光の振幅に対する反射光の振幅の比であり，透過係数 t は入射光の振幅に対する透過光の振幅の比である．

s-偏光（TE 偏光）

s-偏光の入射光に対する反射係数 r_s や透過係数 t_s を求める．図のように，界面の位置における入射光の電場を E_1^+，反射光の電場を E_1^-，透過光の電場を

(a) s-偏光(TE偏光)　　　　　(b) p-偏光(TM偏光)

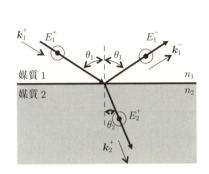 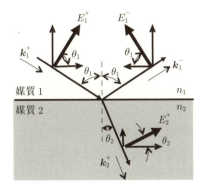

図 1.14 界面における透過と反射. (a) s-偏光, (b) p-偏光.

E_2^+ とする．界面における電場と磁場の表面成分は連続するので[*9]，それぞれ

$$E_1^+ + E_1^- = E_2^+ \tag{1.70}$$

$$H_1^+ \cos\theta_1 - H_1^- \cos\theta_1 = H_2^+ \cos\theta_2 \tag{1.71}$$

となる．式 (1.3) から，電場や磁場の大きさの関係は $n_1 E_1 = H_1$, $n_2 E_2 = H_2$ なので[*10]，式 (1.71) は

$$n_1 E_1^+ \cos\theta_1 - n_1 E_1^- \cos\theta_2 = n_2 E_2^+ \cos\theta_2 \tag{1.72}$$

と書きなおせる．反射係数と透過係数はそれぞれ $r_\mathrm{s} = E_1^-/E_1^+$, $t_\mathrm{s} = E_2^+/E_1^+$ と定義される．式 (1.70), 式 (1.72) を連立方程式として解いて

$$r_\mathrm{s} = \frac{E_1^-}{E_1^+} = \frac{n_1 \cos\theta_1 - n_2 \cos\theta_2}{n_1 \cos\theta_1 + n_2 \cos\theta_2} = \frac{k_{1z} - k_{2z}}{k_{1z} + k_{2z}} \tag{1.73}$$

$$t_\mathrm{s} = \frac{E_2^+}{E_1^+} = \frac{2 n_1 \cos\theta_1}{n_1 \cos\theta_1 + n_2 \cos\theta_2} = \frac{2 k_{1z}}{k_{1z} + k_{2z}} \tag{1.74}$$

[*9]　連続する理由は参考文献 [1-4] を参照．
[*10]　ここで μ, ω, k などの共通の変数は無視した．$|\boldsymbol{k}| = nk_0$ で，k_0 は真空中の波数である．

となる．ここで k_{1z}, k_{2z} はそれぞれ媒質 1 および 2 における波数ベクトルの z 成分であり，

$$k_{1z} = k_1 \cos\theta_1^+ \tag{1.75}$$

$$k_{2z} = k_2 \cos\theta_2^+ \tag{1.76}$$

である．

p-偏光（TM 偏光）

p-偏光の入射光に対する反射係数 r_p や透過係数 t_p を求める．界面における電場と磁場の連続性から

$$E_1^+ \cos\theta_1 - E_1^- \cos\theta_1 = E_2^+ \cos\theta_2 \tag{1.77}$$

$$H_1^+ + H_1^- = H_2^+ \tag{1.78}$$

となる．式 (1.78) を書きなおして

$$n_1 E_1^+ + n_1 E_1^- = n_2 E_2^+ \tag{1.79}$$

となる．式 (1.77), (1.79) を連立方程式として解いて

$$r_\mathrm{p} = \frac{E_1^-}{E_1^+} = \frac{n_2 \cos\theta_1 - n_1 \cos\theta_2}{n_2 \cos\theta_1 + n_1 \cos\theta_2} = \frac{\epsilon_2 k_{1z} - \epsilon_1 k_{2z}}{\epsilon_1 k_{2z} + \epsilon_2 k_{1z}} \tag{1.80}$$

$$t_\mathrm{p} = \frac{E_2^+}{E_1^+} = \frac{2n_1 \cos\theta_1}{n_2 \cos\theta_1 + n_1 \cos\theta_2} = \frac{2n_1 n_2 k_{1z}}{\epsilon_1 k_{2z} + \epsilon_2 k_{1z}} \tag{1.81}$$

が得られる．

1.8.3 反射率と透過率

　反射光の強度を入射光の強度で割ったものを反射率 R と呼ぶ．屈折した透過光の強度を入射光の強度で割ったものが透過率 T である．反射係数と透過係数を使ってこれらを表してみる．s-偏光の場合も p-偏光の場合も共通なので，それらを表す添え字は省略する．入射光の強度 I_1^+ は，式 (1.10) から，真空のインピーダンス Z_0 を使って，

1.8 界面における透過と反射(誘電体, 金属)

$$I_1^+ = \frac{n_1|E_1^+|^2}{2Z_0} \tag{1.82}$$

となる. E は一般には複素数のため, 絶対値をとって 2 乗しているが, 複素共役 E^* を掛けて EE^* としてもよい. 同様に, 反射光の強度 I_1^-, 透過光の強度 I_2^+ は

$$I_1^- = \frac{n_1|E_1^-|^2}{2Z_0} \tag{1.83}$$

$$I_2^+ = \frac{n_2|E_2^+|^2}{2Z_0} \tag{1.84}$$

である. 反射光の強度を入射光の強度で割ったものを反射率 R と呼び, 屈折した透過光の強度を入射光の強度で割ったものが透過率 T である. 式 (1.82), (1.83), (1.84) から, それらはそれぞれ,

$$R = \frac{I_1^-}{I_1^+} = |r|^2 = rr^* \tag{1.85}$$

$$T = \frac{I_2^+}{I_1^+} = \frac{n_2\cos\theta_2}{n_1\cos\theta_1}|t|^2 = \frac{n_2\cos\theta_2}{n_1\cos\theta_1}tt^* \tag{1.86}$$

となる. 透過の場合には入射角に応じて断面積が広くなることを考えなければいけないので, 屈折率の比の他に $\cos\theta_2/\cos\theta_1$ を乗じている.

媒質に吸収がなければ, エネルギー保存の法則から $T + R = 1$ である. 媒質に吸収 A や散乱 S がある場合には, $T + R + A + S = 1$ となるので, 反射率と透過率がわかれば, A や S を求めることができる.

図 1.15(a) に, $n_1 = 1$, $n_2 = 1.5$ のときの反射係数, 透過係数, 反射率および透過率の入射角依存性を各偏光について計算した結果を示す. 一般に反射係数と透過係数は複素数であるが, n_1, n_2 ともに実数であるため, それらは実数となる. ただし, 正だけでなく負の値も持つ可能性があることに気をつける. 正負の違いは位相が反転していることに相当する. たとえば, r_p は $\theta_1^+ = 60°$ 付近のブリュースター角 (θ_B) を境に正から負に値が変化する. これは, θ_B を境に反射光の電場の位相が逆転していることを示している.

図 1.15(b) に示した透過率や反射率に注目すると, いくつかの重要な特徴がわかる. 媒質に吸収がない場合には, 上述のようにエネルギー保存の法則から

30 第 1 章 等方媒質中の光の伝搬

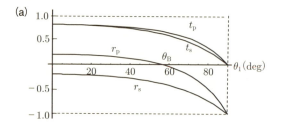

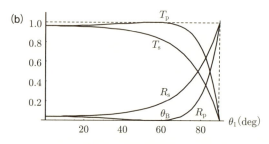

図 1.15 (a) 透過係数と反射係数，(b) 透過率と反射率の計算結果．入射媒質の屈折率は 1.0, 透過媒質の屈折率は 1.5 として計算した．

$$T + R = 1 \tag{1.87}$$

が成り立つ．p-偏光に関しては，$R = 0$ となる入射角であるブリュースター角 θ_B が存在する．この角度 θ_B は反射係数 r の符号が正から負に変化する角度に対応する．θ_B は，屈折率 n_2, n_1 と以下の関係がある．

$$\tan \theta_B = \frac{n_2}{n_1} \tag{1.88}$$

もし，n_1 または n_2 に吸収がある場合も，$\tan \theta_B \sim \dfrac{\mathrm{Re}(n_2)}{\mathrm{Re}(n_1)}$ を満たす θ_B 付近で反射率 R が最小になるが，0 にはならない．このほか重要な関係としてすべての角度において，p-偏光の入射光に対する反射率 R_p と s-偏光の入射光に対する反射率 R_s の間には

$$R_p \leq R_s \tag{1.89}$$

の関係がある．すなわち，s-偏光の反射率は常に p-偏光の反射率より大きい．

1.8.4 全反射とエバネッセント光

これまでは空気から水やガラスに光を入射する場合等, すなわち低屈折率側から光を入射する場合を考えた. 図 **1.16**(a) に示すような屈折率 n_1 のガラスや水から屈折率 n_2 の空気に光を入射する場合, すなわち高屈折率側から光を入射する場合 $(n_1 > n_2)$ を考える. このときの入射角と反射率の曲線を図 1.16(b) に示す. 垂直入射 $\theta_1^+ = 0$ から入射角を大きくしていくと p-偏光の場合にはブリュースター角 θ_B が存在し, この角度で反射率 $R_p = 0$ となる. さらに入射角を大きくすると, 急激に反射率は高くなる. 一方で, R_s は, 入射角に対して単調に大きくなる. いずれの偏光の場合も, 臨界角 θ_c で R_p, R_s ともに 1 となり, それより入射角を大きくしても反射率 R は 1 のままである. この状態が全反射であり, 入射光のエネルギーがすべて反射する. 臨界角 θ_c は

$$\sin\theta_c = \frac{n_2}{n_1} \tag{1.90}$$

となる角度である.

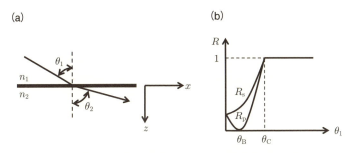

図 1.16 (a) 全反射の光学配置と (b) 反射率.

全反射となる入射角 $(\theta_c \leq \theta_1 \leq \frac{\pi}{2})$ でもスネルの法則は成り立つ. すなわち

$$\sin\theta_2 = \frac{n_1}{n_2}\sin\theta_1 \geq 1 \tag{1.91}$$

である. この場合 $\sin\theta_2$ が 1 より大きくなるが, これは θ_2 が複素数となることを意味している. 計算では θ_2 を求める必要はなく, 式 (1.91) から

$$\cos\theta_2 = \pm\sqrt{1-\sin\theta_2} = \pm i\sqrt{\left(\frac{n_1}{n_2}\right)^2 \sin^2\theta_1 - 1} \tag{1.92}$$

である．

媒質 2 の位置 r，時間 t における透過光の電場 E_2^+ は以下のように記述される．

$$E_2^+ = E_{20}^+ \exp i(\boldsymbol{k}_2 \boldsymbol{r} - \omega t) \tag{1.93}$$

ここで，$\boldsymbol{k}_2$ は媒質 2 における透過光の波数ベクトルであり，その大きさを k_2 とする．E_{20}^+ は振幅である．これは，x および z 方向の単位ベクトル $\hat{e}_x$ と $\hat{e}_z$ を使って $\boldsymbol{k}_2 = k_{2x}\hat{e}_x + k_{2z}\hat{e}_z$，$\boldsymbol{r} = x\hat{e}_x + z\hat{e}_z$ なので，

$$E_2^+ = E_{20}^+ \exp i(k_{2x}x + k_{2z}z - \omega t) \tag{1.94}$$

となる．k_{2x} および k_{2z} はそれぞれ

$$k_{2x} = k_2 \sin\theta_2 = k_2 \frac{n_1}{n_2}\sin\theta_1 \tag{1.95}$$

$$k_{2z} = k_2 \cos\theta_2 = \pm i k_2 \sqrt{\left(\frac{n_1}{n_2}\right)^2 \sin^2\theta_1 - 1} \tag{1.96}$$

となる．これを式 (1.94) に代入すると

$$E_2^+ = E_{20}^+ \exp\left(i\left(\frac{n_1}{n_2}\right)k_2 \sin\theta_1 \cdot x\right)\exp\left(\pm k_2\sqrt{\left(\left(\frac{n_1}{n_2}\right)^2 - \sin^2\theta_1\right)}\cdot z\right)\exp(-i\omega t) \tag{1.97}$$

となる．

この式の 1 番目の最初の exp の項は x 方向への進行波となっていることを表している．その波数は $\left(\dfrac{n_1}{n_2}\right)k_2$ であり，媒質 2 を伝搬する光の波数 k_2 の $\dfrac{n_1}{n_2}$ 倍になっている．これは，光の波長が $\dfrac{n_2}{n_1}$ となる（短くなる）ことを意味している[*11]．2 番目の exp の項は，電場が界面から離れるに従って減衰していくこと

[*11] 光学顕微鏡の分解能は波長の半分程度である．波長が $\dfrac{n_2}{n_1}$ となる（短くなる）ならば，その分だけ細かいものを見ることができる．全反射照明蛍光顕微鏡等で用いられている．

を示している．このような減衰する電磁場をエバネッセント場と呼ぶ．全反射時にも反射側と反対の媒質2にも電場が染み出して存在していることを示している．電場の大きさが $1/e$ になる距離を染み出し距離と呼び，それを z_d とすれば，式 (1.97) から

$$z_\mathrm{d} = \frac{\lambda}{2\pi\sqrt{n_1^2 \sin^2 \theta_1 - n_2^2}} \tag{1.98}$$

である．$n_1 = 1.5$, $n_2 = 1$, $\theta_1 = 45°$ のときに，$z_\mathrm{d} = 0.45\lambda$ になる．染み込み深さが波長程度であることがわかる．臨界角付近 $\theta_1 \sim \theta_\mathrm{c}$ では z_d は大きく，理論上は $\theta_1 = \theta_\mathrm{c}$ で z_d は無限大である．

全反射時の面白い現象としてグースヘンシェンシフト (Göös Hänchen shift) がある．図 **1.17** に示すように，全反射時に光は界面方向に伝搬した後に反射する．このシフトの量がグースヘンシェンシフトである．シフト量は s-偏光と p-偏光で異なるため，それらをそれぞれ l_s, l_p とすれば

$$l_\mathrm{s} = \frac{1}{\pi n_1} \frac{\sin\theta_1 \cos\theta_1}{1 - (\frac{n_2}{n_1})^2} \frac{\lambda}{\sqrt{\sin^2\theta_1 - (\frac{n_2}{n_1})^2}} \tag{1.99}$$

$$l_\mathrm{p} = \frac{1}{\pi n_1} \frac{(\frac{n_2}{n_1})^4 \sin\theta_1 \cos\theta_1}{(\frac{n_2}{n_1})^4 \cos^2\theta_1 + \sin^2\theta_1 - (\frac{n_2}{n_1})^2} \frac{\lambda}{\sqrt{\sin^2\theta_1 - (\frac{n_2}{n_1})^2}} \tag{1.100}$$

である．l_s や l_p は概ね波長程度となる．グースヘンシェンシフトにより p-偏光と s-偏光の間で位相変化に差が生じる．それを δ とすれば

$$\tan\frac{\delta}{2} = \frac{\cos\theta_1 \sqrt{\sin^2\theta_1 - (\frac{n_2}{n_1})^2}}{\sin^2\theta_1} \tag{1.101}$$

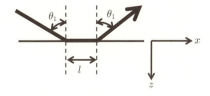

図 **1.17** グースヘンシェンシフト．

34　第 1 章　等方媒質中の光の伝搬

である．p-偏光の入射光が全反射した際の位相変化 δ_p と s-偏光の入射光が全反射した際の位相変化 δ_s を示したものが図 **1.18**(a) である．これらの差 $\delta = \delta_\mathrm{p} - \delta_\mathrm{s}$ を図示したものが図 1.18(b) である．偏光によって位相変化の量が変わることがわかる．この現象を利用すると波長板として用いることができる．これをフレネルロムといい，複屈折を利用した波長板と異なり，波長による位相変化の量の変化が小さいという特徴がある．

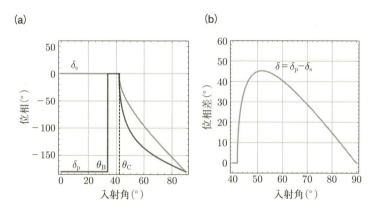

図 **1.18**　全反射の際の位相変化 (a) δ_p と δ_s と，(b) それらの差 δ．

1.9　金属の誘電率とプラズマ周波数

　金属の場合には自由電子が光学応答を担う．電子が金属中を自由に移動できると考える自由電子モデルを使って，光学応答について考える．まず，簡単のため損失がない 1 次元のモデルを考える．光電場 E が加わった際の電子の応答は，電子の質量を m，電荷を q，位置を x として以下のようになる．

$$m\frac{d^2x}{dt^2} = qE \tag{1.102}$$

E は振幅を E_0 として $E = E_0 \exp(-i\omega t)$ と書けるので，$x = x_0 \exp(-i\omega t)$ と書くことができる．これを式 (1.102) に代入して

1.9 金属の誘電率とプラズマ周波数

$$x_0 = -\frac{qE_0}{m\omega^2} \tag{1.103}$$

となる．よって，双極子モーメント p は

$$p = qx_0 = -\frac{q^2 E_0}{m\omega^2} \tag{1.104}$$

である．単位体積あたりの電子数を N とすれば，分極 P は

$$P = Np = -\frac{q^2 E_0 N}{m\omega^2} \tag{1.105}$$

と書ける．よって，比誘電率は

$$\frac{\epsilon}{\epsilon_0} = 1 - \frac{q^2 N}{\epsilon_0 m \omega^2} = 1 - \left(\frac{\omega_\mathrm{p}}{\omega}\right)^2 \tag{1.106}$$

となる．ここで ω_p はプラズマ周波数と呼ばれ，

$$\omega_\mathrm{p}^2 = \frac{q^2 N}{\epsilon_0 m} \tag{1.107}$$

である．式 (1.106) からプラズマ周波数では $\epsilon = 0$ となる．

次に損失がある場合を考える．損失 γ がある場合の運動方程式は，式 (1.102) に損失の項を入れて以下のようになる．

$$m\frac{d^2 x}{dt^2} + m\gamma \frac{dx}{dt} = qE \tag{1.108}$$

電流密度 J は

$$J = Nq\frac{dx}{dt} \tag{1.109}$$

である．式 (1.109) を式 (1.108) に代入すると

$$\frac{dJ}{dt} + \gamma J = \frac{Nq^2}{m} E \tag{1.110}$$

となる．これを解くと

$$J = \frac{\sigma_0}{1 - i\omega\tau} E \tag{1.111}$$

となる．ここで，τ は緩和時間であり γ の逆数，σ_0 は周波数 0 のときの静的な導電率であり，以下の式で表される．

$$\sigma_0 = \frac{Nq^2}{m}\tau \tag{1.112}$$

これをマックスウェル方程式から求められる波動方程式に代入すると

$$\frac{d^2 E}{dx^2} = \frac{1}{c^2}\frac{d^2 E}{dt^2} + \mu_0 \frac{\sigma_0}{1-i\omega\tau}E = \left(\left(\frac{\omega}{c}\right)^2 + \frac{\sigma_0}{1-i\omega\tau}\right)\frac{d^2}{dt^2}E \tag{1.113}$$

となる.ここで c は真空中の光速である.よって,誘電率 ϵ は以下のように書ける.

$$\frac{\epsilon}{\epsilon_0} = 1 + c^2 \frac{i\mu_0\sigma_0}{\omega - i\omega^2\tau} = 1 + \frac{i\tau\omega_{\rm p}^2}{\omega - i\omega^2\tau} = 1 - \frac{\omega_{\rm p}^2}{i\omega + \omega^2} \tag{1.114}$$

$\omega_{\rm p}$ はプラズマ周波数である.$\dfrac{\epsilon}{\epsilon_0}$ を実部と虚部に分けて,それぞれ ϵ_1, ϵ_2 とすれば

$$\epsilon_1 = 1 - \frac{\omega_{\rm p}^2}{\omega^2 + \tau^{-2}} \tag{1.115}$$

$$\epsilon_2 = \frac{\omega_{\rm p}^2}{\omega^2 + \tau^{-2}}\left(\frac{1}{\omega\tau}\right) \tag{1.116}$$

となる.これを図示すると図 **1.19** のようになり,プラズマ周波数 $\omega_{\rm p}$ は,ϵ_1 が最小となる周波数である.

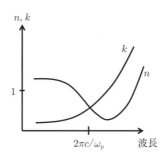

図 1.19 金属の屈折率の波長分散とプラズマ周波数 $\omega_{\rm p}$.

1.10 多層問題（反射，透過）

1.7 節では，図 **1.20**(a) に示すような屈折率の異なる二つの媒質に光を入射した際の反射や透過について記した．ここでは，層構造における光の反射や透過について述べる．計算の方法にはいくつかの種類がある．ここでは，(i) 多重反射を考えた解法，(ii) 連立方程式を使った解法，(iii) 伝搬行列法の三つの方法について紹介する．

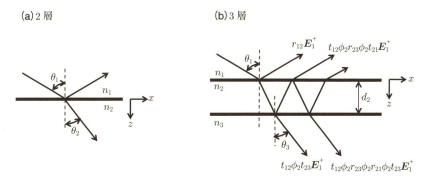

図 1.20 (a) 2 層モデルと，(b) 3 層モデル．

1.10.1 多重反射を考えて無限級数を用いる解法

まず，図 1.20(b) のような 3 層のモデルを考える．入射側から順番に媒質 1，媒質 2，媒質 3 と番号をつける．媒質 i から媒質 j に光が入射した際の反射係数を r_{ij}，透過係数を t_{ij} とする．用いる透過係数や反射係数は p-偏光と s-偏光で異なるが，式では同じ形になる．よって，偏光の区別はせずに単に r_{ij} や t_{ij} と記す．媒質 2 を通過する際に生じる位相の遅れや屈折率の虚部による吸収の影響を受けるが，それらを ϕ_2 とすると

$$\phi_2 = \exp(ik_2 d_2 \cos\theta_2) = \exp\left(i\frac{2\pi}{\lambda_0}n_2 d_2 \cos\theta_2\right) = \exp(ik_{2z}d_2) \quad (1.117)$$

である．ここで，k_{2z} は媒質 2 を通過する光の波数ベクトル k_2 の z 成分であ

り，真空中の光の波長を λ_0，媒質中の屈折角を θ_2 とすると $k_{2z} = k_2 \cos\theta_2 = \frac{2\pi}{\lambda_0} n_2 \cos\theta_2$ である．入射光の電場を E_1^+，反射光の電場を E_1^-，透過光の電場を E_3^+ とするとそれらは無限級数として以下のように記述できる．

$$E_1^- = (r_{12} + t_{12}\phi_2 r_{23}\phi_2 t_{21} + t_{12}\phi_2 r_{23}\phi_2 r_{21}\phi_2 r_{23}\phi_2 t_{21} + \cdots)E_1^+$$
$$= \frac{r_{12} + \phi_2^2 r_{23}}{1 + \phi_2^2 r_{23} r_{12}} E_1^+ \tag{1.118}$$

$$E_3^+ = (t_{12}\phi_2 t_{23} + t_{12}\phi_2 r_{23}\phi_2 r_{21}\phi_2 t_{23} + \cdots)E_1^+$$
$$= \frac{t_{23} t_{12} \phi_2}{1 + \phi_2^2 r_{23} r_{12}} E_1^+ \tag{1.119}$$

反射率 R_{13}，透過率 T_{13} は，式 (1.85) や式 (1.86) の場合と同様に

$$R_{13} = |r_{13}|^2 \tag{1.120}$$

$$T_{13} = \frac{n_3 \cos\theta_3}{n_1 \cos\theta_1} |t_{13}|^2 = \frac{k_{3z}}{k_{1z}} |t_{13}|^2 \tag{1.121}$$

となる．この方法は3層の問題を解くときにはわかりやすいが，4層以上の場合には薦められない．どうしてもこの方法で4層の場合の反射や透過を計算したい場合には，r_{23} や t_{23} の代わりに r_{234} や t_{234} を導入する．r_{234} や t_{234} は，媒質 2, 3, 4 の3層を考えた場合の透過係数や反射係数であり，

$$r_{234} = \frac{r_{23} + \phi_3^2 r_{34}}{1 + \phi_3^2 r_{34} r_{23}} \tag{1.122}$$

$$t_{234} = \frac{t_{34} t_{23} \phi_3}{1 + \phi_3^2 r_{34} r_{23}} \tag{1.123}$$

と表される．ここで $\phi_3 = \exp(ik_{3z}d_3)$ である．これ以上層数が多い場合には，以下に述べる連立方程式，伝搬行列法を用いるべきである．

なお，透過や反射には以下のような関係があるため，これらを用いると式の変形などの際に便利である．

$$r_{ij} = -r_{ji} \tag{1.124}$$

$$t_{ij} t_{ji} = 1 - r_{ij}^2 \tag{1.125}$$

$$t_{ij}t_{jk} = t_{ik}(1 + r_{ij}r_{jk}) \tag{1.126}$$

$$r_{jk} = \frac{r_{ij} + r_{jk}}{1 + r_{ij}r_{jk}} \tag{1.127}$$

1.10.2 連立方程式を使った解法

　界面における電場と磁場の連続条件を記述して，反射率や透過率を求める方法である[39]．見通しが良い方法であるが，計算速度は後述の伝搬行列法により遅い．N 層の多層膜の場合には，$(2N-2) \times (2N-2)$ の正方行列の逆行列を求めなければいけないためである．よって，5～6 層以上の場合には，伝搬行列法を用いるのが適切である．

　この方法は s-偏光と p-偏光で扱いが異なるため，それぞれについて記す．ここでは，例として，図 **1.21**(a) に示した 4 層の場合を考える．多重反射を考えた解法のときと同様に，界面の位置において，入射光の電場を E_1^+，反射光の電場を E_1^-，透過光の電場を E_4^+ とする．媒質 2 では，透過方向に進む光の電場の総和を E_2^+ と反射方向に進む電場の総和を E_2^- とする．また，光の波数ベクトルの z 成分は，透過方向に進む光では，真空中の光の波長を λ_0，媒質中の屈

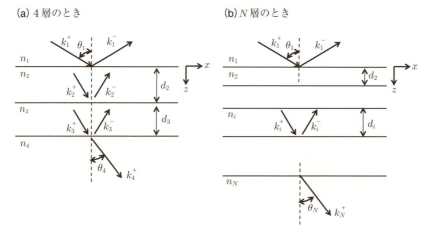

図 **1.21**　(a) 4 層の場合，(b) N 層の場合．

折角を θ_2 として $k_{2z} = k_2 \cos\theta_2 = \frac{2\pi}{\lambda_0} n_2 \cos\theta_2$,反射方向に進む光では $-k_{2z}$ である.これらは,媒質 3 でも同様である.

まず,s-偏光の場合を考える.式 (1.70) と式 (1.71) と同様に,媒質 1 と媒質 2 の間における電場および磁場の連続条件から

$$E_1^+ + E_1^- = E_2^+ + E_2^- \tag{1.128}$$

$$-k_{1z}E_1^+ + k_{1z}E_1^- = -k_{2z}E_2^+ + k_{2z}E_2^- \tag{1.129}$$

である.同様に媒質 2 と媒質 3 の間では

$$\phi_2^+ E_2^+ + \phi_2^- E_2^- = E_3^+ + E_3^- \tag{1.130}$$

$$-k_{2z}\phi_2^+ E_2^+ + k_{2z}\phi_2^- E_2^- = -k_{3z}E_3^+ + k_{3z}E_3^- \tag{1.131}$$

である.ここで,$\phi_2^+ = \exp(ik_{2z}d_2)$,$\phi_2^- = \exp(-ik_{2z}d_2)$ であり,媒質 2 を通過する際に生じる位相の遅れや屈折率の虚部による吸収の影響を表している.同様に媒質 3 と媒質 4 の間では,反射方向に伝搬する光は存在しないことに注意して

$$\phi_3^+ E_3^+ + \phi_3^- E_3^- = E_4^+ \tag{1.132}$$

$$-k_{3z}\phi_3^+ E_3^+ + k_{3z}\phi_3^- E_3^- = -k_{4z}E_4^+ \tag{1.133}$$

となる.

反射係数 $r_{41} = E_1^-/E_1^+$ や透過係数 $t_{41} = E_4^+/E_1^+$ は,これらを連立方程式として解けば求めることができる.以下のように,行列を使えば,見通し良くこの連立方程式を解くことができる.記号 ^{t} は,行列の転置として,

$$\tilde{\mathbf{A}} = \begin{pmatrix} 1 & -1 & -1 & 0 & 0 & 0 \\ k_{1z} & k_{2z} & -k_{2z} & 0 & 0 & 0 \\ 0 & \phi_2^+ & \phi_2^- & -1 & -1 & 0 \\ 0 & -k_{2z}\phi_2^+ & k_{2z}\phi_2^- & k_{3z} & -k_{3z} & 0 \\ 0 & 0 & 0 & \phi_3^+ & \phi_3^- & -1 \\ 0 & 0 & 0 & -k_{3z}\phi_3^+ & k_{3z}\phi_3^- & k_{4z} \end{pmatrix} \tag{1.134}$$

$$\boldsymbol{X} = {}^t\!\begin{pmatrix} E_1^- & E_2^+ & E_2^- & E_3^+ & E_3^- & E_4^+ \end{pmatrix} \tag{1.135}$$

$$\boldsymbol{B} = {}^t\!\begin{pmatrix} -E_1^+ & k_{1z}E_1^+ & 0 & 0 & 0 & 0 \end{pmatrix} \tag{1.136}$$

とすれば

$$\boldsymbol{X} = \tilde{\mathbf{A}}^{-1}\boldsymbol{B} \tag{1.137}$$

からベクトル $\boldsymbol{X}$ を求めることができる．$E_1^+ = 1$ として計算すれば，$r_{14} = E_1^-$，$t_{14} = E_4^+$ である．ここで r_{14}，t_{14} は 4 層の場合の反射係数および透過係数である．反射率と透過率は

$$R_{14} = |r_{14}|^2 \tag{1.138}$$

$$T_{14} = \frac{k_{4z}}{k_{1z}}|t_{14}|^2 \tag{1.139}$$

となる．

p-偏光の場合も同様にして反射係数や透過係数を求めることができる．界面 1 と界面 2 の間における電場および磁場の連続条件から

$$\frac{k_{1z}}{k_1}E_1^+ - \frac{k_{1z}}{k_1}E_1^- = \frac{k_{2z}}{k_2}E_2^+ - \frac{k_{2z}}{k_2}E_2^- \tag{1.140}$$

$$n_1 E_1^+ + n_1 E_1^- = n_2 E_2^+ + n_2 E_2^- \tag{1.141}$$

である．ここで，n_1 は媒質 1 の屈折率であり，k_1 は媒質 1 における光の波数である．それらは，真空中の波長 λ_0 を使って，$k_1 = \dfrac{2\pi}{\lambda_0}n_1$ となる．界面 2 と界面 3 の間では同様に，

$$\frac{k_{2z}}{k_2}\phi_2^+ E_2^+ - \frac{k_{2z}}{k_2}\phi_2^- E_2^- = \frac{k_{3z}}{k_3}E_3^+ - \frac{k_{3z}}{k_3}E_3^- \tag{1.142}$$

$$n_2\phi_2^+ E_2^+ + n_2\phi_2^- E_2^- = n_3 E_3^+ + n_3 E_3^- \tag{1.143}$$

である．界面 3 と界面 4 の間では

$$\frac{k_{3z}}{k_3}\phi_3^+ E_3^+ - \frac{k_{3z}}{k_3}\phi_3^- E_3^- = \frac{k_{4z}}{k_4}E_4^+ \tag{1.144}$$

$$n_3\phi_3^+ E_3^+ + n_3\phi_3^- E_3^- = n_4 E_4^+ \tag{1.145}$$

となり，s-偏光のときと同様に行列を使って反射係数や透過係数を求めることができる．

1.10.3 伝搬行列法

層数 N が大きいときには伝搬行列法を使うのが計算量が少なく便利である[40]. 多層膜は連立方程式を使った解法と同じ図 1.21(b) である．たとえば，s-偏光の場合には，層 i と層 j の間には，式 (1.130), (1.131) を参考にすれば

$$\phi_i^+ E_i^+ + \phi_i^- E_i^- = E_j^+ + E_j^- \tag{1.146}$$

$$-k_{iz}\phi_i^+ E_i^+ + k_{iz}\phi_i^- E_i^- = -k_{jz} E_j^+ + k_{jz} E_j^- \tag{1.147}$$

の関係がある．これを行列の形にすると

$$\begin{pmatrix} 1 & 1 \\ -k_{iz} & k_{iz} \end{pmatrix} \begin{pmatrix} \phi_i^+ & 0 \\ 0 & \phi_i^- \end{pmatrix} \begin{pmatrix} E_i^+ \\ E_i^- \end{pmatrix} = \begin{pmatrix} 1 & 1 \\ -k_{jz} & k_{jz} \end{pmatrix} \begin{pmatrix} E_j^+ \\ E_j^- \end{pmatrix} \tag{1.148}$$

となる．右辺の逆行列を左辺の前から作用すると

$$\begin{pmatrix} E_j^+ \\ E_j^- \end{pmatrix} = \begin{pmatrix} 1 & 1 \\ -k_{jz} & k_{jz} \end{pmatrix}^{-1} \begin{pmatrix} 1 & 1 \\ -k_{iz} & k_{iz} \end{pmatrix} \begin{pmatrix} \phi_i^+ & 0 \\ 0 & \phi_i^- \end{pmatrix} \begin{pmatrix} E_i^+ \\ E_i^- \end{pmatrix}$$

$$= \frac{1}{t_{ji}} \begin{pmatrix} 1 & r_{ji} \\ r_{ji} & 1 \end{pmatrix} \begin{pmatrix} \phi_i^+ & 0 \\ 0 & \phi_i^- \end{pmatrix} \begin{pmatrix} E_i^+ \\ E_i^- \end{pmatrix} = \tilde{\mathbf{M}}_{ji} \tilde{\mathbf{\Phi}}_i \begin{pmatrix} E_i^+ \\ E_i^- \end{pmatrix} \tag{1.149}$$

である．ここで

$$\tilde{\mathbf{M}}_{ji} = \frac{1}{t_{ji}} \begin{pmatrix} 1 & r_{ji} \\ r_{ji} & 1 \end{pmatrix} \tag{1.150}$$

$$\tilde{\mathbf{\Phi}}_i = \begin{pmatrix} \phi_i^+ & 0 \\ 0 & \phi_i^- \end{pmatrix} = \begin{pmatrix} \exp(ik_{iz}d_i) & 0 \\ 0 & \exp(-ik_{iz}d_i) \end{pmatrix} \tag{1.151}$$

であり，$\tilde{\mathbf{M}}_{ji} = \tilde{\mathbf{M}}_{ij}^{-1}$ の関係がある．k_{iz} は媒質 i 中の波数ベクトルの z 成分，d_i は媒質 i の厚さである．p-偏光に対しても同様の取り扱いができる．

反射方向に進む光がないことに注意すると N 層目の電場は，1 層目の電場を用いて以下のように書くことができる．

$$\begin{pmatrix} E_N^+ \\ 0 \end{pmatrix} = \tilde{\mathbf{M}}_{N(N-1)}\tilde{\mathbf{\Phi}}_{N-1}\cdots\tilde{\mathbf{\Phi}}_{i+1}\tilde{\mathbf{M}}_{(i+1)i}\tilde{\mathbf{\Phi}}_i\tilde{\mathbf{M}}_{i(i-1)}\cdots\tilde{\mathbf{\Phi}}_2\tilde{\mathbf{M}}_{21}\begin{pmatrix} E_1^+ \\ E_1^- \end{pmatrix} \tag{1.152}$$

右辺の行列をまとめて $\tilde{\mathbf{T}}$ と置くと

$$\begin{pmatrix} E_N^+ \\ 0 \end{pmatrix} = \tilde{\mathbf{T}}\begin{pmatrix} E_1^+ \\ E_1^- \end{pmatrix} \tag{1.153}$$

ただし，

$$\tilde{\mathbf{T}} = \tilde{\mathbf{M}}_{N(N-1)}\tilde{\mathbf{\Phi}}_{N-1}\cdots\tilde{\mathbf{\Phi}}_{i+1}\tilde{\mathbf{M}}_{(i+1)i}\tilde{\mathbf{\Phi}}_i\tilde{\mathbf{M}}_{i(i-1)}\cdots\tilde{\mathbf{\Phi}}_2\tilde{\mathbf{M}}_{21} \tag{1.154}$$

である．$\tilde{\mathbf{T}}$ は 2×2 の正方行列であり，単純に 2 元 1 次の連立方程式に帰着する．T_{pq} を行列 $\tilde{\mathbf{T}}$ の pq 成分とすれば，反射係数 r および透過係数 t は単純に

$$r = -\frac{T_{21}}{T_{22}} \tag{1.155}$$

$$t = T_{11} - T_{12}\frac{T_{21}}{T_{22}} \tag{1.156}$$

と表すことができる．各層の屈折率と厚さを元に式 (1.154) を計算し，その成分から r と t が求まるので，逆行列を求める必要がなく，高速に計算を行うことができる．

1.11 光導波路

今日のフォトニクスデバイスで光導波路は広く用いられている．ここでは，図 **1.22** に示すような三つの層構造を考える．媒質の番号を上から順に 1, 2, 3 と

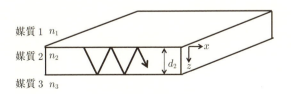

図 1.22 層状導波路．

して，屈折率はそれぞれ n_1, n_2, n_3 とし，媒質 2 の厚さを d_2 とする．n_2 が最も高い屈折率を持つ場合，条件を満たせば図 1.22 に示すように光は媒質 2 を全反射してどこまでも進むことができるようになる．全反射では反射率が 1 であることによる．これを光導波路という．媒質 2 をコアと呼び，媒質 1 と 3 をクラッドと呼ぶ．光導波路中では光が自由に伝搬できるわけではなく，限られた波数を持つ光のみがコア中を伝搬できる．伝搬可能な波数を持つ光を伝搬モードという．

1.10 節の多層膜の反射率や透過率を考えた場合と同様に，媒質 1 の光電場を E_1^-，媒質 2 の光電場を E_2^+ と E_2^-，媒質 3 を伝搬する光電場を E_3^+ とした．多層膜の反射率計算とは異なり，入射電場 E_1^+ は考えない．代わりに，端面より光が入射され，光が導波路内に E_2^+ と E_2^+ の電場を持って伝搬していると仮定する．また，それぞれの媒質における光の波数を $k_1 \sim k_3$ とする．s-偏光および p-偏光における伝搬モードがどのようになるかを考える．

1.11.1 s-偏光（TE 偏光）

s-偏光（TE 偏光）では，媒質 1 と 2 の界面における電場の連続性から

$$E_1^- = E_2^+ + E_2^- \tag{1.157}$$

$$k_{1z}E_1^- = -k_{2z}E_2^+ + k_{2z}E_2^- \tag{1.158}$$

媒質 2 と 3 の界面における電場の連続性から

$$\phi_2^+ E_2^+ + \phi_2^- E_2^- = E_3^+ \tag{1.159}$$

$$-k_{2z}\phi_2^+ E_{2z}^+ + k_{2z}\phi_2^- E_2^- = -k_{3z}E_3^+ \tag{1.160}$$

である．ここで，$\phi_2^\pm = \exp(\pm ik_{2z}d_2)$ である．行列の形にすると

$$\begin{pmatrix} 1 & -1 & -1 & 0 \\ k_{1z} & k_{2z} & -k_{2z} & 0 \\ 0 & \phi_2^+ & \phi_2^- & -1 \\ 0 & -k_{2z}\phi_2^+ & k_{2z}\phi_2^- & k_{3z} \end{pmatrix} \begin{pmatrix} E_1^- \\ E_2^+ \\ E_2^- \\ E_3^+ \end{pmatrix} = \begin{pmatrix} 0 \\ 0 \\ 0 \\ 0 \end{pmatrix} \tag{1.161}$$

右辺が 0 行列なので，この式が意味を持つためには左辺の 4×4 行列の行列式が 0 となることが必要である．よって，

$$\frac{(k_{1z}+k_{2z})(k_{2z}+k_{3z})+(\phi_2^+)^2(k_{2z}-k_{3z})(k_{1z}-k_{2z})}{\phi_2^+}=0 \quad (1.162)$$

これより，

$$(\phi_2^+)^2 = \frac{(k_{1z}+k_{2z})(k_{2z}+k_{3z})}{(k_{2z}-k_{3z})(k_{2z}-k_{1z})} \quad (1.163)$$

である．両辺の自然対数をとって，整理すると

$$\log\frac{k_{2z}-k_{1z}}{k_{2z}+k_{1z}} + \log\frac{k_{2z}-k_{3z}}{k_{2z}+k_{3z}} + 2ik_{2z}d_2 = 0 \quad (1.164)$$

となる．公式 $\log\left(\frac{1-q}{1+q}\right) = 2i\tan^{-1}(iq)$ を使うと，N を整数として

$$\tan^{-1}\left(\frac{k_{1z}}{k_{2z}}i\right) + \tan^{-1}\left(\frac{k_{3z}}{k_{2z}}i\right) + k_{2z}d_2 - N\pi = 0 \quad (1.165)$$

となる．k_{2z} は実数なので，この式が成り立つためには，k_{1z} および k_{3z} は虚数となる．すなわち，媒質 1 および媒質 3 中の光はエバネッセント波である．$\tan^{-1}$ の中を変形すると

$$\frac{k_{1z}}{k_{2z}}i = -\frac{\sqrt{k_0^2(n_2^2-n_1^2)-k_{2z}^2}}{k_{2z}} = -\sqrt{\frac{2\Delta}{\cos^2\theta_2}-1} \quad (1.166)$$

である．ここで，θ は媒質 2 を進む光の反射角，Δ は比屈折率差と呼ばれ，以下の式で定義される．

$$\Delta = \frac{n_2^2-n_1^2}{2n_2^2} \quad (1.167)$$

媒質 1 と媒質 3 の屈折率差が等しい場合には

$$k_{2z}d_2 = 2\left(\tan^{-1}\sqrt{\frac{2\Delta}{\cos^2\theta_2}-1} + \frac{1}{2}N\pi\right) \quad (1.168)$$

となる．波数ベクトルの x 成分は伝搬定数 β とも呼ばれ以下の式で表される．

$$\beta = k_2\sin\theta_2 \quad (1.169)$$

伝搬定数 β は，k_{1z} が虚数である条件から k_1 より大きく，かつ，k_2 より小さい必要があることがわかる．

一般化のため，以下のように定義された規格化伝搬定数 b，規格化周波数（Vパラメータ）V，等価屈折率 $n_{\rm eq}$ が用いられる．

$$b = 1 - \frac{\cos^2 \theta_2}{2\Delta} \tag{1.170}$$

$$V = k_0 n_1 \left(\frac{1}{2} d_2\right) \sqrt{2\Delta} \tag{1.171}$$

$$n_{\rm eq} = \frac{\beta}{k_0} \tag{1.172}$$

これらを用いて式 (1.168) を書きなおすと

$$V = \frac{1}{\sqrt{1-b}} \left(\tan^{-1} \sqrt{\frac{b}{1-b}} + \frac{1}{2} N\pi \right) \tag{1.173}$$

となる．これを図示すると図 **1.23** のようになる．

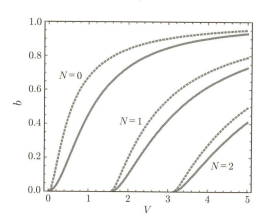

図 **1.23** 層状導波路の分散関係．実線が TE モード，破線が TM モード．$N = 0, 1, 2$ について示した．

規格化周波数 V は導波路の形状（厚さなど）や屈折率が含まれるパラメータであり，規格化伝搬定数 b は伝搬定数 β に関連したパラメータである．V が $0 < V < \pi/2$ の範囲にあるときには $N = 0$ の伝搬モードのみが導波路を伝搬で

きる．$V = \pi/2$ をカットオフといい，この状態の導波路を単一モード導波路という．コアの屈折率 $n_2 = 1.5$ の場合，クラッドの屈折率 $n_1 = 1.45$ ($\Delta = 0.0328$) のときには，カットオフのコア厚 d_2 は真空中の波長の 0.45 倍であるのに対して，クラッドの屈折率 $n_1 = 1.0$ ($\Delta = 0.0328$) のときには 1.3 倍である．屈折率差が小さいほど，単一モードとなるためにはコアが厚くてもよいことがわかる．

1.11.2 p-偏光(TM 偏光)

上述の導波路を p-偏光(TM 偏光)の光が伝搬する場合では，媒質 1 と 2 の界面における電場の連続性は以下のようになる．

$$\frac{k_{1z}}{k_1} E_1^- = \frac{k_{2z}}{k_2} E_2^+ + \frac{k_{2z}}{k_2} E_2^- \tag{1.174}$$

$$-n_1 E_1^- = n_2 E_2^+ - n_2 E_2^- \tag{1.175}$$

媒質 2 と 3 の界面における電場の連続性を表すと

$$\frac{k_{2z}}{k_2} \phi_2^+ E_2^+ + \frac{k_{2z}}{k_2} \phi_2^- E_2^- = \frac{k_{3z}}{k_3} E_3^+ \tag{1.176}$$

$$n_2 \phi_2^+ E_2^+ - n_2 \phi_2^- E_2^- = n_3 E_3^+ \tag{1.177}$$

である．行列の形にすると

$$\begin{pmatrix} \frac{k_{1z}}{k_1} & -\frac{k_{2z}}{k_2} & -\frac{k_{2z}}{k_2} & 0 \\ -n_1 & -n_2 & n_2 & 0 \\ 0 & \frac{k_{2z}}{k_2}\phi_2^+ & \frac{k_{2z}}{k_2}\phi_2^- & -\frac{k_{3z}}{k_3} \\ 0 & n_2\phi_2^+ & -n_2\phi_2^- & -n_3 \end{pmatrix} \begin{pmatrix} E_1^- \\ E_2^+ \\ E_2^- \\ E_3^+ \end{pmatrix} = \begin{pmatrix} 0 \\ 0 \\ 0 \\ 0 \end{pmatrix} \tag{1.178}$$

左辺の 4×4 行列を $\mathbf{B}$ としてその行列式 $\det \mathbf{B}$ が 0 となる条件から

$$\frac{\left(\dfrac{k_{2z}}{\epsilon_2} - \dfrac{k_{3z}}{\epsilon_3}\right)\left(\dfrac{k_{2z}}{\epsilon_2} - \dfrac{k_{1z}}{\epsilon_1}\right)}{\left(\dfrac{k_{2z}}{\epsilon_2} + \dfrac{k_{3z}}{\epsilon_3}\right)\left(\dfrac{k_{2z}}{\epsilon_2} + \dfrac{k_{1z}}{\epsilon_1}\right)} (\phi_2^+)^2 = 1 \tag{1.179}$$

となる．s-偏光のときと同様に，両辺の対数を取って整理する．媒質1と媒質3の屈折率差が等しい場合には

$$k_{2z}d_2 = 2\left(\frac{\epsilon_2}{\epsilon_1}\tan^{-1}\sqrt{\frac{2\Delta}{\cos^2\theta_2}-1} + \frac{1}{2}N\pi\right) \quad (1.180)$$

となる．規格化伝搬定数 b，規格化周波数(Vパラメータ) V を使って表すと以下のとおりである．

$$V = \frac{1}{\sqrt{1-b}}\left(\tan^{-1}\left(\frac{\epsilon_2}{\epsilon_1}\right)\sqrt{\frac{b}{1-b}} + \frac{1}{2}N\pi\right) \quad (1.181)$$

この関係は図1.23に点線で示してある．s-偏光の場合と概ね同じであり，カットオフなども変わらない．

1.12 光ファイバ

インターネット接続をはじめとして，光通信の分野などで光ファイバが広く利用されている．光ファイバは**図1.24**のような形状をした光導波路の一種であり，屈折率がわずかに高い円筒状のコアの周りをクラッドが覆う構造をしている．コアを媒質1としてその屈折率を n_1，半径を r_1，クラッドを媒質2として屈折率を n_2 とする．光ファイバは円筒形をしているので，円筒座標系を用いて計算を行う．媒質 i における z 方向の伝搬定数を β_i，r 方向の波数を ρ_i，全体の波数を k_i とする．それらは

$$k_i^2 = \rho_i^2 + \beta_i^2 \quad (1.182)$$

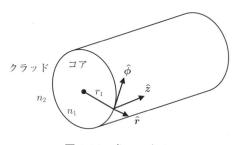

図1.24 光ファイバ．

の関係がある．ただし，i は 1 または 2 である．

コア中の光電場 $\boldsymbol{E}_1$ と光磁場 $\boldsymbol{H}_1$ をベクトル円筒調和関数 $\boldsymbol{M}_n$ と $\boldsymbol{N}_n$ を用いて記述する．$\boldsymbol{M}_n$ と $\boldsymbol{N}_n$ は，媒質を表す i は省略して行列の形で表すと

$$\boldsymbol{M}_n^{(m)} = \sqrt{k^2-\beta^2}\begin{pmatrix} in\frac{Z_n(\rho)}{\rho} \\ -Z_n'(\rho) \\ 0 \end{pmatrix} e^{i(n\phi+\beta z)} = \left(\frac{\rho}{r}\right)\begin{pmatrix} in\frac{Z_n(\rho)}{\rho} \\ -Z_n'(\rho) \\ 0 \end{pmatrix} F_n \quad (1.183)$$

$$\boldsymbol{N}_n^{(m)} = \frac{\sqrt{k^2-\beta^2}}{k}\begin{pmatrix} i\beta Z_n'(\rho) \\ -\beta n\frac{Z_n(\rho)}{\rho} \\ \sqrt{k^2-\beta^2}Z_n(\rho) \end{pmatrix} e^{i(n\phi+\beta z)} = \left(\frac{\rho}{kr}\right)\begin{pmatrix} i\beta Z_n'(\rho) \\ -\beta n\frac{Z_n(\rho)}{\rho} \\ \left(\frac{\rho}{r}\right)Z_n(\rho) \end{pmatrix} F_n \quad (1.184)$$

となる．この行列の各行は上から r, ϕ, z 方向成分を表している．また，$F_n = \exp(i(n\phi+\beta z))$ である．また，$Z_n(s)$ は s を引数とするベッセル関数であり，n はその次数である．$Z_n'(s)$ はその導関数である．どのベッセル関数を使うかは媒質により異なり，$m=1$ のとき，第 1 種ベッセル関数 $J_n(s)$，$m=3$ のとき，第 3 種ベッセル関数 (ハンケル関数) $H_n^{(1)}(s)$ を用いる．第 3 種ベッセル関数には二つの種類があるが，ここで用いるのは，第 2 種ベッセル関数 (ノイマン関数) $Y_n(s)$ を用いて $H_n^{(1)}(s) = J_n(s) + iY_n(s)$ と表されるハンケル関数である[*12]．

これらを用いて，コア (媒質 1) 中の光電場 $\boldsymbol{E}_1$ と光磁場 $\boldsymbol{H}_1$ は，係数 a_n と b_n を用いて

$$\boldsymbol{E}_1 = \sum_{n=-\infty}^{\infty} E_n(a_n\boldsymbol{M}_n^{(1)} + b_n\boldsymbol{N}_n^{(1)}) \quad (1.185)$$

$$\boldsymbol{H}_1 = \frac{-ik_1}{\omega\mu_1}\sum_{n=-\infty}^{\infty} E_n(a_n\boldsymbol{N}_n^{(1)} + b_n\boldsymbol{M}_n^{(1)}) \quad (1.186)$$

と表される．ここで，ω は光の角周波数，μ_1 は媒質 1 の透磁率である．また，

[*12] $H_n^{(1)}(s)$ を用いたのは，式 (1.1) や式 (1.2) のように振動を定義したためである．5 ページの脚注[*1] のような定義をする場合には $H_n^{(2)}(s) = J_n(s) - iY_n(s)$ を用いる．

50 第1章 等方媒質中の光の伝搬

$E_n = \frac{(-1)^n}{k\sin\zeta}E_0$ である．ζ は z 軸と k ベクトルのなす角である．同様にクラッド中の光電場 $\boldsymbol{E}_2$ と光磁場 $\boldsymbol{H}_2$ は，係数 c_n と d_n を用いて

$$\boldsymbol{E}_2 = \sum_{n=-\infty}^{\infty} E_n(c_n\boldsymbol{M}_n^{(3)} + d_n\boldsymbol{N}_n^{(3)}) \tag{1.187}$$

$$\boldsymbol{H}_2 = \frac{-ik_2}{\omega\mu_2}\sum_{n=-\infty}^{\infty} E_n(c_n\boldsymbol{N}_n^{(3)} + d_n\boldsymbol{M}_n^{(3)}) \tag{1.188}$$

と表される．式 (1.183) と式 (1.184) を使って，$\boldsymbol{E}_1$ の r 方向，ϕ 方向，z 方向成分を書き下すと以下のようになる．

$$E_{1r} = \sum_{n=-\infty}^{\infty} \frac{\rho_1}{r}in\frac{J_n(\rho_1)}{\rho_1}a_n + \frac{\rho_1}{k_1 r}i\beta J_n'(\rho_1)b_n \tag{1.189}$$

$$E_{1\phi} = -\sum_{n=-\infty}^{\infty} \frac{\rho_1}{r}J_n'(\rho_1)a_n - \frac{\rho_1}{k_1 r}\beta n\frac{J_n(\rho_1)}{\rho_1}b_n \tag{1.190}$$

$$E_{1z} = \sum_{n=-\infty}^{\infty} \frac{\rho_1^2}{k_1 r^2}J_n(\rho_1)b_n \tag{1.191}$$

$$H_{1r} = -\sum_{n=-\infty}^{\infty} \left(\frac{ik_1}{\omega\mu_1}\right)\left(\frac{\rho_1}{k_1 r}i\beta J_n'(\rho_1)a_n + \frac{\rho_1}{r}in\frac{J_n(\rho_1)}{\rho_1}b_n\right) \tag{1.192}$$

$$H_{1\phi} = \sum_{n=-\infty}^{\infty} \left(\frac{ik_1}{\omega\mu_1}\right)\left(\frac{\rho_1}{k_1 r}\beta n\frac{J_n(\rho_1)}{\rho_1}a_n + \frac{\rho_1}{r}J_n'(\rho_1)b_n\right) \tag{1.193}$$

$$H_{1z} = -\sum_{n=-\infty}^{\infty} \left(\frac{ik_1}{\omega\mu_1}\right)\frac{\rho_1^2}{k_1 r^2}J_n(\rho_1)a_n \tag{1.194}$$

同様に光電場 $\boldsymbol{E}_2$ と光磁場 $\boldsymbol{H}_2$ の成分は以下のようになる．

$$E_{2r} = \sum_{n=-\infty}^{\infty} \frac{\rho_2}{r}in\frac{H_n(\rho_2)}{\rho_2}c_n + \frac{\rho_2}{k_2 r}i\beta H_n'(\rho_2)d_n \tag{1.195}$$

$$E_{2\phi} = -\sum_{n=-\infty}^{\infty} \frac{\rho_2}{r}H_n'(\rho_2)c_n - \frac{\rho_2}{k_2 r}\beta n\frac{H_n(\rho_2)}{\rho_2}d_n \tag{1.196}$$

$$E_{2z} = \sum_{n=-\infty}^{\infty} \frac{\rho_2^2}{k_2 r^2}H_n(\rho_2)d_n \tag{1.197}$$

$$H_{2r} = -\sum_{n=-\infty}^{\infty}\left(\frac{ik_2}{\omega\mu_2}\right)\left(\frac{\rho_2}{k_2 r}i\beta H_n'(\rho_2)c_n + \frac{\rho_2}{r}in\frac{H_n(\rho_2)}{\rho_2}d_n\right) \quad (1.198)$$

$$H_{2\phi} = \sum_{n=-\infty}^{\infty}\left(\frac{ik_2}{\omega\mu_2}\right)\left(\frac{\rho_2}{k_2 r}\beta n\frac{H_n(\rho_2)}{\rho_2}c_n + \frac{\rho_2}{r}H_n'(\rho_2)d_n\right) \quad (1.199)$$

$$H_{2z} = -\sum_{n=-\infty}^{\infty}\left(\frac{ik_2}{\omega\mu_2}\right)\frac{\rho_1^2}{k_2 r^2}H_n(\rho_2)c_n \quad (1.200)$$

以上をまとめて行列の形式にすると，各次数 n に対して以下の関係が成り立つ．

$$\begin{pmatrix} \rho_1 J_n'(\rho_1) & \frac{\rho_1 n\beta}{k_1}J_n(\rho_1) & -\rho_2 H_n'(\rho_2) & -\frac{\rho_2 n\beta}{k_2}H_n(\rho_2) \\ 0 & \frac{\rho_1^2}{k_1}J_n(\rho_1) & 0 & -\frac{\rho_2^2}{k_2}H_n(\rho_2) \\ n\beta J_n(\rho_1) & k_1\rho_1 J_n'(\rho_1) & -n\beta H_n(\rho_2) & -k_2\rho_2 H_n'(\rho_2) \\ \rho_1^2 J_n(\rho_1) & 0 & -\rho_2^2 H_n(\rho_2) & 0 \end{pmatrix}\begin{pmatrix} a_n \\ b_n \\ c_n \\ d_n \end{pmatrix} = 0 \quad (1.201)$$

この式が意味を持つためには左辺の 4×4 行列の行列式が 0 となることが必要である．よって，これを求めると

$$\left(\frac{J_n'(\rho_1)}{J_n(\rho_1)}\rho_2 - \frac{H_n'(\rho_2)}{H_n(\rho_2)}\rho_1\right)\left(\frac{J_n'(\rho_1)}{J_n(\rho_1)}\rho_2 k_1^2 - \frac{H_n'(\rho_2)}{H_n(\rho_2)}\rho_1 k_2^2\right)$$
$$= n^2\beta^2\left(\frac{\rho_1}{\rho_2} - \frac{\rho_2}{\rho_1}\right)^2 \quad (1.202)$$

となる．この式が光ファイバ中の光の分散関係を表す．

式 (1.202) は複雑であるが，ある条件のもとでは見通しが良くなる．$n=0$ のとき，式 (1.202) は以下のような二つの式に分離できる．

$$\frac{J_n'(\rho_1)}{J_n(\rho_1)}\rho_2 - \frac{H_n'(\rho_2)}{H_n(\rho_2)}\rho_1 = 0 \quad (1.203)$$

$$\frac{J_n'(\rho_1)}{J_n(\rho_1)}\rho_2 k_1^2 - \frac{H_n'(\rho_2)}{H_n(\rho_2)}\rho_1 k_2^2 = 0 \quad (1.204)$$

一つ目の式が TE モード，二つ目の式が TM モードを表す．

比屈折率差 $\Delta = (n_1^2 - n_2^2)/(2n_1^2)$ を使って式 (1.202) を書きなおすと以下のようになる．

52　第1章　等方媒質中の光の伝搬

$$\left(\frac{J'_n(\rho_1)}{J_n(\rho_1)}\frac{1}{\rho_1} - \frac{H'_n(\rho_2)}{H_n(\rho_2)}\frac{1}{\rho_2}\right)\left(\frac{J'_n(\rho_1)}{J_n(\rho_1)}\frac{1}{\rho_1} - (1-2\Delta)\frac{H'_n(\rho_2)}{H_n(\rho_2)}\frac{1}{\rho_2}\right)$$
$$= \frac{n^2\beta^2}{k_1^2}\left(\frac{1}{\rho_2^2} - \frac{1}{\rho_1^2}\right)^2 \tag{1.205}$$

コアの屈折率差が充分小さいとき，$\Delta \sim 1$，$\beta \sim k_1$ と近似できて式 (1.205) は

$$\frac{J'_n(\rho_1)}{J_n(\rho_1)}\frac{1}{\rho_1} - \frac{H'_n(\rho_2)}{H_n(\rho_2)}\frac{1}{\rho_2} = \pm n\left(\frac{1}{\rho_2^2} - \frac{1}{\rho_1^2}\right) \tag{1.206}$$

となる．この近似を弱導波近似という．式 (1.206) の右辺が + のときを EH モード，− のときを HE モードという．以下のベッセル関数の公式を使って，式 (1.206) を変形整理すると

$$Z_{n+1}(u) + Z_{n-1}(u) = 2\left(\frac{n}{u}\right)Z_n(u) \tag{1.207}$$

$$2Z'_n(u) = Z_{n-1}(u) - Z_{n+1}(u) \tag{1.208}$$

EH モードは
$$-\frac{1}{\rho_1}\frac{J_{n+1}(\rho_1)}{J_n(\rho_1)} + \frac{1}{\rho_2}\frac{H_{n+1}(\rho_2)}{H_n(\rho_2)} = 0 \tag{1.209}$$

HE モードは
$$-\frac{1}{\rho_1}\frac{J_{n-1}(\rho_1)}{J_{n-2}(\rho_1)} + \frac{1}{\rho_2}\frac{H_{n-1}(\rho_2)}{H_{n-2}(\rho_2)} = 0 \tag{1.210}$$

$\alpha = n - 1$ とすれば，これらをまとめることができて

$$\frac{1}{\rho_1}\frac{J_\alpha(\rho_1)}{J_{\alpha-1}(\rho_1)} = \frac{1}{\rho_2}\frac{H_\alpha(\rho_2)}{H_{\alpha-1}(\rho_2)} \tag{1.211}$$

となる．$\alpha = 1$ のとき，TE または TM モードあり，$\alpha = n+1$ のとき EH モード，$\alpha = n-1$ のとき HE モードとなる．式 (1.211) を解いて得られる解は複数あるが，β の大きい方から順に m の番号をつける．これは r 方向のモード番号になる．α および m を使って $\text{HE}_{\alpha m}$ のように記述する．

式 (1.211) のようにまとめられることから，$\text{EH}_{\alpha-1 m}$ モードと $\text{HE}_{\alpha+1 m}$ モードは伝搬定数 β が等しい．よって，これらが結合した直線偏光モード LP モードを考えることができる．たとえば，LP_{0m} モードは 1 種類のモード（HE_{1m} モード）からなるのに対して，LP_{1m} モードは，3 種類のモード（HE_{2m}，TE_{0m}，

TM$_{0m}$ モード) からなる. それより α が大きい LP モードでは, LP$_{\alpha m}$ モードは 2 種類のモード (HE$_{\alpha+1m}$, EH$_{\alpha-1m}$ モード) からなる. このように同じ伝搬定数でまとめた LP モードを使うと, 分散関係を見通し良く議論できる.

次に平板導波路と同様に各パラメータの一般化を行う. 規格化伝搬定数 b, 規格化周波数 (V パラメータ) V, 等価屈折率 $n_{\rm eq}$ を以下のように定義する.

$$V^2 = \rho_1^2 - \rho_2^2 \tag{1.212}$$

$$b = \frac{\rho_2^2}{\rho_1^2 - \rho_2^2} = \frac{\rho_2^2}{V^2} \tag{1.213}$$

$$n_{\rm eq} = \frac{\beta}{k_0} \tag{1.214}$$

ρ_1 と ρ_2 は

$$\rho_1 = V\sqrt{1+b} \tag{1.215}$$

$$\rho_2 = V\sqrt{b} \tag{1.216}$$

である. これらを用いて式 (1.211) を書きなおすと

$$\frac{J_\alpha(V\sqrt{1+b})}{J_{\alpha-1}(V\sqrt{1+b})} \frac{H_{\alpha-1}(V\sqrt{b})}{H_\alpha(V\sqrt{b})} = \frac{\sqrt{1+b}}{\sqrt{b}} \tag{1.217}$$

となる. コア中を光が導波する条件は, $\beta \geq k_2$ のときである. $\rho_2 = r_1\sqrt{k_2^2 - \beta^2}$ なので, このとき ρ_2 は虚数になり, クラッド中の光電場はエバネッセント波となる. そのため, クラッド中を光が全反射して導波することができるのである. ρ_2 は虚数となることから b は負であり, 条件 $n_1 > n_2$ から b は $0 > b > -1$ の範囲となる[*13]. これを図示すると図 **1.25** のようになる.

各モードの遮断周波数は, $\rho_2 = 0$ のとき, すなわち, $\beta = k_2$ となるときであ

[*13] 光ファイバの教科書では, 媒質 2 の電場分布を表す関数にハンケル関数ではなく第 2 種変形ベッセル関数を用いている. コア中を光が伝搬する場合でも ρ_2 を実数で表現できるからである. その場合, $1 > b > 0$ となる. 本書では全体の統一性を保つため, ハンケル関数を用いて記述しており, b が負の値をとる. よって式 (1.215) と式 (1.216) において, ρ_1 と ρ_2 がそれぞれ, 実数および虚数となり, それぞれ, 伝搬光とエバネッセント光に対応している.

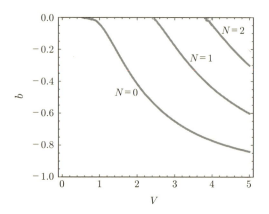

図 1.25 光ファイバの分散関係.

る．図 1.25 から HE_{11} モードでは遮断周波数が 0 であることがわかる．これを使えば，コアを細くしていったとき HE_{11} モードのみが伝搬する状態，すなわち，単一モードを実現できる．このとき，$J_0(\rho_1) = 0$ となるので，$\rho_1 = 2.405$ を満たすコア径 d_1 が単一モードの光ファイバの最大値である．このときのコア径 d_c は

$$d_c = \frac{2.405}{k_0\sqrt{n_1^2 - n_2^2}} = \frac{2.405}{k_0\sqrt{2n_1^2\Delta}} \tag{1.218}$$

となる．$\Delta = 0.001$ のとき，$d_c = 5.7\lambda_0$，$\Delta = 0.1$ のときには $d_c = 0.57\lambda_0$ となる．屈折率差が小さい方がコア径が太くても単一モードで光が導波していくことがわかる．

第2章
異方性媒質中の光の伝搬

第1章では，液体や気体，ガラス等の等方性媒質中の光学について述べた．等方性媒質では屈折率は光の進む方向や偏光に依存しない．一方，多くの固体結晶や液晶は異方性媒質であり，屈折率は光の進む方向や偏光により異なる．そのため，等方性媒質よりも複雑な取り扱いが必要である．この章では，異方性媒質中の光の伝搬，そして，透過や反射について考える．

2.1 異方性媒質の種類と屈折率楕円体

異方性媒質では屈折率が光の進む方向や偏光方向により異なる．日常生活では気がつかないが，身近な異方性物質としては延伸したフィルムやセロハンテープがある．セロハンテープを2枚の偏光板で挟んで光を入射すると偏光により屈折率が異なるため，透過率に波長依存性が生じ色がついて見える．色がつく理由については後で考えるが，偏光板を使うことからわかるように異方性媒質と偏光は密接に関連する．このように媒質が複数の屈折率を示すことを複屈折という．セロハンテープは複屈折を持つ身近な異方性媒質である．

異方性媒質を考える際に，まず，光に対する誘電率や屈折率を考える．誘電率 $\tilde{\epsilon}$ は2階のテンソルであり，一般には9個の成分からなる．しかし，適切に座標変換を選ぶことにより対角化され，以下のように三つの成分で記述できる．

$$\tilde{\epsilon} = \begin{pmatrix} \epsilon_{xx} & 0 & 0 \\ 0 & \epsilon_{yy} & 0 \\ 0 & 0 & \epsilon_{zz} \end{pmatrix} \tag{2.1}$$

x, y, z を誘電率テンソルの主軸という．また，屈折率の2乗が比誘電率に等しいことから，屈折率テンソル $\tilde{n}$ が定義でき，誘電率との関係は以下のようになる．

56　第 2 章　異方性媒質中の光の伝搬

$$\tilde{n} = \begin{pmatrix} n_x & 0 & 0 \\ 0 & n_y & 0 \\ 0 & 0 & n_z \end{pmatrix} = \frac{1}{\sqrt{\epsilon_0}} \begin{pmatrix} \sqrt{\epsilon_{xx}} & 0 & 0 \\ 0 & \sqrt{\epsilon_{yy}} & 0 \\ 0 & 0 & \sqrt{\epsilon_{zz}} \end{pmatrix} \quad (2.2)$$

媒質には等方性媒質，1 軸性媒質，2 軸性媒質の 3 種類がある．1 軸性媒質と 2 軸性媒質は異方性媒質である．2 軸性媒質中を進む光の偏光方向と屈折率の関係を屈折率楕円体を使って示したものが図 **2.1**(a) である．楕円軸である x, y および z 軸を主軸と呼び，その切片がそれぞれ方向の屈折率の成分 n_x, n_y, および n_z を表す．屈折率の x 方向成分は x 方向に偏光した光に対する屈折率である．楕円体の方程式は，その主軸が x, y および z 軸に対応するので

$$\frac{x^2}{n_x^2} + \frac{y^2}{n_y^2} + \frac{z^2}{n_z^2} = 1 \quad (2.3)$$

と書ける[*1]．ある方向に進む光の屈折率は，その光が進む方向（波数ベクトル k の方向）を法線とした平面で楕円体を切断した切り口の楕円により表される（図 2.1(b)）．楕円には長軸と短軸があり，これらの方向が二つの固有偏光の方向に対応し，この軸の長さがそれぞれの偏光に対する屈折率となる．

3 種類の媒質について以下にまとめる．

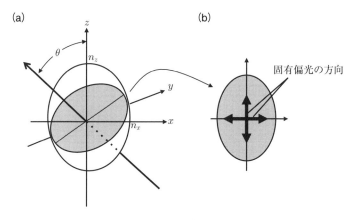

図 **2.1**　異方性媒質と固有偏光．

[*1] 導出は付録 B を参照のこと．

- 等方性媒質では三つの屈折率成分が全て等しい，すなわち，$n_x = n_y = n_z = n$ である．よって，楕円体は球になり，どの方向を進む光の振る舞いも同じ屈折率 n により決まる．偏光にも依存しない．

- 1軸性媒質では三つの屈折率成分のうち二つが等しい．一つだけ異なる屈折率成分を持つ軸を z 軸にとるのが慣例となっている．すなわち，$n_x = n_y \neq n_z$ である．よって，屈折率楕円体は z 軸を回転軸とする回転楕円体となる．光が1軸性媒質中を伝搬する際には，x-y 面内に偏光した光である常光とそれに垂直な方向に偏光した異常光に分かれる．x 軸と y 軸を常軸（または常光軸）といい，その方向の屈折率を常光屈折率 $n_x = n_y = n_\mathrm{o}$ と呼ぶ．一方，z 軸方向の屈折率は異常軸（または異常光軸）といい，その方向の屈折率を異常光屈折率 $n_z = n_\mathrm{e}$ と呼ぶ[*2]．$n_\mathrm{e} - n_\mathrm{o}$ が正の場合には正の1軸性媒質，負の場合には負の1軸性媒質という．後に述べるように，常光では波面の進む方向 $\boldsymbol{k}$ とポインティングベクトル $\boldsymbol{S}$ の方向は一致するのに対して，異常光ではそれらは一致しない．

図 **2.2**(a) に示すように，1軸性媒質に z 軸方向に対して θ の角度で進

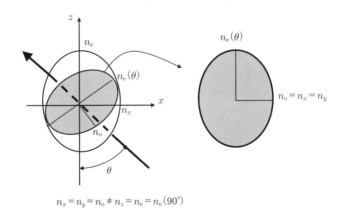

$n_x = n_y = n_\mathrm{o} \neq n_z = n_\mathrm{e} = n_\mathrm{e}(90°)$

図 2.2 1軸性媒質．

[*2] 添え字の o は ordinary の，e は extraordinary の意味である．

む光を入れた場合，図 2.2(b) に示すように切断面は楕円になる．固有偏光の一つである常光に対する屈折率 n_o は θ に依存しない．もう一つの固有偏光である異常光に対する屈折率 $n_\mathrm{e}(\theta)$ は θ に依存し，以下の式で与えられる．

$$\frac{1}{n_\mathrm{e}(\theta)^2} = \frac{\sin^2\theta}{n_\mathrm{e}^2} + \frac{\cos^2\theta}{n_\mathrm{o}^2} \tag{2.4}$$

図 **2.3**(a) に示すように 1 軸性媒質に z 軸方向に進む光を入れた場合，すなわち，$\theta = 0°$ のときに $n_\mathrm{e}(0°) = n_\mathrm{o}$ となり，切断面は円となる．つまり，どの偏光に対しても屈折率は一つ (n_o) しかない．この方向を光軸と呼ぶ．一方，$\theta = 90°$ のときには異常光に対する屈折率は $n_\mathrm{e}(90°) = n_\mathrm{e}$ となる．

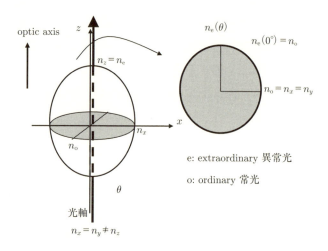

図 **2.3** 1 軸性媒質の光軸．

- 主軸の三つの屈折率が全て異なる媒質を 2 軸性媒質と呼ぶ．2 軸性媒質では，図 **2.4** に示すように光の進む方向を法線に持つ平面で切ったときの切断面の形が円になる方向が二つある．2 軸性と呼ばれる所以である．

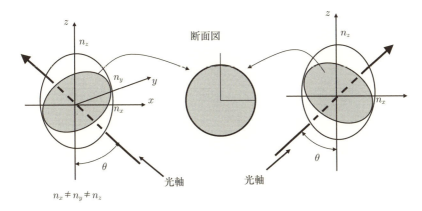

図 2.4 2 軸性媒質の光軸.

2.2 異方性媒質中の光の伝搬

2.2.1 異方性媒質中の光の伝搬の基本式

媒質中の光の伝搬を示す基本式はマックスウェルの方程式のうち，rot を含んだ二つの式から電場 $\bm{E}$ と分極 $\bm{P}$ は以下のように記述される．c は真空中の光速である．

$$\nabla \times \nabla \times \bm{E} + \frac{1}{c^2}\frac{\partial^2 \bm{E}}{\partial t^2} = -\mu_0 \frac{\partial^2 \bm{P}}{\partial t^2} \tag{2.5}$$

$\bm{E}$ および $\bm{P}$ が $e^{i(\bm{k}\bm{r}-\omega t)}$ の依存性を持つこと，および，$\epsilon \bm{E} = \epsilon_0 \bm{E} + \bm{P}$ から，式 (2.5) は

$$\bm{k} \times \bm{k} \times \bm{E} + \frac{\epsilon}{\epsilon_0} k_0^2 \bm{E} = 0 \tag{2.6}$$

となる．ϵ は，光電場 $\bm{E}$ に対応する誘電率である．ϵ_0 は真空の誘電率である．k_0 は真空中の光の波数であり，角周波数 ω を用いて，$k_0 = \omega/c$ と書ける．外積を内積に直すベクトルの定理を使って式 (2.6) の 1 項目を書き直すと

$$\bm{k} \times \bm{k} \times \bm{E} = \bm{k}(\bm{k} \cdot \bm{E}) - \bm{E}(\bm{k} \cdot \bm{k}) = n^2 k_0^2 ((\bm{E} \cdot \hat{\bm{k}})\hat{\bm{k}} - \bm{E}) \tag{2.7}$$

となる．n は光電場 $\bm{E}$ に対応する屈折率で $n^2 = \epsilon/\epsilon_0$ の関係がある．また，$\hat{\bm{k}}$

60 第 2 章 異方性媒質中の光の伝搬

は $\bm{k}$ の単位ベクトル（$\hat{\bm{k}} = \bm{k}/|\bm{k}|$）である．式 (2.6) の 2 項目の $\bm{E}$ を $\bm{D}$ に直して，式 (2.7) を代入すると異方性媒質中を伝搬する光の基本式

$$\bm{D} = \epsilon_0 n^2 (\bm{E} - (\bm{E} \cdot \hat{\bm{k}})\hat{\bm{k}}) \tag{2.8}$$

が得られる．両辺に $\hat{\bm{k}}$ を掛けると $\hat{\bm{k}} \cdot \hat{\bm{k}} = 1$ なので

$$\bm{D} \cdot \hat{\bm{k}} = \epsilon_0 n^2 (\bm{E} \cdot \hat{\bm{k}} - (\bm{E} \cdot \hat{\bm{k}})(\hat{\bm{k}} \cdot \hat{\bm{k}})) = 0 \tag{2.9}$$

となり，$\bm{D}$ と $\hat{\bm{k}}$ が直交することがわかる．一方で，式 (2.8) は $\bm{k} \cdot \bm{E} = 0$ でなければ，$\bm{D}$ と $\bm{E}$ の方向が異なることを示している．

また，マックスウェルの方程式 $\bm{k} \times \bm{E} = \mu_0 \omega \bm{H}$ から $\bm{H}$ は $\bm{k}$ や $\bm{E}$ と直交しており，ポインティングベクトル $\bm{S}$ はその定義から，$\bm{E}$ と $\bm{H}$ の両方に直交している．これらをまとめたものが図 **2.5**(a) である．電気変位ベクトル $\bm{D}$，電場ベクトル $\bm{E}$，波数ベクトル $\bm{k}$，そしてポインティングベクトル $\bm{S}$ は同一平面上にある．$\bm{D}$ と $\bm{k}$ は直交し，$\bm{E}$ と $\bm{S}$ も直交するが，それらは同じ方向ではなく角度 α だけずれている．一方で，これらすべてのベクトルは $\bm{H}$ とは直交している．

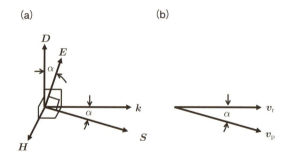

図 2.5 電気変位ベクトル $\bm{D}$，電場ベクトル $\bm{E}$，波数ベクトル $\bm{k}$，そしてポインティングベクトル $\bm{S}$ の関係．

波数ベクトル $\bm{k}$ の方向は電磁波の等位相面である波面の移動方向である．波面の移動速度は位相速度 v_p であり，$\bm{D}$ と垂直である．一方，光のエネルギーが移動する速度である光線速度 v_r は単位時間に単位面積を流れるエネルギーの

流れ（ポインティングベクトルの大きさ）を単位体積あたりのエネルギーで割ったものに等しい．よって

$$\bm{v}_\mathrm{r} = \frac{|\bm{S}|}{W}\hat{\bm{S}} \tag{2.10}$$

と定義される．ここで $\hat{\bm{S}}$ はポインティングベクトル $\bm{S}$ の単位ベクトルである．また，付録 B の式 (B.1) より，体積 v の空間から流れるエネルギーの総量はその空間のポインティングベクトル $\bm{S}$ とその法線ベクトルとの内積を面積で積分した値に等しい．よって，

$$W = \frac{1}{v_\mathrm{p}}\bm{S}\cdot\hat{\bm{k}} \tag{2.11}$$

となる．式 (2.10) と式 (2.11) から，v_p と v_r の関係の式

$$v_\mathrm{p} = v_\mathrm{r}\cos\alpha \tag{2.12}$$

が得られる．ここで，$v_\mathrm{p} = |\bm{v}_\mathrm{p}|$ および $v_\mathrm{r} = |\bm{v}_\mathrm{r}|$ である．この様子を示したものが図 2.5(b) である．また，位相速度 v_p を決める屈折率 n と同様にエネルギー速度 v_r を決めるエネルギー屈折率（光線速度屈折率）n_r も以下のように定義し，n と関係づけることができる．

$$n_\mathrm{r} = \frac{c}{v_\mathrm{r}} = n\cos\alpha \tag{2.13}$$

2.2.2 波面に関するフレネルの式

式 (2.8) は $\bm{D} = \tilde{\epsilon}\bm{E}$ を使って

$$\bm{D} = (\epsilon_0 n^2 \tilde{\epsilon}^{-1} - \tilde{\mathbf{I}})^{-1}\epsilon_0 n^2(\bm{E}\cdot\hat{\bm{k}})\hat{\bm{k}} \tag{2.14}$$

と書き換えられる．$\tilde{\mathbf{I}}$ は単位行列である．$\tilde{\epsilon}$ は対角化されており，それらの和の逆行列 $(\epsilon_0 n^2 \tilde{\epsilon}^{-1} - \tilde{\mathbf{I}})^{-1}$ も以下のような対角行列となる．

$$(\epsilon_0 n^2 \tilde{\epsilon}^{-1} - \tilde{\mathbf{I}})^{-1} = \begin{pmatrix} \left(\frac{\epsilon_0 n^2}{n_x^2} - 1\right)^{-1} & 0 & 0 \\ 0 & \left(\frac{\epsilon_0 n^2}{n_y^2} - 1\right)^{-1} & 0 \\ 0 & 0 & \left(\frac{\epsilon_0 n^2}{n_z^2} - 1\right)^{-1} \end{pmatrix} \tag{2.15}$$

62　第2章　異方性媒質中の光の伝搬

よって，式 (2.14) の両辺に $\hat{\boldsymbol{k}}$ を掛けると

$$\hat{\boldsymbol{k}} \cdot \boldsymbol{D} = \hat{\boldsymbol{k}} \cdot (\epsilon_0 n^2 \tilde{\epsilon}^{-1} - \tilde{\mathbf{I}})^{-1} \epsilon_0 n^2 \hat{\boldsymbol{k}}(\boldsymbol{E} \cdot \hat{\boldsymbol{k}}) \tag{2.16}$$

となる．式 (2.9) から $\hat{\boldsymbol{k}} \cdot \boldsymbol{D} = 0$ であるので，成分計算をして整理するとフレネルの式と呼ばれる以下の関係が得られる．

$$\frac{n_x^2 \hat{k}_x^2}{n^2 - n_x^2} + \frac{n_y^2 \hat{k}_y^2}{n^2 - n_y^2} + \frac{n_z^2 \hat{k}_z^2}{n^2 - n_z^2} = 0 \tag{2.17}$$

ここで，$\hat{\boldsymbol{k}} = (\hat{k}_x, \hat{k}_y, \hat{k}_z)$ である．この式を使うと，光の進行方向 $\boldsymbol{k}$ と n_x, n_y, n_z を与えると屈折率 n が求まる．n は 2 次方程式の解となるため二つ存在し，二つの固有偏光に対する屈折率となる．式 (2.17) の両辺に $\hat{k}_x^2 + \hat{k}_y^2 + \hat{k}_z^2 = 1$ を足して整理すると

$$\frac{\hat{k}_x^2}{n^2 - n_x^2} + \frac{\hat{k}_y^2}{n^2 - n_y^2} + \frac{\hat{k}_z^2}{n^2 - n_z^2} = \frac{1}{n^2} \tag{2.18}$$

という別の形のフレネルの式になる．

フレネルの式は式 (2.6) から直接導き出すこともできる．$\boldsymbol{k} = (k_x, k_y, k_z)$ として，式 (2.6) を書き下すと

$$(-k_y^2 - k_z^2 + k_0^2 n_x^2) E_x + k_x k_y E_y + k_x k_z E_z = 0 \tag{2.19}$$

$$k_y k_x E_x + (-k_x^2 - k_z^2 + k_0^2 n_y^2) E_y + k_x k_z E_z = 0 \tag{2.20}$$

$$k_z k_x E_x + k_z k_y E_y + (-k_x^2 - k_y^2 + k_0^2 n_z^2) E_z = 0 \tag{2.21}$$

となる．ただし，k_0 は真空中の波数である．この式が意味を持つためには，係数行列が 0 とならなければならない．つまり，

$$\begin{vmatrix} k_x^2 + k_0^2(n_x^2 - n^2) & k_x k_y & k_x k_z \\ k_y k_x & k_y^2 + k_0^2(n_y^2 - n^2) & k_x k_z \\ k_z k_x & k_z k_y & k_z^2 + k_0^2(n_z^2 - n^2) \end{vmatrix} = 0 \tag{2.22}$$

である．ここで，$k^2 = k_x^2 + k_y^2 + k_z^2 = n^2 k_0^2$ を用いた．これを計算すると

$$k_x^2(n^2 - n_y^2)(n^2 - n_z^2) + k_y^2(n^2 - n_x^2)(n^2 - n_z^2) + k_z^2(n^2 - n_x^2)(n^2 - n_y^2)$$
$$= k_0^2(n^2 - n_x^2)(n^2 - n_y^2)(n^2 - n_z^2) \quad (2.23)$$

となる．両辺を $(n^2 - n_x^2)(n^2 - n_y^2)(n^2 - n_z^2)$ で割ってを整理すると式 (2.18) と同じになる．

2 軸性媒質で，式 (2.17) や式 (2.18) を満たす (k_x, k_y, k_z) で作られる面を示すと図 **2.6** のようになる．これを波数ベクトル面($\boldsymbol{k}$ 面)と呼ぶ．この面は 2 枚重ねになっている．これは，ある方向に伝搬する光が二つの波数ベクトルを持つことを示している．2 種類の直交する固有偏光を持つ光が二つ波数ベクトルに対応する．つまり，光は 2 種類の固有偏光の光に分かれて別々の波数ベクトルで伝搬する．例外は，二つの曲面が交わっている点であり，この方向では，異なる方向に偏光した光が同じ波数ベクトルを持つ．すなわち，屈折率楕円体で説明した光軸となる．

図 **2.7** は 1 軸媒質 $(n_x = n_y = n_\mathrm{o} \neq n_z)$ における波面の進む方向（$\boldsymbol{k}$ 曲面）

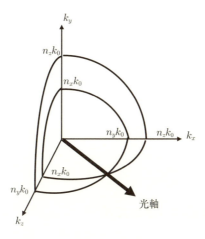

図 **2.6** 2 軸性媒質における $\boldsymbol{k}$ 曲面．

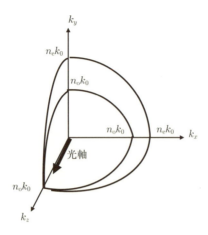

図 2.7 1軸性媒質における k 曲面.

を示した図である．これは，式 (2.22) に上の条件を入れると得られる[*3]．

$$(k_x^2 + k_y^2 + k_z^2 - k_0^2 n_x^2)(k_x^2 n_x^2 + k_y^2 n_x^2 + k_z^2 n_z^2 - k_0^2 n_x^2 n_z^2) = 0 \quad (2.24)$$

二つの式の積の形になっているが，これは波数ベクトルの取り得る値が

$$k_x^2 + k_y^2 + k_z^2 = k_0^2 n_x^2 \quad (2.25)$$

の $k_0 n_x$ を半径とする球と

$$\frac{k_x^2}{k_0^2 n_z^2} + \frac{k_y^2}{k_0^2 n_z^2} + \frac{k_z^2}{k_0^2 n_x^2} = 1 \quad (2.26)$$

の k_z 軸を回転軸とした半径が $k_0 n_z$，長さが $k_0 n_x$ の回転楕円体となることを示している．2枚の曲面が重なるのが $(k_x, k_y, k_z) = (0, 0, k_0 n_x)$ であり，z 軸が光軸となることがわかる．

2.2.3 光線に関するフレネルの式

ここまでは k がどのように分布するかを議論してきた．波数ベクトルの方向は波面が進む方向であり，D に垂直である．一方で光線の進む方向 $\hat{S}$ は E に

[*3] 式 (2.18) を使っても同様の結果が得られる．

2.2 異方性媒質中の光の伝搬

垂直である．ここでは，光線速度で作られる平面（光線面）について調べる．

D を電場方向の単位ベクトル $\hat{e}$ とポインティングベクトル S 方向の単位ベクトル $\hat{S}$ に分解すると

$$D = (D \cdot \hat{e})\hat{e} + (D \cdot \hat{S})\hat{S} = \frac{|D|}{|E|}\cos\alpha + (D \cdot \hat{S})\hat{S} \tag{2.27}$$

となる．一方，式 (2.8) の両辺に D を掛けると $\hat{k} \cdot D = 0$ なので

$$D^2 = \epsilon_0 n^2 (E \cdot D - (E \cdot \hat{k})(\hat{k} \cdot D)) = \epsilon_0 n^2 (E \cdot D) \tag{2.28}$$

となる．これより，E と D のなす角が α なので

$$n^2 = \frac{|D|^2}{\epsilon_0 (E \cdot D)} = \frac{|D|}{\epsilon_0 |E| \cos\alpha} \tag{2.29}$$

である．式 (2.12)，式 (2.13) と式 (2.29) から式 (2.27) は，式 (2.13) で定義した n_r を使って，

$$D = \epsilon_0 n_r^2 E + (D \cdot \hat{S})\hat{S} \tag{2.30}$$

となる．E について解くと，異方性媒質中を伝搬する光線の基本式

$$E = \frac{1}{\epsilon_0 n_r^2}\Big(D - (D \cdot \hat{S})\hat{S}\Big) \tag{2.31}$$

が得られる．式 (2.31) の両辺に $\hat{S}$ を掛けて計算すると右辺は 0 となることから，電場ベクトル E とポインティングベクトル S が直交することが確認できる．

さて，式 (2.31) は $D = \tilde{\epsilon} E$ を使って書き直すと以下のようになる．

$$E = \Big(\frac{1}{\epsilon_0 n_r^2}\tilde{\epsilon} - \tilde{\mathbf{I}}\Big)^{-1} \frac{1}{\epsilon_0 n_r^2}(D \cdot \hat{S})\hat{S} \tag{2.32}$$

両辺に $\hat{S}$ を掛けると，S と E は直交するので

$$\hat{S} \cdot E = \hat{S} \cdot \Big(\frac{1}{\epsilon_0 n_r^2}\tilde{\epsilon} - \tilde{\mathbf{I}}\Big)^{-1} \frac{1}{\epsilon_0 n_r^2}(D \cdot \hat{S})\hat{S} = 0 \tag{2.33}$$

である．$\tilde{\epsilon}$ は対角行列なので，式 (2.33) は以下のように書ける．

$$\hat{\boldsymbol{S}} \begin{pmatrix} \left(\dfrac{n_x^2}{n_\mathrm{r}^2}-1\right)^{-1} & 0 & 0 \\ 0 & \left(\dfrac{n_y^2}{n_\mathrm{r}^2}-1\right)^{-1} & 0 \\ 0 & 0 & \left(\dfrac{n_z^2}{n_\mathrm{r}^2}-1\right)^{-1} \end{pmatrix} \hat{\boldsymbol{S}} = 0 \qquad (2.34)$$

さらに，$\hat{\boldsymbol{S}}$ の各成分を $(\hat{S}_x, \hat{S}_x, \hat{S}_x)$ として

$$\left(\dfrac{n_x^2}{n_\mathrm{r}^2}-1\right)^{-1}\hat{S}_x^2 + \left(\dfrac{n_x^2}{n_\mathrm{r}^2}-1\right)^{-1}\hat{S}_y^2 + \left(\dfrac{n_x^2}{n_\mathrm{r}^2}-1\right)^{-1}\hat{S}_z^2 = 0 \qquad (2.35)$$

となる．これより，光線に関するフレネルの式

$$\dfrac{\hat{S}_x^2}{n_\mathrm{r}^2 - n_x^2} + \dfrac{\hat{S}_y^2}{n_\mathrm{r}^2 - n_y^2} + \dfrac{\hat{S}_z^2}{n_\mathrm{r}^2 - n_z^2} = 0 \qquad (2.36)$$

が得られる．光線が進む方向 $\hat{\boldsymbol{S}}$ を与えると，対応する光線屈折率 n_r が得られる式である．法線のフレネルの式と同様に，光軸方向以外では異方性媒質では n_r には二つの解が得られ，それらは，それぞれ直交した二つの偏光に対応する．また，これを速度になおした光線速度 v_r および位相速度の各方向成分 v_x, v_y および v_z を使って書きなおすと

$$\dfrac{\hat{S}_x^2}{v_\mathrm{r}^{-2} - v_x^{-2}} + \dfrac{\hat{S}_y^2}{v_\mathrm{r}^{-2} - v_y^{-2}} + \dfrac{\hat{S}_z^2}{v_\mathrm{r}^{-2} - v_z^{-2}} = 0 \qquad (2.37)$$

となる．

2.3 異方性媒質中における反射と透過

2.3.1 波面や光線の進む方向

等方性媒質

　前節で述べたように，波面の進む方向 $\boldsymbol{k}$ と直交するのは電束密度ベクトル $\boldsymbol{D}$ であり，ポインティングベクトル $\boldsymbol{S}$ と直交するのは電場ベクトル $\boldsymbol{E}$ である．$\boldsymbol{E}$ と $\boldsymbol{D}$ が平行な場合に波面の進む方向とポインティングベクトルの方向が一致す

る．光が等方性媒質を伝搬するときにこのようになる．図 **2.8**(a) に前者の様子を k を含む切断面を使って描いたものを示す．これは式 (2.17) や式 (2.18) において，$n_x = n_y = n_z = n_0$ としたときの k の様子をプロットしたものである．

$$k_x^2 + k_y^2 + k_z^2 = k_0^2(2n_0^2) \tag{2.38}$$

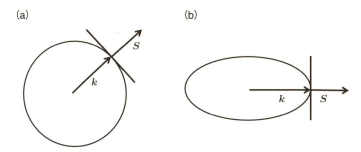

図 **2.8** (a) 等方性媒質および (b) 1 軸性媒質で光軸方向に波面の進む方向時の波数ベクトルとポインティングベクトルの方向．

1 軸性媒質

図 **2.9**(a) では光が光軸 (z 軸) に対して θ 角度で進んでいるときの様子を示している．波面の進む方向は波数ベクトル k の方向であるが，ポインティングベ

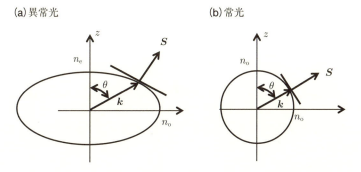

図 **2.9** 光が光軸 (z 軸) に対して角度 θ で進んでいるときの 1 軸性媒質における波面の進む方向とポインティングベクトルの方向．(a) 異常光，(b) 常光．

クトル S の進む方向は，k ベクトル面の法線方向であり，異常光の場合には S の方向とは角度 α だけ異なる方向となる．

ただし，光軸方向に光が伝搬する場合はこれらが一致する．図 2.8(b) にこの様子を示す．いずれも k 曲線の法線方向が S に一致しており，波数ベクトル k とポインティングベクトル S が同じ方向を向いている．つまり，等方性媒質と同様に異方性媒質中でも光が光軸方向に伝搬する際には，k と S が同じ方向となる．また，常光の場合は光がどの方向に伝搬しても図 2.9(b) に示すよう k と S が同じ方向である．

図 **2.10** に方解石を通して見える文字の写真を示す．(b) では偏光板を用いていないため常光および異常光の両方が見えており，文字が 2 重になっている．(a) および (c) では偏光板を入れており，どちらか一方の文字が見える．下の図は各々の場合において方解石に光が入射した際の方解石中を進む波面と光線の進む方向を示している．波面は一定であるが，光線の進む方向が偏光方向により異なる．これを利用した偏光素子や偏光ビームスプリッターが使われている．

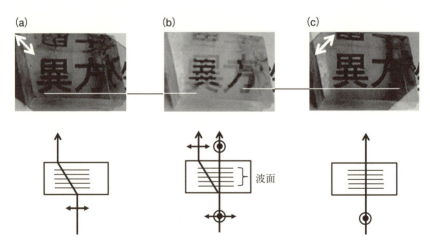

図 2.10 方解石を通して見える文字．(b) は偏光板なしの場合，(a) および (c) は矢印の方向の偏光板を入れた場合である．下の図は方解石中を進む波面と光線の進む方向を示している．

2.4 反射と透過

空気や水などの屈折率 n_1 等方性媒質(媒質1)から異方性媒質(媒質2)に光を入射した際の反射や透過について考える.ここでは,正の1軸性媒質 $(n_e - n_o > 0)$ に光を入射した際の屈折を例にとる.負の1軸性媒質でも考え方は同じである.図 2.11 に光軸が界面に垂直な場合の波数ベクトル表面を描いた.入射角を θ_1,反射角を θ_1,媒質2への屈折角を θ_2 とする.θ_2 は常光に対する屈折角と異常光に対する屈折角の2種類があるため,それぞれ θ_{2o} と θ_{2e} とした,対応する波数ベクトルを $\bm{k}_{2o}^+, \bm{k}_{2e}^+$ とした.

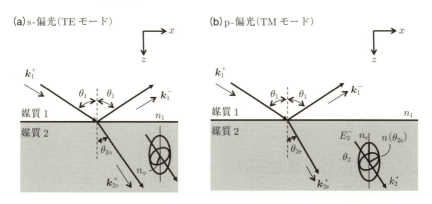

図 2.11 異方性媒質における屈折.(a) s-偏光の場合,(b) p-偏光の場合.

1章で論じたように,スネルの法則は波数ベクトルの入射界面の接線方向成分の保存によって表される.よって,

$$n_1 \sin\theta_1 = n_o \sin\theta_{2o} \tag{2.39}$$

$$n_1 \sin\theta_1 = n_e(\theta_{2e}) \sin\theta_{2e} \tag{2.40}$$

である.s-偏光は常光なのでその屈折角は式 (2.39) から求めることができる.一方,p-偏光は異常光となる.異常光屈折率 $n_e(\theta_{2e})$ は式 (2.4) で与えられ,それを代入すると

$$n_1 \sin\theta_1 = \frac{n_e n_o}{\sqrt{n_e^2 \cos^2\theta_{2e} + n_o^2 \sin^2\theta_{2e}}} \sin\theta_{2e} \tag{2.41}$$

となる．これを整理すると以下のように書ける．

$$\tan\theta_{2e} = \frac{n_o}{n_e} \frac{n_1 \sin\theta_1}{\sqrt{n_e^2 - n_1^2 \sin^2\theta_1}} \tag{2.42}$$

ただし，前節で述べたように θ_{2e} は波面の進む方向（k の進む方向）であり，光線の進む方向（S の進む方向）ではない．光線の進む方向は波数ベクトル表面に対して垂直な方向である．この角度を θ_{2S} とすれば，

$$\tan\theta_{2S} = \frac{n_o^2}{n_e^2} \tan\theta_{2e} \tag{2.43}$$

となる．式 (2.59) のように 2 軸性媒質の場合も同じ考え方で屈折角が求められる．すなわち，s-偏光の場合には n_o の代わりに y 方向の屈折率成分 n_{2y} を使い，p-偏光の場合には，x および z 方向の屈折率成分 n_{2x} と n_{2z} を使って屈折率楕円体を考える．

2.5 反射係数と透過係数

次に，異方性物質と等方性物質の界面における反射係数や透過係数を求める．屈折率楕円体が任意の方向に配向している場合は複雑なので，ここでは図 2.11 に示すように，2 軸媒質が屈折率 n_{2x}, n_{2y} および n_{2z} の方向がそれぞれ x, y, z 方向に一致している場合を扱う．

まず，s-偏光の場合を考える．屈折率 n_1 の等方性媒質から s-偏光の光が入射するとき，界面における電場および磁場の連続条件は

$$E_1^+ + E_1^- = E_2^+ \tag{2.44}$$

$$n_1 \cos\theta_1 E_1^+ - n_1 \cos\theta_1 E_1^- = n_{2y} \cos\theta_2 E_2^+ \tag{2.45}$$

となる．これを解いて $r_s = E_1^-/E_1^+$ および $t_s = E_2^+/E_1^+$ を求めると

$$r_{\mathrm{s}} = \frac{n_1 \cos\theta_1 - n_{2y} \cos\theta_2}{n_1 \cos\theta_1 + n_{2y} \cos\theta_2} = \frac{n_1 \cos\theta_1 - \sqrt{n_{2y}^2 - n_1^2 \sin^2\theta_1}}{n_1 \cos\theta_1 + \sqrt{n_{2y}^2 - n_1^2 \sin^2\theta_1}} \tag{2.46}$$

$$t_{\mathrm{s}} = \frac{2n_1 \cos\theta_1}{n_1 \cos\theta_1 + n_{2y} \cos\theta_2} = \frac{2n_1 \cos\theta_1}{n_1 \cos\theta_1 + \sqrt{n_{2y}^2 - n_1^2 \sin^2\theta_1}} \tag{2.47}$$

となる．

次に，p-偏光の光が入射するときを考える．この場合，媒質2を進む屈折光の電場ベクトルが波数ベクトル k_2 に垂直ではなく，光線ベクトル s_2 に垂直となるため複雑である．図 2.12 に示すように，波面の屈折角（k_2 と表面法線がなす角）を θ_2，光線の屈折角（s_2 と表面法線がなす角）を θ_2' とする．界面における電場と磁場の連続条件は

$$E_1^+ \cos\theta_1 - E_1^- \cos\theta_1 = E_2^+ \cos\theta_2' \tag{2.48}$$

$$H_{1y}^+ + H_{1y}^- = H_{2y}^+ \tag{2.49}$$

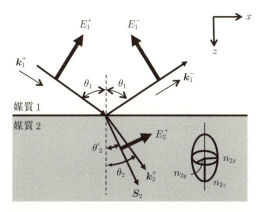

図 2.12 異方性媒質における透過と反射係数を考えるための光学配置の図．光の波面の進む方向 k_2^+ と，ポインティングベクトル S_2 が進む方向が異なることに注意する．

である．式 (2.49) の磁場を電場に書き換えるには，マックスウェルの方程式から導かれる次の関係を使う[41]．

72 第 2 章 異方性媒質中の光の伝搬

$$\bm{k} \times \bm{H} = -\omega \bm{D} \tag{2.50}$$

入射面は $x-z$ 平面なので $k_{1y} = k_{2y} = 0$ であり

$$\frac{n_1}{k_0} E_1^+ + \frac{n_1}{k_0} E_1^- = \frac{n_{2x}^2}{k_{2z}} E_2^+ \tag{2.51}$$

となる．これより，式 (2.48) と式 (2.51) を連立方程式として解いて $r_\mathrm{p} = E_1^-/E_1^+$ および $t_\mathrm{p} = E_2^+/E_1^+$ を求めると

$$r_\mathrm{p} = \frac{n_{2x}^2 \cos\theta_1 - n_1 \left(\dfrac{k_{2z}}{k_0}\right)}{n_{2x}^2 \cos\theta_1 + n_1 \left(\dfrac{k_{2z}}{k_0}\right)} \tag{2.52}$$

$$t_\mathrm{p} = \frac{2 k_1 \left(\dfrac{k_{2z}}{k_0}\right) \cos\theta_1}{\left(k_1 \left(\dfrac{k_{2z}}{k_0}\right) + n_{2x}^2 \cos\theta_1\right) \cos\theta_2'} \tag{2.53}$$

となる．k_{2z} を求めるため $k_{2y} = 0$ を式 (2.23) に代入して整理する．ただし，スネルの法則から $k_x = k_{1x} = k_{2x}$ である．

$$(k_x^2 n_{2x}^2 + k_{2z}^2 n_{2z}^2 - k_0 n_{2x}^2 n_{2z}^2)(k_x^2 + k_{2z}^2 - n_{2y}^2 k_0^2) = 0 \tag{2.54}$$

これより以下の二つの分散式が得られる．

$$k_x^2 + k_{2z}^2 = k_0^2 n_{2y}^2 \tag{2.55}$$

$$\frac{k_x^2}{n_{2z}^2} + \frac{k_{2z}^2}{n_{2x}^2} = k_0^2 \tag{2.56}$$

p-偏光は式 (2.56) が対応する．式 (2.56) から k_{2z}/k_0 を求めて式 (2.52) および式 (2.53) に代入すると，以下のように r_p と t_p が得られる．

$$r_\mathrm{p} = \frac{n_{2x} n_{2z} \cos\theta_1 - n_1 \sqrt{n_{2z}^2 - n_1^2 \sin^2\theta_1}}{n_{2x} n_{2z} \cos\theta_1 + n_1 \sqrt{n_{2z}^2 - n_1^2 \sin^2\theta_1}} \tag{2.57}$$

$$t_{\mathrm{p}} = \frac{2n_1 \cos\theta_1 \sqrt{n_{2z}^2 - n_1^2 \sin^2\theta_1}}{\left(n_1 \sqrt{n_{2z}^2 - n_1^2 \sin^2\theta_1} + n_{2x} n_{2z} \cos\theta_1\right) \cos\theta_2'} \tag{2.58}$$

r_{p} は式 (2.57) から求まるが，t_{p} を求めるためには，さらに $\cos\theta_2'$ を知る必要がある．p-偏光の光を入射した際の波面の屈折角（$\boldsymbol{k}$ の屈折角）θ_2 は

$$\tan\theta_2 = \frac{k_{2x}}{k_{2z}} = \frac{n_1 n_{2z} \sin\theta_1}{n_{2x} \sqrt{n_{2z}^2 - n_1^2 \sin^2\theta_1}} \tag{2.59}$$

である．p-偏光の光を入射した際の光線の屈折角（$\boldsymbol{s}$ の屈折角）θ_2' と波面の屈折角 θ_2 の関係は式 (2.43) で表されるので，

$$\tan\theta_2' = \frac{n_{2x}^2}{n_{2z}^2} \tan\theta_2 = \frac{n_{2x}}{n_{2z}} \frac{n_1 \sin\theta_1}{\sqrt{n_{2z}^2 - n_1^2 \sin^2\theta_1}} \tag{2.60}$$

となる．これより，三角関数の公式を使えば，$\cos\theta_2'$ は以下のように表される．

$$\cos\theta_2' = \frac{n_{2z}\sqrt{n_{2z}^2 - n_1^2 \sin^2\theta_1}}{\sqrt{n_{2z}^4 + n_1^2 \sin^2\theta_1 (n_{2x}^2 - n_{2z}^2)}} \tag{2.61}$$

2.6　異方性媒質の多層膜における反射率と透過率

　材料の光学的性質を調べる際に異方性媒質と等方性媒質が多層膜となった場合の反射率や透過率の計算が必要になることがある．前節で示したように，異方性媒質中の光の伝搬は複雑であるが，いくつかの計算方法が提案されている．1.10 節で示した伝搬行列を用いる方法およびベルマン (Berreman) の 4×4 マトリクスを用いる方法の両方を紹介する．前者は非線形光学への展開がしやすい．また，後者はこれまで多くの研究で用いられている．

2.6.1　伝搬行列法（異方性媒質）

　異方性媒質でも多層膜の場合に伝搬行列法を用いることができる[42]．図 **2.13** のように異方性媒質の層 j が媒質層 $j-1$ および層 $j+1$ に挟まれている．層

74 第2章 異方性媒質中の光の伝搬

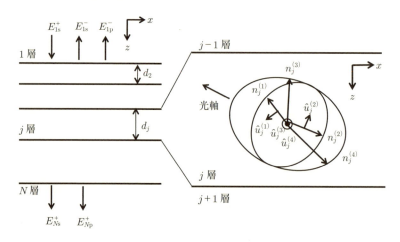

図 2.13 異方性媒質における伝搬行列法の光学配置.

の表面法線を z として，$x-z$ 平面を入射面とする全体の層数は N であり，層 1 から光が入射して層 N に透過する．層 j の厚さは d_j であり，層 1 と層 N は半限大の厚さ (層 1 は光の入射側に無限大であり，層 N は透過側に無限大) を持つ．

層 j は 2 軸性媒質であるが，この節ではその屈折率 n は用いないで，すべて比誘電率 $\tilde{\epsilon}$ で記述することにする．後述のように屈折率ベクトルとして n を使うためである．$\tilde{\epsilon}$ は主軸と x, y, z 軸が一致していないときには 3×3 のテンソルである．ただし，媒質に吸収がない透明な媒質では添え字の順番を変えてもその成分は同じ値である．すなわち，$\epsilon_{\alpha\beta} = \epsilon_{\beta\alpha}$ である ($\alpha, \beta = x, y, z$).

さて，波数ベクトル $\boldsymbol{k}$ を使って屈折率ベクトル $\boldsymbol{n}_j$ を

$$\boldsymbol{n} = \frac{\boldsymbol{k}}{k_0} \tag{2.62}$$

と定義する．屈折率ベクトルの z 成分を η，x 成分を κ とする．すると，$\boldsymbol{n} = \kappa \hat{e}_x + \eta \hat{e}_z$ となる．ここで，$\hat{e}_x$ は x 方向の単位ベクトルであり，$\hat{e}_z$ は z 方向の単位ベクトルである．

式 (2.7) を使って式 (2.6) を書き直す．

2.6 異方性媒質の多層膜における反射率と透過率

$$k^2 \boldsymbol{E} - (\boldsymbol{k} \cdot \boldsymbol{E}) - k_0^2 \tilde{\boldsymbol{\epsilon}}_j = 0 \tag{2.63}$$

これを屈折率ベクトルで表すと以下のようになる[43]．

$$(n_j^2 \tilde{\mathbf{I}} - \boldsymbol{n}_j \boldsymbol{n}_j - \tilde{\boldsymbol{\epsilon}}_j) \boldsymbol{E} = 0 \tag{2.64}$$

この式が意味を持つためには，括弧内の行列 $\tilde{\mathbf{P}}$ の行列式が 0 となることが必要である．κ はスネルの法則より求められるので，これを解いて得られる式は η についての 4 次式となる．よって，2 軸性媒質では四つの η が求まる．四つの η をそれぞれ $\eta^{(m)}$ ($m = 1, 2, 3, 4$) と表記する．1 軸媒質でも解は四つ求まるが，η^2 の形で解が求まるため，符号が異なり同じ絶対値を持つ η が得られる．κ はスネルの法則により層によらず一定の値をとる．以上より媒質内を伝搬する波数ベクトルが得られたことになる．どの波数ベクトルにどの m を与えるかは任意であるが，ここでは透過方向に伝搬する光に $m = 1, 3$，そして反射方向に伝搬する光を $m = 2, 4$ とする．

次に，各々の波数ベクトルに対応する固有偏光の方向の単位ベクトル $\hat{\boldsymbol{u}}$ を求める．$\eta^{(m)}$ を代入した行列 $\tilde{\mathbf{P}}$ の行ベクトルは $\hat{\boldsymbol{u}}^{(m)}$ に垂直である．これは，式 (2.64) の成分を計算する際に行ベクトルと $\boldsymbol{E}$ の内積の結果が 0 となっていることからわかる．このことから，任意の二つの行ベクトルの外積をとりそれを単位ベクトルにしたものが $\hat{\boldsymbol{u}}^{(m)}$ である．これにより四つの η に対応する四つの $\hat{\boldsymbol{u}}$ を求めることができる．

1 軸性媒質において光が光軸方向に伝搬する場合には η は重解になり，$\tilde{\mathbf{P}}$ の行ベクトルは同じ方向を向く．この場合には，任意の直交するベクトルを $\hat{\boldsymbol{u}}$ として用いる．なお，1 軸性媒質では別の方法で波数ベクトルと偏光方向を求めることもできるので，それを用いて η と $\hat{\boldsymbol{u}}$ を求めてもよい．これより位置 z における光電場の和 $\boldsymbol{E}_j(z)$ は以下のように記述できる．

$$\boldsymbol{E}_j(z) = \sum_{m=1}^{4} E_j^{(m)} \hat{\boldsymbol{u}}^{(m)} \exp[ik_0(\kappa x + i\eta_i^{(m)}(z - z_j)) - i\omega t] \tag{2.65}$$

ここで，z_j は層 j の入射光側の界面の z 座標である．また，$E_j^{(m)}$ は各波数ベクトルに対応する光電場の振幅である．この振幅を縦ベクトルに並べたベクトル $\mathcal{E}$ を導入し，以下のように定義する．

$$\mathcal{E}_j = \begin{pmatrix} E_j^{(1)} \\ E_j^{(2)} \\ E_j^{(3)} \\ E_j^{(4)} \end{pmatrix} \tag{2.66}$$

j 層内での位相変化を行列 $\tilde{\mathbf{\Phi}}_j$ で表すと，層内の入射側の界面 $(z = z_0)$ における電場 $\mathcal{E}_j(z_0)$ と透過側の界面 $(z = z_0 + d_j)$ の電場 $\mathcal{E}_j(z_0 + d_j)$ の関係は

$$\mathcal{E}_j(z_0 + d_j) = \tilde{\mathbf{\Phi}}_j \mathcal{E}_j(z_0) \tag{2.67}$$

となる．ここで，$\tilde{\mathbf{\Phi}}_j$ は η_j を用いて，$\phi_j^{(m)} = \exp(i\eta_j^{(m)} k_0 d_j)$ として

$$\tilde{\mathbf{\Phi}}_j = \begin{pmatrix} \phi_j^{(1)} & 0 & 0 & 0 \\ 0 & \phi_j^{(2)} & 0 & 0 \\ 0 & 0 & \phi_j^{(3)} & 0 \\ 0 & 0 & 0 & \phi_j^{(4)} \end{pmatrix} \tag{2.68}$$

である．$\tilde{\mathbf{\Phi}}_j$ の逆行列 $\tilde{\mathbf{\Phi}}_j^{-1}$ は $\eta_j^{(m)}$ の符号を逆にすれば得られる．

$\mathcal{E}$ の各成分の磁場および電場の界面における連続性を使うために，$\mathcal{E}$ から E_x，H_y，E_y，$-H_x$ を計算する行列 $\tilde{\mathbf{\Pi}}$ を使う．$\tilde{\mathbf{\Pi}}_j$ は以下のように表される．

$$\tilde{\mathbf{\Pi}} = \begin{pmatrix} u_{jx}^{(1)} & u_{jx}^{(2)} & u_{jx}^{(3)} & u_{jx}^{(4)} \\ \eta_j^{(1)} u_{jx}^{(1)} - \kappa u_{jz}^{(1)} & \eta_j^{(2)} u_{jx}^{(2)} - \kappa u_{jz}^{(2)} & \eta_j^{(3)} u_{jx}^{(3)} - \kappa u_{jz}^{(3)} & \eta_j^{(4)} u_{jx}^{(4)} - \kappa u_{jz}^{(4)} \\ u_{jy}^{(1)} & u_{jy}^{(2)} & u_{jy}^{(3)} & u_{jy}^{(4)} \\ \eta_j^{(1)} u_{jy}^{(1)} & \eta_j^{(2)} u_{jy}^{(2)} & \eta_j^{(3)} u_{jy}^{(3)} & \eta_j^{(4)} u_{jy}^{(4)} \end{pmatrix} \tag{2.69}$$

よって，i–j 界面における連続性は

$$\tilde{\mathbf{\Pi}}_i \tilde{\mathbf{\Phi}}_i \mathcal{E}_i = \tilde{\mathbf{\Pi}}_j \mathcal{E}_j \tag{2.70}$$

と記述できる．これより $\tilde{\mathbf{M}}_{ij} = \tilde{\mathbf{\Pi}}_i^{-1} \tilde{\mathbf{\Pi}}_j$ とすれば

2.6 異方性媒質の多層膜における反射率と透過率

$$\mathcal{E}_i = \tilde{\mathrm{M}}_{ij}\mathcal{E}_j \tag{2.71}$$

と書くことができる．以上より，1.10.3 節に示した等方性媒質の多層膜の計算と同じように，伝搬行列 $\tilde{\mathbf{T}}$ は以下のように記述される．

$$\tilde{\mathbf{T}} = \tilde{\mathbf{M}}_{N(N-1)}\tilde{\boldsymbol{\Phi}}_{N-1}\cdots\tilde{\boldsymbol{\Phi}}_{i+1}\tilde{\mathbf{M}}_{(i+1)i}\tilde{\boldsymbol{\Phi}}_i\tilde{\mathbf{M}}_{i(i-1)}\cdots\tilde{\boldsymbol{\Phi}}_2\tilde{\mathbf{M}}_{21} \tag{2.72}$$

これを使えば $\mathcal{E}_N$ と $\mathcal{E}_1$ の関係は以下のようになる．

$$\mathcal{E}_N = \tilde{\mathbf{T}}\mathcal{E}_1 \tag{2.73}$$

媒質 1 において入射光は $m=1$ または $m=3$ で記述されている．媒質 1 が空気のような等方性媒質が一般的と考えられるが，その場合 κ は入射角により決まり，$\eta_1^{(1)} = \eta_1^{(3)} = \sqrt{|n|^2 - \kappa^2}$ である．また，媒質 1 における $\hat{\boldsymbol{u}}_1^{(1)}$ や $\hat{\boldsymbol{u}}_1^{(3)}$ の方向は各々直交していれば任意である．よって，媒質 1 では，$m=1$ に s-偏光，$m=3$ に p-偏光の入射光を割り当てる．反射方向でも同様であり，媒質 1 では $m=2$ に s-偏光，$m=4$ に p-偏光の反射光を割り当てる．このとき，$\boldsymbol{u}_1^{(1)} = (0,1,0)$ であり，$\boldsymbol{u}_1^{(3)} = (\kappa/n, 0, \eta_1^{(3)}/n)$ となる．透過側も同様とする．強度 1 の s-偏光の光 ($E_1^{(1)} = 1$) を入射した際の p-偏光の反射係数を r^{ps}，透過係数 t^{ps} とすると，s-偏光を入射した際には

$$\begin{pmatrix} t^{\mathrm{ss}} \\ 0 \\ t^{\mathrm{ps}} \\ 0 \end{pmatrix} = \tilde{\mathbf{T}} \begin{pmatrix} 1 \\ r^{\mathrm{ss}} \\ 0 \\ r^{\mathrm{ps}} \end{pmatrix} \tag{2.74}$$

と記述でき，強度 1 の p-偏光の光 ($E_1^{(3)} = 1$) を入射した際には

$$\begin{pmatrix} t^{\mathrm{sp}} \\ 0 \\ t^{\mathrm{pp}} \\ 0 \end{pmatrix} = \tilde{\mathbf{T}} \begin{pmatrix} 0 \\ r^{\mathrm{sp}} \\ 1 \\ r^{\mathrm{pp}} \end{pmatrix} \tag{2.75}$$

と記述できる．これより，$\tilde{\mathbf{T}}$ の成分を T_{ij} とすれば，連立方程式を解くことにより

78 第2章 異方性媒質中の光の伝搬

$$r^{\text{ss}} = (-T_{24}T_{41} + T_{21}T_{44})/Q$$

$$r^{\text{sp}} = (-T_{24}T_{43} + T_{23}T_{44})/Q$$

$$r^{\text{pp}} = (-T_{23}T_{42} + T_{22}T_{43})/Q$$

$$r^{\text{ps}} = (-T_{22}T_{41} + T_{21}T_{42})/Q$$

$$t^{\text{ss}} = (T_{14}T_{22}T_{41} - T_{12}T_{24}T_{41} - T_{14}T_{21}T_{42} + T_{11}T_{24}T_{42}$$
$$+ T_{12}T_{21}T_{44} - T_{11}T_{22}T_{44})/Q$$

$$t^{\text{sp}} = (-T_{14}T_{23}T_{42} + T_{13}T_{24}T_{42} + T_{14}T_{22}T_{43} - T_{12}T_{24}T_{43}$$
$$- T_{13}T_{22}T_{44} + T_{12}T_{23}T_{44})/Q$$

$$t^{\text{pp}} = (T_{24}T_{33}T_{42} - T_{23}T_{34}T_{42} - T_{24}T_{32}T_{43} + T_{22}T_{34}T_{43}$$
$$+ T_{23}T_{32}T_{44} - T_{22}T_{33}T_{44})/Q$$

$$t^{\text{ps}} = (-T_{24}T_{32}T_{41} + T_{22}T_{34}T_{41} + T_{24}T_{31}T_{42} - T_{21}T_{34}T_{42}$$
$$- T_{22}T_{31}T_{44} + T_{21}T_{32}T_{44})/Q \tag{2.76}$$

と求めることができる．ただし，$Q = T_{24}T_{42} - T_{22}T_{44}$ である．

なお，等方性媒質の場合には，入射光や透過光に上述の順番で $\mathcal{E}_1$ と $\mathcal{E}_N$ の成分を記述する際には $\tilde{\mathbf{M}}_{ij}$ は

$$\tilde{\mathbf{M}}_{ij} = \begin{pmatrix} \dfrac{1}{t_{ij}^{\text{s}}} & -\dfrac{r_{ij}^{\text{s}}}{t_{ij}^{\text{s}}} & 0 & 0 \\ -\dfrac{r_{ij}^{\text{s}}}{t_{ij}^{\text{s}}} & \dfrac{1}{t_{ij}^{\text{s}}} & 0 & 0 \\ 0 & 0 & \dfrac{1}{t_{ij}^{\text{p}}} & -\dfrac{r_{ij}^{\text{p}}}{t_{ij}^{\text{p}}} \\ 0 & 0 & -\dfrac{r_{ij}^{\text{p}}}{t_{ij}^{\text{p}}} & \dfrac{1}{t_{ij}^{\text{p}}} \end{pmatrix} \tag{2.77}$$

となる．ここで，t_{ij}^{s}, t_{ij}^{p} は等方性媒質における s-偏光および p-偏光の透過係数，r_{ij}^{s}, r_{ij}^{p} はそれぞれの反射係数である．

2.6.2 Berremanの4×4行列法

もう一つの異方性媒質の多層膜中の光の伝搬を計算する方法に，ベルマンによる4×4行列法[44-46]がある．媒質中のマックスウェルの方程式は，媒質の誘電率テンソル$\tilde{\epsilon}$を使って

$$\mathrm{rot}\boldsymbol{H} = \frac{\partial \boldsymbol{D}}{\partial t} = \tilde{\epsilon}\frac{\partial \boldsymbol{E}}{\partial t} \tag{2.78}$$

$$\mathrm{rot}\boldsymbol{E} = -\frac{\partial \boldsymbol{B}}{\partial t} = -\mu_0\frac{\partial \boldsymbol{H}}{\partial t} \tag{2.79}$$

と表される．ここで透磁率μは真空中の比透磁率μ_0とする．z方向に伝搬する平面波を考えると，時間tと空間$\boldsymbol{r}$の依存性は波数ベクトル$\boldsymbol{r}$と角周波数ωを使って$\exp(i(\boldsymbol{kr} - \omega t))$となる．これを利用して$E_z$と$H_z$を消去する．式(2.78)の$\nabla$の$x$微分は$ik_x$，時間微分は$-i\omega$に置き換えることができて

$$\begin{pmatrix} -\dfrac{\partial H_y}{\partial z} \\ \dfrac{\partial H_z}{\partial z} - ik_x H_z \\ ik_x H_y \end{pmatrix} = -i\omega \begin{pmatrix} \epsilon_{xx}E_x + \epsilon_{yy}E_y + \epsilon_{xz} \\ \epsilon_{yx}E_x + \epsilon_{yy}E_y + \epsilon_{yz} \\ \epsilon_{zx}E_x + \epsilon_{zy}E_y + \epsilon_{zz} \end{pmatrix} \tag{2.80}$$

$$\begin{pmatrix} -\dfrac{\partial E_y}{\partial z} \\ \dfrac{\partial E_x}{\partial z} - ik_x E_y \\ ik_x E_y \end{pmatrix} = i\omega\mu_0 \begin{pmatrix} H_x \\ H_y \\ H_z \end{pmatrix} \tag{2.81}$$

となる．これを連立方程式として解いて整理する．

$$\Psi = \begin{pmatrix} \sqrt{\epsilon_0}E_x \\ \sqrt{\mu_0}H_y \\ \sqrt{\epsilon_0}E_y \\ -\sqrt{\mu_0}H_x \end{pmatrix} \tag{2.82}$$

とおけば

$$\tilde{\Delta} = \begin{pmatrix} -\dfrac{k_x \epsilon_{zx}}{k_0 \epsilon_{zz}} & 1 - \dfrac{\epsilon_0}{\epsilon_{zz}}\left(\dfrac{k_x}{k_0}\right)^2 & -\dfrac{\epsilon_{yz} k_x}{\epsilon_{zz} k_0} & 0 \\ \dfrac{\epsilon_{xx}\epsilon_{zz} - \epsilon_{xz}^2}{\epsilon_0 \epsilon_{zz}} & -\dfrac{k_x \epsilon_{xz}}{k_0 \epsilon_{zz}} & \dfrac{\epsilon_{xy}\epsilon_{zz} - \epsilon_{xz}^2}{\epsilon_0 \epsilon_{zz}} & 0 \\ 0 & 0 & 0 & -1 \\ \dfrac{\epsilon_{yx}\epsilon_{zz} - \epsilon_{yz}\epsilon_{zx}}{\epsilon_0 \epsilon_{zz}} & \dfrac{k_x \epsilon_{yz}}{k_0 \epsilon_{zz}} & \left(\dfrac{k_x}{k_0}\right)^2 - \dfrac{\epsilon_{yz}^2 - \epsilon_{yy}\epsilon_{zz}}{\epsilon_0 \epsilon_{zz}} & 0 \end{pmatrix} \tag{2.83}$$

として，

$$\frac{\partial}{\partial z}\Psi = i\left(\frac{\omega}{c}\right)\tilde{\Delta}\Psi \tag{2.84}$$

と書くことができる．$\tilde{\Delta}$ は微分伝搬行列という．$\Psi(z)$ と $\Psi(z+d)$ との関係は，式 (2.84) を積分すれば，形式的には，

$$\Psi(z+d) = \exp(ik_0 d\tilde{\Delta})\Psi(z) = \tilde{P}(z,d)\Psi(z) \tag{2.85}$$

と記述される．ここで，$k_0 = \omega/c$ である．$\tilde{P}(z,d)$ は局所伝搬行列と呼ばれ，

$$\tilde{P}(z,d) = \exp(ik_0 d\tilde{\Delta}) \tag{2.86}$$

である．$\tilde{P}(z,d)$ が得られれば反射係数や透過係数を求めることができる．

$\tilde{P}(z,d)$ を求めるには，いくつかの方法がある．一つは，$\tilde{P}(z,d)$ は d が波長に比べて小さい場合に使える方法である．このとき，$\tilde{P}(z,d)$ は式 (2.85) を $d=0$ の周りに展開して

$$\tilde{P}(z,d) = (\tilde{I} + ik_0 d\tilde{\Delta} - \frac{(k_0 d)^2}{2!}\tilde{\Delta}^2 \cdots) \tag{2.87}$$

となる．この式を適当な次数まで打ち切って使う．

もう一つの方法は，$\tilde{\Delta}$ の四つの固有値 $q^{(m)}$ と固有ベクトル $\psi^{(m)}$ を使う方法である．$\tilde{V}$ を固有ベクトルを横に並べた行列

$$\tilde{V} = (\psi^{(1)}, \psi^{(2)}, \psi^{(3)}, \psi^{(4)}) \tag{2.88}$$

2.6 異方性媒質の多層膜における反射率と透過率

とする．行列 $\tilde{\mathbf{D}}$ を対応する固有値を対角行列にした

$$\tilde{\mathbf{D}} = \begin{pmatrix} q^{(1)} & 0 & 0 & 0 \\ 0 & q^{(2)} & 0 & 0 \\ 0 & 0 & q^{(3)} & 0 \\ 0 & 0 & 0 & q^{(4)} \end{pmatrix} \tag{2.89}$$

とすると，$\tilde{\mathbf{\Delta}} = \tilde{\mathbf{V}}\tilde{\mathbf{D}}\tilde{\mathbf{V}}^{-1}$ の関係がある．式 (2.87) を書き直すと

$$\begin{aligned}\tilde{\mathbf{P}}(z,d) &= \exp(ik_0 d\tilde{\mathbf{\Delta}}) = \sum_{k=0}^{\infty} \frac{(ik_0 d)^k}{k!} \tilde{\mathbf{\Delta}}^k = \sum_{k=0}^{\infty} \frac{(ik_0 d)^k}{k!} (\tilde{\mathbf{V}}\tilde{\mathbf{D}}\tilde{\mathbf{V}}^{-1})^k \\ &= \tilde{\mathbf{V}} \Big(\sum_{k=0}^{\infty} \frac{(ik_0 d\tilde{\mathbf{D}})^k}{k!} \Big) \tilde{\mathbf{V}}^{-1} \end{aligned} \tag{2.90}$$

となる [47]．$\tilde{\mathbf{D}}$ が対角行列であること，そして，

$$e^x = \sum_{k=0}^{\infty} \frac{x^k}{k!} \tag{2.91}$$

の公式から，式 (2.90) の成分計算を行うと

$$\tilde{\mathbf{P}}(z,d) = \tilde{\mathbf{V}}\tilde{\mathbf{K}}(d)\tilde{\mathbf{V}}^{-1} \tag{2.92}$$

となる．ここで，

$$\tilde{\mathbf{K}}(d) = \begin{pmatrix} \exp(ik_0 q^{(1)} d) & 0 & 0 & 0 \\ 0 & \exp(ik_0 q^{(2)} d) & 0 & 0 \\ 0 & 0 & \exp(ik_0 q^{(3)} d) & 0 \\ 0 & 0 & 0 & \exp(ik_0 q^{(4)} d) \end{pmatrix} \tag{2.93}$$

である．この方法は，操作の数学的な意味が明確でわかりやすいが，計算機のプログラムを書く際には，その中に固有ベクトルを求めて並べる操作が面倒である．

計算機で計算するときにプログラミングしやすいのが,以下に紹介する Wöhler により提案された手法である[48]. 局所伝搬行列 $\tilde{\mathbf{P}}(z,d)$ が

$$\tilde{\mathbf{P}}(z,d) = \beta_0 \tilde{\mathbf{I}} + \beta_1 \tilde{\mathbf{\Delta}} + \beta_2 \tilde{\mathbf{\Delta}}^2 + \beta_3 \tilde{\mathbf{\Delta}}^3 \tag{2.94}$$

と展開できることを利用している.ここで,β^m は以下の連立方程式より求める.

$$\exp(-ik_0 q^{(m)} d) = \beta_0 + \beta_1 q^{(m)} + \beta_2 (q^{(m)})^2 + \beta_3 (q^{(m)})^3 \quad (m=1\cdots 4) \tag{2.95}$$

ただし,$q^{(m)}$ は $\tilde{\mathbf{\Delta}}$ の固有値である.この連立方程式の解は,

$$\beta_0 = -\sum_{i=1}^{4} q^{(j)} q^{(k)} q^{(l)} \frac{\exp(ik_0 q^{(i)} d)}{(q^{(i)}-q^{(j)})(q^{(i)}-q^{(k)})(q^{(i)}-q^{(l)})} \tag{2.96}$$

$$\beta_1 = \sum_{i=1}^{4} (q^{(j)} q^{(k)} + q^{(j)} q^{(l)} + q^{(k)} q^{(l)}) \frac{\exp(ik_0 q^{(i)} d)}{(q^{(i)}-q^{(j)})(q^{(i)}-q^{(k)})(q^{(i)}-q^{(l)})} \tag{2.97}$$

$$\beta_2 = -\sum_{i=1}^{4} (q^{(j)} + q^{(k)} + q^{(l)}) \frac{\exp(ik_0 q^{(i)} d)}{(q^{(i)}-q^{(j)})(q^{(i)}-q^{(k)})(q^{(i)}-q^{(l)})} \tag{2.98}$$

$$\beta_3 = \sum_{i=1}^{4} \frac{\exp(ik_0 q^{(i)} d)}{(q^{(i)}-q^{(j)})(q^{(i)}-q^{(k)})(q^{(i)}-q^{(l)})} \quad (i,j,k,l=1\cdots 4) \tag{2.99}$$

で得られる.ただし,i,j,k,l はすべて異なる番号である.

局所伝搬行列 $\tilde{\mathbf{P}}(z,d)$ が求まれば,多層膜における反射係数や透過係数の計算を行うことができる.図 **2.14** のように層数を $N-2$ として,層 j の膜厚を d_j とする.ただし,入射側の媒質 1 と透過側の媒質 N は厚さが半無限の媒質と考える.媒質 1 および媒質 N における電場と磁場のベクトルをそれぞれ Ψ_1,Ψ_N とすれば

$$\Psi_N = \tilde{\mathbf{P}}(z_N,d_N)\tilde{\mathbf{P}}(z_{N-1},d_{N-1})\cdots\tilde{\mathbf{P}}(z_2,d_2)\tilde{\mathbf{P}}(z_1,d_1)\Psi_1 = \tilde{\mathbf{Q}}\Psi_1 \tag{2.100}$$

となる.ここで,

$$\tilde{\mathbf{Q}} = \tilde{\mathbf{P}}(z_N,d_N)\tilde{\mathbf{P}}(z_{N-1},d_{N-1})\cdots\tilde{\mathbf{P}}(z_2,d_2)\tilde{\mathbf{P}}(z_1,d_1) \tag{2.101}$$

2.6 異方性媒質の多層膜における反射率と透過率　83

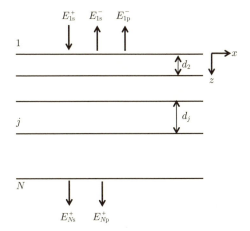

図 2.14　異方性媒質における 4×4 マトリクス法の光学配置.

である．

　実際の入射，反射，透過光は s-偏光あるいは p-偏光の成分に分けられる．s-偏光の入射光，反射光，屈折光の電場をそれぞれ E_{1s}^+, E_{1s}^- を E_{Ns}^+ とする．また，p-偏光も同様である．そして，媒質 1 の入射角や反射角を θ_1, 透過側での屈折角を θ_N とする．入射光と透過光の電場ベクトルを縦ベクトルとして $\mathcal{E}_1$ と $\mathcal{E}_N$ と記述する．それらを以下のように定義する．

$$\mathcal{E}_1 = \begin{pmatrix} E_{1s}^+ \\ E_{1s}^- \\ E_{1p}^+ \\ E_{1p}^- \end{pmatrix} \tag{2.102}$$

$$\mathcal{E}_N = \begin{pmatrix} E_{Ns}^+ \\ E_{Ns}^- \\ E_{Np}^+ \\ E_{Np}^- \end{pmatrix} \tag{2.103}$$

$\mathcal{E}_1$ と Ψ_1, $\mathcal{E}_N$ と Ψ_N との関係を表す行列 $\tilde{\mathbf{L}}_{\text{in}}$ と $\tilde{\mathbf{L}}_{\text{tra}}$ を使って表すと，入射側では

であり，透過側では

$$\Psi_1 = \tilde{\mathbf{L}}_{\text{in}} \boldsymbol{\mathcal{E}}_1 \tag{2.104}$$

$$\Psi_N = \tilde{\mathbf{L}}_{\text{tra}} \boldsymbol{\mathcal{E}}_N \tag{2.105}$$

と記述される．ここで，$\tilde{\mathbf{L}}_{\text{in}}$ と $\tilde{\mathbf{L}}_{\text{tra}}$ は

$$\tilde{\mathbf{L}}_{\text{in}} = \begin{pmatrix} 0 & 0 & \cos\theta_1 & -\cos\theta_1 \\ 0 & 0 & n_1 & n_1 \\ 1 & 1 & 0 & 0 \\ n_1 \cos\theta_1 & -n_1 \cos\theta_1 & 0 & 0 \end{pmatrix} \tag{2.106}$$

$$\tilde{\mathbf{L}}_{\text{tra}} = \begin{pmatrix} 0 & 0 & \cos\theta_N & 0 \\ 0 & 0 & n_N & 0 \\ 1 & 0 & 0 & 0 \\ n_N \cos\theta_N & 0 & 0 & 0 \end{pmatrix} \tag{2.107}$$

となる[49]．入射側の行列 $\tilde{\mathbf{L}}_{\text{in}}$ では，入射光と反射光の電場の両方を考慮しているところに注意する．以上をまとめると，式 (2.100) を使って

$$\tilde{\mathbf{L}}_{\text{tra}} \boldsymbol{\mathcal{E}}_N = \tilde{\mathbf{Q}} \tilde{\mathbf{L}}_{\text{in}} \boldsymbol{\mathcal{E}}_1 \tag{2.108}$$

となる．

s-偏光を入射した際の s-偏光への反射係数 r^{ss} や透過係数 t^{ss}，p-偏光への反射係数 r^{ps} や透過係数 t^{ps} は，$E_{1\text{p}}^+ = 0$ として式 (2.108) を連立方程式として解いてそれぞれ $E_{1\text{s}}^+/E_{1\text{s}}^-$，$E_{N\text{s}}^+/E_{1\text{s}}^-$，$E_{1\text{p}}^+/E_{1\text{s}}^-$，$E_{N\text{p}}^+/E_{1\text{s}}^-$ を求めればよい[*4]．しかしながら，実際にこの連立方程式を解くのはかなり煩雑である．

これを見通しの良い形，たとえば，式 (2.74) や式 (2.75) のように記述するには，式 (2.108) の両辺に $\tilde{\mathbf{L}}_{\text{tra}}$ の逆行列を掛けて $\boldsymbol{\mathcal{E}}_N =$ の形にできればよいのだが，$\tilde{\mathbf{L}}_{\text{tra}}$ は逆行列を持たないので，代わりに $\boldsymbol{\mathcal{E}}_1 =$ の形にする．すなわち，

$$\boldsymbol{\mathcal{E}}_1 = \tilde{\mathbf{Q}}^{-1} \tilde{\mathbf{L}}_{\text{in}}^{-1} \tilde{\mathbf{L}}_{\text{tra}} \boldsymbol{\mathcal{E}}_N \tag{2.109}$$

[*4] 実際には $E_{1\text{p}}^+ = 0$ かつ $E_{1\text{s}}^- = 1$ として解けばよく，このとき $r^{\text{ss}} = E_{1\text{s}}^+$，$t^{\text{ss}} = E_{N\text{s}}^+$，$r^{\text{ps}} = E_{1\text{p}}^+$，$t^{\text{ps}} = E_{N\text{p}}^+$ である．

と変形する．ここで，

$$\tilde{\mathbf{L}}_{\text{in}}^{-1} = \begin{pmatrix} 0 & -\dfrac{1}{2} & \dfrac{1}{2} & \dfrac{1}{2n\cos\theta_1} \\ 0 & -\dfrac{1}{2} & \dfrac{1}{2} & -\dfrac{1}{2n\cos\theta_1} \\ \dfrac{1}{2\cos\theta_1} & \dfrac{1}{2n} & 0 & 0 \\ -\dfrac{1}{2\cos\theta_1} & \dfrac{1}{2n} & 0 & 0 \end{pmatrix} \qquad (2.110)$$

である．また，$\tilde{\mathbf{Q}}^{-1}$ は，式 (2.93) において $\tilde{\mathbf{K}}(-d)$ を式 (2.92) に代入して求めた $\tilde{\mathbf{P}}$ を使う．すなわち，

$$\tilde{\mathbf{P}}^{-1}(z,d) = \tilde{\mathbf{P}}(z,-d) = \tilde{\mathbf{V}}^{-1}\tilde{\mathbf{K}}(-d)\tilde{\mathbf{V}} \qquad (2.111)$$

から式 (2.101) を使って $\tilde{\mathbf{Q}}^{-1}$ を求める．これらを用いれば，式 (2.74) や式 (2.75) のように記述することができ，システマティックに反射係数や透過係数を求めることができる．

2.7 複屈折材料

　最後に実際の複屈折材料を例にしてその偏光応答について考える．まず，この章の冒頭で述べた偏光板で挟んだセロハンテープが色を呈する理由について考える．次に液晶を使ったディスプレイの原理と光学応答の計算である．いずれも，身近な材料や素子であり，偏光を使った応力解析など様々な分野で利用できる考え方である．

2.7.1　セロハンテープの複屈折

　セロハンテープは身近な材料であり，透明なセルロースの薄膜に粘着剤が塗布されたものである．テープの長さ方向とそれに垂直な方向の屈折率がわずかに異なる．これは，セルロースの高分子鎖がわずかに配向しているためと考えられる．この様子を図 **2.15**(a) に示した．テープの長さ方向を y，テープの面

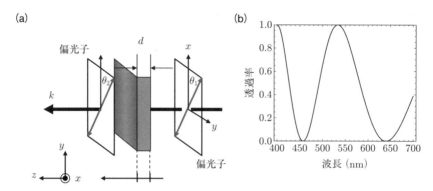

図 2.15 (a) セロハンテープを 2 枚の偏光板で挟んだ場合と，(b) 透過率スペクトルの例．

内でそれに垂直な方向を x，面に垂直な方向を z とする．原点 O は入射側の面にとり，x, y, z 方向の屈折率の成分をそれぞれ n_x, n_y, n_z とする．偏光板で挟んだときに色が観察されるためには，セロテープを数枚重ねる必要がある．このときの厚さを d とする．入射側の偏光板の偏光方向が x 軸から θ_1 傾いている場合を考える．

入射光の電場ベクトルの振幅を E_0 とすれば，$z=0$ における光の電場ベクトル $\boldsymbol{E}(0)$ は，光の各周波数 ω と時間 t を使って

$$\boldsymbol{E}(0) = \begin{pmatrix} E_0 \cos\theta_1 \cos\omega t \\ E_0 \sin\theta_1 \cos\omega t \end{pmatrix} \tag{2.112}$$

である．セロテープを通った光の電場ベクトルを $\boldsymbol{E}(d)$ は，x, y 方向の偏光成分の光の位相変化をそれぞれ δ_x, δ_y として

$$\boldsymbol{E}(d) = \begin{pmatrix} E_0 \cos\theta_1 \cos(\omega t - \delta_x) \\ E_0 \sin\theta_1 \cos(\omega t - \delta_y) \end{pmatrix} \tag{2.113}$$

となる．ここで，真空中の波長を λ_0 として

$$\delta_x = \frac{2\pi}{\lambda_0} n_x d \tag{2.114}$$

$$\delta_y = \frac{2\pi}{\lambda_0} n_y d \tag{2.115}$$

である．出射側の偏光板の偏光方向が x 軸から θ_2 傾いているとする．その方向の単位ベクトルを $\hat{e}_2$ として，観測される光強度(透過光強度) $I(d)$ を記述すると以下のようになる．

$$\begin{aligned} I(d) &= \frac{E_0^2}{2\pi} \int_0^{2\pi} \boldsymbol{E}(d) \cdot \hat{e}_2 dt \\ &= \frac{E_0^2}{2} \left(\cos^2(\theta_1 - \theta_2) + \sin(2\theta_1)\sin(2\theta_2)\cos^2\left(\frac{\pi \Delta n d}{\lambda_0}\right) \right) \end{aligned} \tag{2.116}$$

ここで Δn は複屈折 ($\Delta n = n_x - n_y$) である．観測される光強度 $I(d)$ が，λ_0 の関数になっており，$\Delta n d$ の大きさにより周期が変わる．そのため，透過光に色がついて見える．ただし，θ_1, θ_2 のいずれかが 0 または $\pi/2$ のときに括弧内の 2 項目が 0 となるため，$I(d)$ は波長に対して一定となり透過光に色がついて見えない．また，二つの偏光板の偏光方向が平行のときに全体の透過率が高く，直角のときの 2 倍であることがわかる．$\Delta n d = 700$ nm としたときの透過率の様子を波長の関数としてグラフに表したしたものが図 2.15(b) である．波長により透過率が異なり，透過光が色を呈していることがわかる．スペクトルから複屈折を知ることができるため，この現象は応力により生じる複屈折の検出などに用いられる．

2.7.2 液晶ディスプレイ

今日，液晶ディスプレイはテレビやコンピュータのモニター，携帯電話のモニター画面など広く使われている．液晶とは，液体と固体の中間の性質を持つ物質であり，流動性を持ちながら異方性や位置の秩序も有する有機分子である．多くの液晶は，**図 2.16** に示すような長さ数 nm の棒状の分子の集合体であり，温度により固体，液晶，液体と相が変化する．棒状分子の液晶の場合，分子長軸の方向(ダイレクターと呼ぶ)と位置の秩序によりいくつかの(分子によっては多くの)液晶相が存在する．図 2.16 に主な分類をまとめた．液体に近い相には，ネマチック相がある．個々の分子の相対的な位置は分布しており高い秩序を持たないが，ダイレクターが 1 方向にそろっている．複屈折を示す一種の 1 軸媒

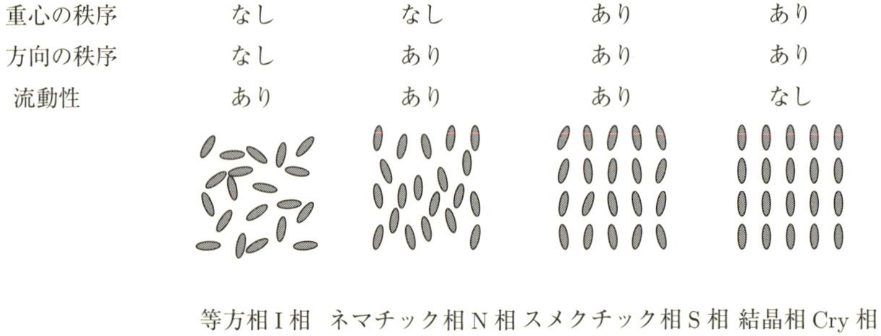

88　第2章　異方性媒質中の光の伝搬

重心の秩序	なし	なし	あり	あり
方向の秩序	なし	あり	あり	あり
流動性	あり	あり	あり	なし

等方相 I 相　ネマチック相 N 相　スメクチック相 S 相　結晶相 Cry 相

図 2.16 液晶の種類.

質となる．液晶ディスプレイに使われている液晶はほとんどがネマチック相である．スメクチック相は，ダイレクターが1方向がそろっていることに加えて位置の秩序等を有する．ここでは，ディスプレイとして最もよく用いられるツイステッドネマチック (TN: twisted-nematic) セルについて，その動作原理と光学応答の計算方法について述べる．

図 **2.17** に最も単純な TN セルの模式図を示す．上部界面と下部界面におけ

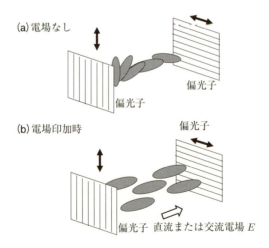

図 2.17　ツイステッドネマチック (TN: twisted-nematic) セル．(a) 電場を印加していないとき，(b) 電場を印加したとき．

るダイレクターの方向が90°ねじれていることが特徴である．入射側と出射側にその偏光方向が90°異なる偏光板を置く．入射側の偏光方向は入射側の液晶分子の長軸に一致し，出射側の偏光方向も出射側の液晶分子の長軸に一致する．液晶のダイレクターの方向は，液晶セルに用いるガラス基板の表面に表面処理剤を塗布して擦ることにより制御できる．入射した光は液晶のダイレクターの方向の変化に伴い，その偏光方向が変化する．出射時には90°回転した偏光方向となり，偏光板を通過する．すなわち透過率の高い状態になる．

セルに透明電極を用いると液晶に電場を印加することができる．ある一定値以上の電圧 V_{th}（閾値電圧）を印加すると液晶分子は回転してダイレクターの方向が電場の方向に向く．これは液晶が異方性と流動性の両方を持つためである．入射光は偏光方向がそのままの状態で透過して，出射光側に置かれた偏光板を通らない．よって，透過率がほぼゼロの状態となる．V_{th} が比較的低い電圧（数 V 程度）であり，かつ，定常状態では電流がほとんど流れないことから，省電力のディスプレイに用いられるようになり今日に至っている．

液晶の長軸方向の誘電率を $\epsilon_\parallel$，短軸方向の誘電率を $\epsilon_\perp$ とする．液晶分子が図 **2.18** のようなコンデンサー（面積 S，電極間隔 d）を形成していると考えると，電圧 V が印加されたときのコンデンサーの静電エネルギーは，(a) 液晶分子が基板に平行に配向している場合（図 2.18(a)）と (b) 液晶分子が基板に垂直に配向している場合（図 2.18(b)）で異なる．前者を U_a，後者を U_b として記述すると

$$U_a = -\frac{\epsilon_\perp}{2}\frac{S}{d}V^2 \tag{2.117}$$

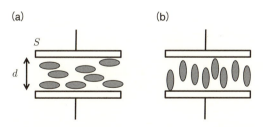

図 **2.18** 2枚の電極に挟まれた液晶がコンデンサーとして働く様子．(a) 水平配向の場合，(b) 垂直配向の場合．

$$U_{\mathrm{b}} = -\frac{\epsilon_\parallel}{2}\frac{S}{d}V^2 \tag{2.118}$$

となる．棒状分子では一般に $\epsilon_\parallel > \epsilon_\perp$ なので $U_{\mathrm{a}} > U_{\mathrm{b}}$ となり液晶分子が基板に垂直に配向している場合の方が安定となる．すなわち，平行に配向した液晶分子は電圧の印加により垂直に配向する．

基板に平行に配向している液晶が電場印加により基板に垂直に向く閾値電圧 V_{th} は，静電エネルギーと力学的な考察から，K を液晶が持つ弾性定数としたとき

$$V_{\mathrm{th}} = \frac{1}{\pi}\sqrt{\frac{K}{\epsilon_\parallel - \epsilon_\perp}} \tag{2.119}$$

となることが知られている[*5]．この式から，閾値電圧 V_{th} はセルの厚さに依存せず液晶の誘電率と弾性定数のみに依存することがわかる．よって，ディスプレイにおける閾値電圧 V_{th} はセルの厚さが厚くても数ボルト程度であり，低電圧で動作する．

さて，TN セル中を光がどのように伝搬するかをジョーンズマトリクスを使って考える．**図 2.19** のように液晶セルを厚さ方向に N 等分したモデルを考える．1 層目はダイレクターの方向は x 方向を向き，N 層目ではダイレクターの方向は y 方向を向いているモデルである．j 層目のダイレクターの方向は $\theta_j = \frac{\pi}{2}\frac{j-1}{N-1}$

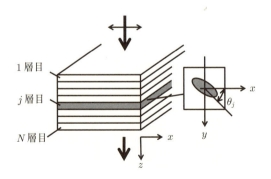

図 2.19 TN セルの偏光の計算のための光学配置．

[*5] 弾性定数 K はテンソルであるが，ここでは定性的な話にとどめるためスカラー量として扱う．

として $(\cos\theta_j, \sin\theta_j)$ である．j 層を移相子と考えると，そのジョーンズマトリクスは $\tilde{\mathbf{R}}_j\tilde{\mathbf{Q}}\tilde{\mathbf{R}}_j^{-1}$ と表される．ここで，$\tilde{\mathbf{R}}_j$ は回転行列であり，$\tilde{\mathbf{Q}}$ は位相差を与える行列である．それらは，

$$\tilde{\mathbf{R}}_j = \begin{pmatrix} \cos\theta_j & -\sin\theta_j \\ \sin\theta_j & \cos\theta_j \end{pmatrix} \tag{2.120}$$

$$\tilde{\mathbf{Q}} = \begin{pmatrix} \exp i\phi_1 & 0 \\ 0 & \exp i\phi_2 \end{pmatrix} \tag{2.121}$$

であり，$\tilde{\mathbf{R}}^{-1}(\theta_j) = \tilde{\mathbf{R}}(-\theta_j)$ の関係がある．また，λ_0 を真空中の光速，n_1, n_2 をそれぞれダイレクターの方向およびそれに垂直方向の屈折率とすると，$\phi_1 = 2\pi n_1/\lambda_0$, $\phi_2 = 2\pi n_2/\lambda_0$ である．

入射側の偏光板により 1 層目に入射される光電場は x 方向に偏光している．その振幅を E_0 とすると入射電場のジョーンズベクトル表記は $\boldsymbol{E}_0 = \begin{pmatrix} E_0 \\ 0 \end{pmatrix}$ となる．各層のジョーンズマトリクスを使って出射電場のジョーンズベクトル $\boldsymbol{E}_{N+1}$ は以下のように表される．

$$\boldsymbol{E}_{N+1} = (\tilde{\mathbf{R}}_N\tilde{\mathbf{Q}}\tilde{\mathbf{R}}_N^{-1})(\tilde{\mathbf{R}}_{N-1}\tilde{\mathbf{Q}}\tilde{\mathbf{R}}_{N-1}^{-1})\cdots(\tilde{\mathbf{R}}_2\tilde{\mathbf{Q}}\tilde{\mathbf{R}}_2^{-1})(\tilde{\mathbf{R}}_1\tilde{\mathbf{Q}}\tilde{\mathbf{R}}_1^{-1})\boldsymbol{E}_0 \tag{2.122}$$

このまま計算してもよいが，$\Delta\theta = \dfrac{\pi}{2}\dfrac{1}{N-1}$ とすれば

$$\Delta\tilde{\mathbf{R}} = \tilde{\mathbf{R}}_j\tilde{\mathbf{R}}_{j-1}^{-1} = \begin{pmatrix} \cos\Delta\theta & -\sin\Delta\theta \\ \sin\Delta\theta & \cos\Delta\theta \end{pmatrix} \tag{2.123}$$

となる関係を使えば，式 (2.122) は以下のように簡単になる．

$$\boldsymbol{E}_{N+1} = \tilde{\mathbf{R}}_N\tilde{\mathbf{Q}}(\Delta\tilde{\mathbf{R}})^{N-1}\boldsymbol{E}_0 \tag{2.124}$$

この式を使って偏光状態を計算した結果を**図 2.20**(a) に示す．液晶の屈折率として $n_1 = 1.7$, $n_2 = 1.5$ を用い，$d = 10\,\mu\mathrm{m}$, $N = 10$ とした．x 方向に偏光した波長 600 nm の入射光を入れた際の出射光の偏光状態が図示されている．

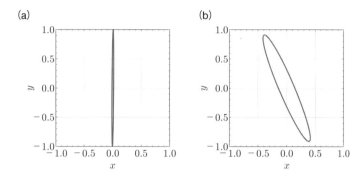

図 2.20 TN セルの偏光の計算の結果．(a) セル厚 10 μm のとき，(b) セル厚 2 μm のとき．

液晶の方向に合わせて偏光が変化して y 方向に偏光している様子がわかる．一方，$d = 2$ μm とした場合の計算結果を図 2.20(b) に示す．この場合，セルが薄すぎるため偏光が充分に回転していない．ここで述べたような TN セルが偏光を回転する素子として動作するためには，以下に示すモーガン条件を満たす必要がある．

$$4(n_1 - n_2)d \gg \lambda_0 \tag{2.125}$$

第3章

非線形光学効果

　第1章,第2章では線形の光学応答について記したが,本章では非線形光学効果について述べる.今日の光学素子では非線形光学効果が用いられているものがある.身近なところでは,光高調波発生を利用した緑のレーザーポインタなどである.将来的には,光の高速性を活かした演算素子や光メモリなどが使われる日がくるかもしれない.本章では非線形光学効果を研究したり利用したりするときに必要な基礎知識を学ぶ.

3.1 非線形光学効果

　物質に光が入射した際に生じる分極は光学応答の源である.巨視的な光電場を $\boldsymbol{E}$,誘起される分極を $\boldsymbol{P}$ とすると,それらは一般に以下のような線形の関係で表される.

$$\boldsymbol{P} = \epsilon_0 \tilde{\chi}^{(1)} \boldsymbol{E} \tag{3.1}$$

ここで,$\tilde{\chi}^{(1)}$ は電気感受率である.$\boldsymbol{P}$ と $\boldsymbol{E}$ は共にベクトル量であるため,$\tilde{\chi}^{(1)}$ は2階のテンソル量である.しかし,入射光の強度が強くなると分極応答は線形関係からはずれて非線形関係になる.この関係は以下のようにべき乗に展開できる.

$$\boldsymbol{P} = \epsilon_0 \tilde{\chi}^{(1)} \boldsymbol{E} + \epsilon_0 \tilde{\chi}^{(2)} \boldsymbol{E}\boldsymbol{E} + \epsilon_0 \tilde{\chi}^{(3)} \boldsymbol{E}\boldsymbol{E}\boldsymbol{E} + \cdots \tag{3.2}$$

$\tilde{\chi}^{(n)}$ を n 次の電気感受率といい ($n = 1, 2, 3 \cdots$),$(n+1)$ 階のテンソルである[*1].

　この関係は,分子や原子の微視的な分極(双極子モーメント)に対しても同様である.その分極率を $\tilde{\alpha}$ とする.分子や原子の双極子モーメント $\boldsymbol{p}$ は,光の入射により生じる局所的な電場(局所場)$\boldsymbol{E}_{\mathrm{loc}}$ を使って

[*1] $\tilde{\chi}^{(2)}$ と $\boldsymbol{E}$ はテンソルの演算である.よって,$\tilde{\chi}^{(2)}\boldsymbol{E}^2$ とは書かずに $\tilde{\chi}^{(2)}\boldsymbol{E}\boldsymbol{E}$ と記している.文献によってはコロンを使って $\tilde{\chi}^{(2)}{:}\boldsymbol{E}\boldsymbol{E}$ と記すこともある.

94　第3章　非線形光学効果

$$\boldsymbol{p} = \tilde{\alpha}^{(1)} \boldsymbol{E}_{\mathrm{loc}} \tag{3.3}$$

のように表されるが，光が強いときには

$$\boldsymbol{p} = \tilde{\alpha}^{(1)} \boldsymbol{E}_{\mathrm{loc}} + \tilde{\alpha}^{(2)} \boldsymbol{E}_{\mathrm{loc}} \boldsymbol{E}_{\mathrm{loc}} + \tilde{\alpha} \boldsymbol{E}_{\mathrm{loc}} \boldsymbol{E}_{\mathrm{loc}} \boldsymbol{E}_{\mathrm{loc}} + \cdots \tag{3.4}$$

となる．

巨視的な光電場と局所場の間は局所場因子 $\tilde{\boldsymbol{L}}$ で結ばれ

$$\boldsymbol{E}_{\mathrm{loc}} = \tilde{\boldsymbol{L}} \boldsymbol{E} \tag{3.5}$$

と記述される．$\tilde{\boldsymbol{L}}$ はテンソル量である．すると

$$\boldsymbol{p} = \tilde{\alpha}^{(1)} \tilde{\boldsymbol{L}} \boldsymbol{E} + \tilde{\alpha}^{(2)} (\tilde{\boldsymbol{L}} \boldsymbol{E})(\tilde{\boldsymbol{L}} \boldsymbol{E}) + \tilde{\alpha}^{(3)} (\tilde{\boldsymbol{L}} \boldsymbol{E})(\tilde{\boldsymbol{L}} \boldsymbol{E})(\tilde{\boldsymbol{L}} \boldsymbol{E}) + \cdots \tag{3.6}$$

となる．

式 (3.2) の2次以降の非線形項に起因する光学効果を非線形光学効果という．以下，2次と3次の非線形光学効果について述べる．

3.2　2次の非線形光学効果

式 (3.2) より2次の非線形分極 $\boldsymbol{P}^{(2)}$ は

$$\boldsymbol{P}^{(2)} = \epsilon_0 \tilde{\chi}^{(2)} \boldsymbol{E} \boldsymbol{E} \tag{3.7}$$

となる．簡単のため，電場と非線形分極が同じ方向に生じる場合を考える．この場合，電場，非線形分極，非線形感受率をスカラー量として考えることができる．それらを $E, P^{(2)}, \chi^{(2)}$ とすると式 (3.7) は

$$P^{(2)} = \epsilon_0 \chi^{(2)} E^2 \tag{3.8}$$

となる．また，式 (3.1) で表した線形分極 $P^{(1)}$ も同様に以下のよう表される．

$$P^{(1)} = \epsilon_0 \chi^{(1)} E \tag{3.9}$$

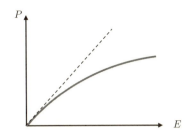

図 3.1 入射光電場と非線形分極の関係.

一般に，$\chi^{(2)}$ の符号は負であるため，1 次と 2 次の分極の和 P は図 3.1 のようになり，E を大きくしても P は飽和するような非線形関係が得られる.

　2 次の非線形光学効果の特徴に，反転対称性がある系では起こらないことがある[*2]．すなわち，反転対称性のある物質は非線形感受率 $\chi^{(2)} = 0$ である．反転対称性とは，180 度回転した際に同一となることである．図 3.2 の (a), (b) は反転対称性を持たないが，(c) と (d) は反転対称性を有する系である．たとえば，気体や液体，高分子や金属などは反転対称性を持つため 2 次の非線形光学効果が起こらない[*3]．一方で，固体結晶や高い電場をかけて分極処理を行った色素分散高分子薄膜などでは，反転対称性が崩れて 2 次の非線形光学効果を示し，非線形光学材料として用いられるようになる.

　反転対称性を持つ系では，2 次の非線形光学効果が起こらない理由を簡単に示す．2 次の非線形分極は式 (3.8) で表される．ここに反転操作をすると P, E, $\chi^{(2)}$ の符号が変わる．すなわち

$$(-P) = \epsilon_0(-\chi^{(2)})(-E)^2 = -\epsilon_0\chi^{(2)}E^2 \tag{3.10}$$

となる．反転中心を持つ場合には $-\chi^{(2)}$ を $\chi^{(2)}$ に置き換えても同じ結果が得られる．よって，

[*2] 2 次だけでなく偶数次の非線形光学効果は反転対称性のある系では起こらない.

[*3] 今回のように電気双極子考えた場合には反転対称性を有する系では $\chi^{(2)} = 0$ となる．しかし，多重極子を考えると反転対称性がある系でも 2 次の非線形光学効果が生じる．一般に多重極子からの非線形光学効果は弱く，非線形光学材料としてそれを利用することは難しい．また，本書の範囲を超えるのでここでは記さない.

96　第 3 章　非線形光学効果

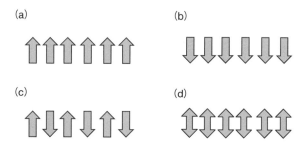

図 3.2　(a) 反転対称性なし，(b) 反転対称性なし，(c) 反転対称性あり，(d) 反転対称性あり．

$$(-P) = \epsilon_0(\chi^{(2)})(-E)^2 = \epsilon_0\chi^{(2)}E^2 \tag{3.11}$$

となる．式 (3.10) と式 (3.11) を比べると，両者を同時に満たすのは $\chi^{(2)} = 0$ のときである．よって，反転対象性を持つ系では 2 次の非線形光学効果は起こらない．

　2 次の非線形光学効果にはいくつかの種類がある．最もよく使われている非線形光学効果に，物質に光を入射することによって 2 倍の周波数の光が生じる光第 2 高調波発生 (SHG: second-harmonic generation) がある．SHG はレーザーの波長変換に用いられ，応用上も重要な光学効果である．また，物質に光を入射することによって，時間的に変化しない電場 (直流電場) が生じる現状を光整流という．光整流の応用例は少ないが，テラヘルツ波の発生などに用いられている．これらを式に示すと以下のようになる．角周波数 ω を持つ光電場を $E = E_0\cos(\omega t)$ とする．これにより生じる 2 次の非線形分極 $P^{(2)}$ は

$$P^{(2)} = \epsilon_0\chi^{(2)}E_0^2\cos^2(\omega t) = (\epsilon_0\chi^{(2)}E_0^2)\frac{1-\cos 2\omega t}{2} \tag{3.12}$$

となる．2ω の周波数を持つ時間に依存する成分と時間に依存しない直流成分の両方が現れることがわかる．また，非線形分極の大きさは電場の 2 乗に比例するため，SHG は入射光の電場の強さの 2 乗に比例する．すなわち，入射光強度が 2 倍になると，SHG の強度は 4 倍になるので，高い強度のレーザー光を使う方が有利である．非線形光学効果の実験でパルスレーザーを用いるのは，平

均的なパワーは小さくても瞬間的に大きなレーザー光強度が得られるためである．このことは 3 次の非線形光学効果ではさらに顕著である．

2 次の非線形光学効果の一種にポッケルス効果がある．ポッケルス効果は電場の印加により屈折率が変化する現象であり，光スイッチング等に用いられる．電場の印加により屈折率が変化する現象にはカー効果もあるが，カー効果は 3 次の非線形光学効果である．

さて，式 (1.6) と式 (1.56) より等方性媒質における線形の電気感受率 $\chi^{(1)}$ と屈折率 n の間には以下のような関係がある．

$$n^2 = 1 + \chi^{(1)} \tag{3.13}$$

これは，電場 $\boldsymbol{E}$ と電束密度 $\boldsymbol{D}$ の間の関係

$$\boldsymbol{D} = \tilde{\epsilon}\boldsymbol{E} = \epsilon_0 \boldsymbol{E} + \boldsymbol{P} \tag{3.14}$$

と式 (3.1) の関係から得られる．次に，2 次の非線形分極が，角周波数 ω を持つ光電場 $E(\omega)$ と直流電界 $E(0)$ から生じる場合を考える．分極 P は線形分極 $P^{(1)}$ と 2 次の非線形分極 $P^{(2)}$ の和として表せるので

$$P = P^{(1)} + P^{(2)} = \epsilon_0 \chi^{(1)} E(\omega) + \epsilon_0 \chi^{(2)} E(\omega) E(0) \tag{3.15}$$

となる．電場を印加しないときの屈折率を n_0，電場を印加した際の屈折率変化を Δn として，$n = n_0 + \Delta n$ を式 (3.13) と式 (3.15) に代入して整理すると

$$n = n_0 + \Delta n = n_0 + \frac{\chi^{(2)} E(0)}{2n_0} \tag{3.16}$$

が得られる．すなわち，印加した直流電場 $E(0)$ に比例して屈折率が変化する．この関係を使えば電場の印加により屈折率が変化する現象が起こる．屈折率の変化量は小さいが，光学配置を工夫することにより光スイッチング等に用いることができる．

3.3　3 次の非線形光学効果

2 次の非線形光学効果と異なり，3 次の非線形光学効果は反転中心を持つ物質でも生じる．すなわち，原理的にはすべての物質で 3 次の非線形光学効果が起

こる*4. 非線形光学効果には様々な種類がある. まず, 3倍の周波数の光が生じる光第3高調波発生 (THG: Third-harmonic generation) について述べる.

光電場を $E = E_0 \cos(\omega t)$ としたとき, これにより生じる3次の非線形分極 $P^{(3)}$ は

$$P^{(3)} = \epsilon_0 \chi^{(3)} E_0^3 \cos^3(\omega t) = (\epsilon_0 \chi^{(3)} E_0^3) \frac{\cos 3\omega t + 3\cos \omega t}{4} \quad (3.17)$$

となり, 周波数 3ω の成分と周波数 ω の成分が生じることがわかる. 前者から THG が生じ, 後者から光カー効果が起こる.

SHG と異なり, THG はレーザーの波長変換に用いられることはほとんどない. これは, 3倍波への変換効率効率が非常に低いためである. 3倍波を得るためには, 2次の非線形光学結晶を用いて SHG により2倍波を発生し, その2倍波と基本波の和周波発生を行うのが一般的である.

2次の非線形光学効果の一種であるポッケルス効果と同様に, 電場による屈折率変化が起こる現象にカー効果がある. カー効果には2種類あり, 静電場を印加することにより生じるカー効果と, 光電場により生じる光カー効果がある.

ポッケルス効果と同様に3次の非線形分極が, 角周波数 ω を持つ光電場 $E(\omega)$ と, 直流電界 $E(0)$ から生じる場合を考える. 分極 P は線形分極 $P^{(1)}$ と3次の非線形分極 $P^{(3)}$ の和として表せるので

$$P = P^{(1)} + P^{(3)} = \epsilon_0 \chi^{(1)} E(\omega) + \epsilon_0 \chi^{(3)} E(\omega) E^2(0) \quad (3.18)$$

となる. 電場を印加しないときの屈折率を n_0, 電場を印加した際の屈折率変化を Δn として $n = n_0 + \Delta n$ を式 (3.17) と式 (3.18) に代入して整理すると

$$n = n_0 + \Delta n = n_0 + \frac{\chi^{(3)}(E(0))^2}{2n_0} \quad (3.19)$$

となる. すなわち, 印加した直流電場 $E(0)$ の2乗に比例して屈折率が変化する. この現象は, カーシャッターと呼ばれる電場による光のオンとオフを高速に制御する光学素子に利用されている.

---

*4 空気からも3次の非線形光学効果が生じるため, 試料を真空中に置く場合もある.

3.4 非線形分極

1.6 節では線形分極の微視的な描像について解説したが，ここでは，非線形分極の微視的な描像について考える．質量 M の原子核と質量が m で電荷が q の電子がバネ定数 k のバネでつながれており，$M \gg m$ なので原子核は動かないモデルを考える．減衰定数 γ および非線形項として変位 x の 2 乗に比例する力 ξx^2 を取り入れる．ξ は定数である．この原子のモデルに外部より光電場 $E = E_0 \exp(i\omega t)$ が印加された状況を考える．電子に働く力の運動方程式は式 (3.20) となる．

$$m\frac{d^2x}{dt^2} = -kx - m\gamma\frac{dx}{dt} + qE - \xi x^2 \tag{3.20}$$

バネ定数 k をバネの固有振動数 $\omega_0 = \sqrt{k/m}$ で書き直すと式 (3.20) は以下のようになる．

$$m\frac{d^2x}{dt^2} = -m\omega_0^2 x - m\gamma\frac{dx}{dt} + qE - \xi x^2 \tag{3.21}$$

電場 E は $E = E_0 \exp(i\omega t)$ とする．位置 x の振動は ω の自然数倍の周波数成分を持つと考えられるので $\exp(-in\omega t)$ で式 (3.22) のように展開する．$n = 1, 2, 3 \cdots$ である．

$$x = x_1 \exp(-i\omega t) + x_2 \exp(-2i\omega t) + x_3 \exp(-3i\omega t) + \cdots \tag{3.22}$$

と記述できる．x_n は，周波数 $n\omega$ 成分の振幅である．式 (3.21) に式 (3.22) を代入して整理すると以下のようになる．

$$x_1 = \frac{qE}{m(\omega_0^2 - \omega^2 - i\gamma\omega)} \tag{3.23}$$

$$x_2 = \frac{\xi}{m}\frac{1}{4\omega^2 - \omega_0^2 + 2i\omega\gamma} x_1^2 = \frac{\xi}{m}\left(\frac{qE}{m}\right)^2 \frac{1}{(4\omega^2 - \omega_0^2 + 2i\gamma\omega)(\omega_0^2 - \omega^2 - i\gamma\omega)^2} \tag{3.24}$$

これより 2 次の双極子モーメント $p^{(2)}$ は以下のようになる．

100　第3章　非線形光学効果

$$p^{(2)} = x_2 q = \frac{\xi}{m}\left(\frac{qE}{m}\right)^2 \frac{q}{(4\omega^2 - \omega_0^2 + 2i\gamma\omega)(\omega_0^2 - \omega^2 - i\gamma\omega)} \quad (3.25)$$

単位体積あたりの双極子数を N とすると2次の非線形分極 $P^{(2)}$ は以下のように記述できる．

$$P^{(2)} = \frac{\xi}{m}\left(\frac{qE}{m}\right)^2 \frac{Nq}{(4\omega^2 - \omega_0^2 + 2i\gamma\omega)(\omega_0^2 - \omega^2 - i\gamma\omega)} \quad (3.26)$$

これより，2次の非線形感受率 $\chi^{(2)}$ は

$$\chi^{(2)} = \frac{N\xi q^3}{\epsilon_0 m^3} \frac{1}{(4\omega^2 - \omega_0^2 + 2i\gamma\omega)(\omega_0^2 - \omega^2 - i\gamma\omega)} \quad (3.27)$$

となる．周波数 ω の線形感受率 $\chi^{(1)}(\omega)$，周波数 2ω の線形感受率 $\chi^{(1)}(2\omega)$ はそれぞれ

$$\chi^{(1)}(\omega) = \frac{Nq^2}{m(\omega_0^2 - \omega^2 - i\gamma\omega)} \quad (3.28)$$

$$\chi^{(1)}(2\omega) = \frac{Nq^2}{m(\omega_0^2 - 4\omega^2 - 2i\gamma\omega)} \quad (3.29)$$

と記述できるので，これを使って2次の非線形感受率 $\chi^{(2)}$ を記述すると

$$\chi^{(2)} = -\frac{\epsilon_0^2 \xi}{N^2 q^3}(\chi^{(1)}(\omega))^2 \chi^{(1)}(2\omega) \quad (3.30)$$

となる．$\chi^{(2)}$ が $\chi^{(1)}$ と関係していることを示している．

3.5　光高調波発生

非線形光学効果の中で光高調波発生はレーザーの波長変換などに用いられている．ここでは，2次の非線形光学効果を例に光第2高調波発生 (SHG: second-harmonic generation) について考える．

3.5.1　光高調波発生の表記

SHGでは，二つの入射光の電場 $\boldsymbol{E}$ の角周波数 ω は等しい．$\boldsymbol{E}$ の j や k 方向成分を E_j, E_k (j, k は x, y または z) として，入射光の角周波数を ω，時間を t とするとこれらを時間依存性を含めて表すと以下のようになる．

$$E_j = E_{j0}\cos\omega t \tag{3.31}$$
$$E_k = E_{k0}\cos\omega t \tag{3.32}$$

ここで，E_{j0} と E_{k0} はそれぞれ E_j, E_k の振幅である．一方，光高調波は入射光（以下基本波と呼ぶ）の 2 倍の角周波数 2ω の周波数成分を持つ 2 次の非線形分極 $\boldsymbol{P}^{(2)}$ より発生する．以下，SHG の角周波数は $\Omega\ (=2\omega)$ を使って表す．$\boldsymbol{P}^{(2)}$ の i 方向成分 P_i（i は x, y, または z）は，式 (3.8) から以下のように記述される．

$$P_i(2\omega) = \frac{1}{2}\epsilon_0 \sum_{j,k} \chi_{ijk} E_j E_k = \epsilon_0 \sum_{j,k} d_{ijk} E_j E_k \tag{3.33}$$

となる．ここで，d_{ijk} はdテンソルと呼ばれ，$\frac{1}{2}\chi_{ijk} = d_{ijk}$ の関係がある．工学の分野では，dテンソルを使う場合が多い．式 (3.33) を行列の形で書くと以下のようになる．

$$\begin{pmatrix} P_x \\ P_y \\ P_z \end{pmatrix} = \frac{1}{2}\epsilon_0 \begin{pmatrix} \chi_{xxx} & \chi_{xyy} & \chi_{xzz} & \chi_{xyz} & \chi_{xzx} & \chi_{xxy} \\ \chi_{yxx} & \chi_{yyy} & \chi_{yzz} & \chi_{yyz} & \chi_{yzx} & \chi_{yxy} \\ \chi_{zxx} & \chi_{zyy} & \chi_{zzz} & \chi_{zyz} & \chi_{zzx} & \chi_{zxy} \end{pmatrix} \begin{pmatrix} E_x^2 \\ E_y^2 \\ E_z^2 \\ 2E_y E_z \\ 2E_z E_x \\ 2E_x E_y \end{pmatrix} \tag{3.34}$$

$2E_y E_z$ のように係数 2 がつくのは，電場の順番を入れ替えた $E_y E_z$ と $E_z E_y$ が等しいことによる．そのため，27 個の非線形感受率成分は 18 個で記述できる．x, y, z を使って記述するのは煩雑なので，分極側は $x \to 1, y \to 2, z \to 3$，電場や感受率の側は，$xx \to 1, yy \to 2, zz \to 3, yz \to 4, zx \to 5, xy \to 6$ と書き換えることが多く，この場合，式 (3.34) はdテンソルで表記して以下のようになる[*5]．

[*5] 媒質や結晶の対称性によって，χ 成分のうちいくつかが 0 となったり，χ 成分の間に関係があったりするので，独立な χ 成分は 18 個より少なくなる．どのような対称性と χ テンソルやdテンソルの形については，非線形光学効果または結晶光学の教科書を参照．

$$\begin{pmatrix} P_1 \\ P_2 \\ P_3 \end{pmatrix} = \epsilon_0 \begin{pmatrix} d_{11} & d_{12} & d_{13} & d_{14} & d_{15} & d_{16} \\ d_{21} & d_{22} & d_{23} & d_{24} & d_{25} & d_{26} \\ d_{31} & d_{32} & d_{33} & d_{34} & d_{35} & d_{36} \end{pmatrix} \begin{pmatrix} E_1^2 \\ E_2^2 \\ E_3^2 \\ 2E_2 E_3 \\ 2E_3 E_1 \\ 2E_1 E_2 \end{pmatrix} \quad (3.35)$$

3.5.2 光高調波の伝搬

SHG を使って実用的なレーザーの波長変換を行うためには位相整合が必要となる．非線形光学媒質の厚さを厚くしても，媒質中で SHG 光と基本光の屈折率が異なるため，SHG の波長が基本光の波長のちょうど2倍にはならない．つまり，両者の位相が合わないため，干渉により強め合ったり弱め合ったりして強くならないためである．ここでは，非線形媒質中での波長変換の様子を記述し，非線形光学媒質の厚さと SHG の強度がどのような関係にあるかを考える．

分極を含むマックスウェル方程式は

$$\nabla \times \boldsymbol{H} = \epsilon_0 \frac{\partial}{\partial t} \boldsymbol{E} + \mu_0 \frac{\partial}{\partial t} \boldsymbol{P} \quad (3.36)$$

と記述される．非線形媒質中では，分極 $\boldsymbol{P}$ を線形分極 $\boldsymbol{P}^{\mathrm{L}}$ と非線形分極 $\boldsymbol{P}^{\mathrm{NL}}$ に分けて，線形分極を誘電率 ϵ の中に含めると式 (3.36) は

$$\nabla^2 \boldsymbol{E} = \epsilon \mu_0 \frac{\partial^2}{\partial t^2} \boldsymbol{E} + \mu_0 \frac{\partial^2}{\partial t^2} \boldsymbol{P}^{\mathrm{NL}} \quad (3.37)$$

となる．図 **3.3** のように厚さ l の非線形媒質に左から基本波を入射して SHG が発生する場合を考える．簡単のため z 方向に伝搬する基本波と SHG のみを考え，考慮する偏光方向（電場の方向）と分極の方向は同じ方向とする．よって，電場や分極はスカラー量で記述する．電場や分極の右肩の添え字は角周波数を表し，基本光の角周波数を ω，SHG 光の角周波数を Ω とする．基本光電場は

$$E^\omega = E_0^\omega \exp(i(k^\omega z - \omega t)) \quad (3.38)$$

と記述され，SHG の電場 E^Ω も同様に

図 3.3 SHG の計算に用いる光学配置.

$$E^{\Omega} = E_0^{\Omega} \exp(i(k^{\Omega} z - \Omega t)) \tag{3.39}$$

となる．非線形媒質中では基本波による SHG 過程 $(\omega + \omega \to \Omega)$ に加えて，SHG と基本波による差周波発生過程 $(\Omega - \omega \to \omega)$ が生じている．これらの非線形分極はそれぞれ

$$P^{\Omega} = \epsilon_0 \chi^{(2)} (E^{\omega})^2 = \frac{1}{2} \epsilon_0 \chi^{(2)} (E_0^{\omega})^2 \exp(i(2k^{\omega} z - \Omega t)) \tag{3.40}$$

$$P^{\omega} = \epsilon_0 \chi^{(2)} E_0^{\omega} E_0^{\Omega} \exp(i(k^{\Omega} - 2k^{\omega})z - \omega t)) \tag{3.41}$$

となる．式 (3.37) に式 (3.40) または式 (3.41) を代入して整理する．ここでは，z 方向に伝搬する光のみを考えるので ∇ は $\frac{\partial}{\partial z}$ に置き換える．角周波数 Ω の成分は以下のようになる．

$$\frac{\partial^2}{\partial z^2} E_0^{\Omega} e^{i(k^{\Omega} z - \Omega t)}$$
$$= \mu_0 \epsilon^{\Omega} \frac{\partial^2}{\partial t^2} \left(E_0^{\Omega} e^{i(k^{\Omega} z - \Omega t)} \right) + \mu_0 \frac{\partial^2}{\partial t^2} \left(\frac{1}{2} \epsilon_0 \chi^{(2)} (E_0^{\omega})^2 e^{i(2k^{\omega} z - \Omega t)} \right) \tag{3.42}$$

式 (3.42) の左辺を計算すると以下のようになる．

$$\frac{\partial^2}{\partial z^2} E_0^{\Omega} e^{i(k^{\Omega} z - \Omega t)}$$
$$= \frac{\partial}{\partial z} \left(\left(\frac{\partial}{\partial z} E_0^{\Omega} \right) e^{i(k^{\Omega} z - \Omega t)} + i k^{\Omega} E_0^{\Omega} e^{i(k^{\Omega} z - \Omega t)} \right)$$
$$= \left(\frac{\partial^2}{\partial z^2} E_0^{\Omega} + 2 i k^{\Omega} \frac{\partial}{\partial z} E_0^{\Omega} - (k^{\Omega})^2 E_0^{\Omega} \right) e^{i(k^{\Omega} z - \Omega t)}$$
$$\sim \left(2 i k^{\Omega} \frac{\partial}{\partial z} E_0^{\Omega} - (k^{\Omega})^2 E_0 \Omega \right) e^{i(k^{\Omega} z - \Omega t)} \tag{3.43}$$

ここで，SHG への変換効率はとても低いので，E^Ω の変化は小さいと見なすことができる．すなわち，

$$\left|\frac{\partial^2}{\partial z^2}E_0^\Omega\right| \ll \left|k^\Omega\frac{\partial}{\partial z}E_0^\Omega\right| \tag{3.44}$$

なので

$$\frac{\partial^2}{\partial z^2}E_0^\Omega \sim 0 \tag{3.45}$$

である．このとき，式 (3.42) の右辺は

$$-\epsilon^\Omega\mu_0\Omega^2 E_0^\Omega e^{i(k^\Omega z-\Omega t)} - \frac{1}{2}\epsilon_0\mu_0\Omega^2\chi^{(2)}(E_0^\omega)^2 e^{i(2k^\omega z-\Omega t)} \tag{3.46}$$

となる．$\epsilon^\Omega\mu_0\Omega^2 = (k^\Omega)^2$ の関係を使って式 (3.42) をまとめると

$$\frac{\partial}{\partial z}E_0^\Omega = \frac{ik_0\Omega}{4n^\omega}(E_0^\omega)^2\chi^{(2)}e^{i((2k^\omega - k^\Omega)z-\Omega t)} \tag{3.47}$$

となる．

SHG への変換効率が高くない場合には E_0^ω は一定と見なせるので，式 (3.47) は解けて以下のようになる．

$$E_0^\Omega = \int_0^l \frac{2\omega^2}{c^2 k^\Omega}i\chi^{(2)}(E^\omega)^2 e^{i((2k^\omega-k^\Omega)z-\omega t)}dz = \frac{\omega}{cn^\Omega}\frac{e^{i\Delta kl}}{\Delta k}\chi^{(2)}(E^\omega)^2 \tag{3.48}$$

ここで，$\Delta k = 2k^\omega - k^\Omega$ である．よって，強度 I は

$$I = \frac{1}{2}\epsilon_0 cn^\omega (E^\omega)^2 = \frac{\omega^2(\chi^{(2)})^2}{\epsilon_0 c^3 n^\Omega (n^\omega)^2}\frac{\sin^2\left(\frac{\Delta kl}{2}\right)}{\frac{\Delta kl}{2}} \tag{3.49}$$

と表される．式 (3.49) から $\Delta k \neq 0$ のときには，図 **3.4** に示すように SHG 光の強度は l に対して振動して大きくならない．一つ目の最大値を与える l をコヒーレンス長 l_c と呼び

$$l_c = \frac{\pi}{\Delta k} \tag{3.50}$$

である．l_c は通常，数 μm 程度であり，Δk が小さいほど長くなる．すなわち，基本波の波長と SHG の波長の屈折率差が小さいほど長くなる．透明な媒質で

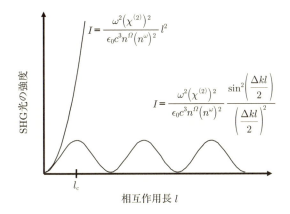

図 3.4 相互作用長と SHG 光強度.

は，屈折率の波長分散が小さいため l_c は長くなり，吸収がある場合には屈折率の波長分散が大きくなるため l_c は短い．

一方，$\Delta k = 0$ のときには，式 (3.49) は

$$I = \frac{\omega^2 (\chi^{(2)})^2}{\epsilon_0 c^3 n^{\Omega} (n^{\omega})^2} l^2 \tag{3.51}$$

となり l の 2 乗に比例して SHG 強度が大きくなることがわかる．この状態を位相整合と呼び，SHG をレーザーの波長変換に用いるためにはこの条件を満たす必要がある．位相整合は基本波の波数と SHG の波数が等しいことが必要である．言い換えると，基本波の波長と SHG の波長における実効的な屈折率が等しいことが必要である．媒質は波長分散を持つため，波長が異なれば屈折率も異なるため，通常はこの条件を満たすことはできない．しかし，工夫を施すことにより実効的に両者を一致させることができる．これを，位相整合 (phase matching) という．次節ではこの方法について紹介する．

3.5.3 位相整合

角度位相整合

図 **3.5** に示すように，等方性媒質(液体や気体，ガラスなど)透明な場合でも媒

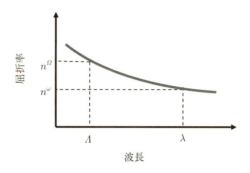

図 3.5 等方性媒質の波長分散.

質の屈折率は波長によりわずかに変化する．そのため，基本光の波長 λ と SHG 光の波長 Λ では，それぞれの屈折率 n^ω と n^Ω は異なるので，位相整合を達成することはできない．

一方，媒質に異方性がある場合には，一定の条件のもとで位相整合が達成できる．1 軸性結晶を例にする．**図 3.6**(a) に正の 1 軸性結晶 ($n_\mathrm{e} > n_\mathrm{o}$)，図 3.6(b) に負の 1 軸性結晶 ($n_\mathrm{e} < n_\mathrm{o}$) の屈折率の波長依存性を示した．第 2 章，2.1 節で述べたように，z 軸方向に対して θ の角度で進む光を入れた場合，異常光屈折率 $n_\mathrm{e}(\theta)$ は結晶への入射角 θ により変わり，n_e から n_o の間の値をとる．正の 1 軸性結晶では，$n_\mathrm{o}^\Omega < n_\mathrm{e}^\omega$ ならば，適切な入射角 θ_pm（位相整合角）で，

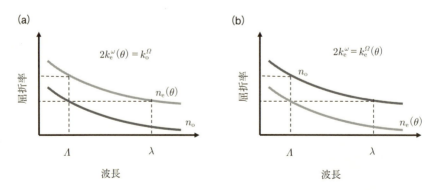

図 3.6 1 軸性媒質の波長分散．(a) 正の 1 軸結晶，(b) 負の 1 軸結晶．

$n_\text{o}^\Omega = n_\text{e}^\omega(\theta_\text{pm})$ が達成でき，異常光を基本光として SHG 光を常光とした位相整合を達成できる．このときの波数は以下の関係を持つ．

$$2k_\text{e}^\omega(\theta_\text{pm}) = k_\text{o}^\Omega \tag{3.52}$$

負の 1 軸性結晶でも同様に，$n_\text{e}^\Omega < n_\text{o}^\omega$ ならば，適切な入射角 θ_pm（位相整合角）で $n_\text{e}^\Omega(\theta_\text{pm}) = n_\text{o}^\omega$ となり，常光を基本光として SHG 光を異常光とした位相整合を達成できる．このときの波数は以下の関係を持つ．

$$2k_\text{o}^\omega = k_\text{e}^\Omega(\theta_\text{pm}) \tag{3.53}$$

これらの位相整合をタイプ I の角度位相整合という．常光と異常光に対する屈折率差を利用していることからわかるように，基本光と SHG 光の偏光が異なる必要がある．よって，一般に大きな非線形感受率成分の中で大きい値を持つ対角成分（$\chi_{zzz}^{(2)}$ など）を使うことはできない．

位相整合角 θ_pm を求めるため，図 **3.7**(a) の光学配置としたときの入射角 θ の関数として正の 1 軸結晶の常光屈折率 n_o と異常光屈折率 $n_\text{e}(\theta)$ を図 3.7(b) に極プロットした．実線が基本光の屈折率であり破線が SHG 光の屈折率である．中心からの距離が屈折率を示している．横軸と縦軸をそれぞれ x, z とすると $n_\text{e}(\theta)$ と n_o はそれぞれの周波数で

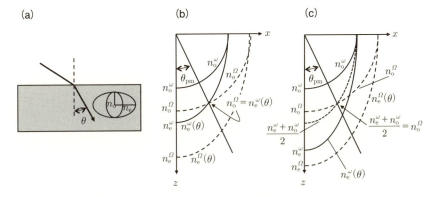

図 **3.7** (a) 非線形媒質への光の入射と位相整合角，(b) タイプ I，(c) タイプ II．

$$x^2 + z^2 = n_o^2 \tag{3.54}$$

$$\frac{x^2}{n_o^2} + \frac{z^2}{n_e^2(\theta)} = 1 \tag{3.55}$$

となっており

$$\tan\theta = \frac{z}{x} \tag{3.56}$$

である.常光屈折率は入射角により変わらないため,半径 n_o の円となるのに対して,異常光屈折率は n_o を短軸に持ち,n_e を長軸とする楕円になる.基本波の異常光屈折率 $n_e^\omega(\theta)$ と SHG 光の常光屈折率 n_o^Ω が交点を持ち,この角度で光を入射した際に位相整合が達成できる.位相整合角 θ_pm は以下の式で表される.

$$\theta_\mathrm{pm} = \frac{(n_o^\Omega)^{-2} - (n_e^\omega)^{-2}}{(n_o^\omega)^{-2} - (n_e^\omega)^{-2}} \tag{3.57}$$

SHG の場合には,n_o^ω と n_e^ω の平均が n_o^Ω の平均を上回る場合には,もう一つの位相整合角が生じる可能性がある.この様子を波長に対する屈折率の関係として図 3.8 に示した.位相整合条件は

$$\frac{n_e^\omega(\theta_\mathrm{pm}) + n_o^\omega}{2} = n_o^\Omega \tag{3.58}$$

であり,波数の関係は

$$k_e^\omega(\theta_\mathrm{pm}) + k_o^\omega = k_o^\Omega \tag{3.59}$$

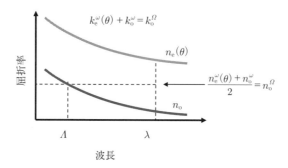

図 3.8 タイプ II の位相整合における波長に対する屈折率の関係.

3.5 光高調波発生　109

となる．すなわち，基本光の常光と異常光から常光の SHG 光が発生する過程で位相整合が取れる可能性がある．これをタイプ II の位相整合と呼ぶ．

タイプ I と同様にタイプ II 位相整合角 θ_{pm} を求めるため，図 3.7(c) に入射角 θ の関数として正の 1 軸結晶の常光屈折率 n_{o} と異常光屈折率 $n_{\mathrm{e}}(\theta)$ をそれぞれ極プロットした．破線で示したのが，$(n_{\mathrm{o}}^{\omega} + n_{\mathrm{e}}^{\omega}(\theta))/2$ である．この曲線と n_{o}^{Ω} の交点が位相整合角 θ_{pm} となっている．別の角度でタイプ I の位相整合も取れているが，その位相整合角度は大きい．すなわち，結晶をより斜めにして光を入射しなければならず，後に述べるウォークオフ角が大きくなる．

角度位相整合の特徴をまとめると以下のようになる．

- 非線形感受率の対角成分が利用できない．

- 位相整合条件を決める要素には入射角以外も温度による複屈折の変化がある．たとえば，結晶によっては高温でないと位相整合が達成できない場合もある．これを温度位相整合という．

- 一般に複屈折を示す結晶では，波面が進む方向と光エネルギーが進む方向が異なる．そのため，基本光と SHG 光のエネルギーが進む方向が異なり，それらが相互作用する空間的な領域が限られる場合がある．この差をウォークオフ角という．小さい入射角で位相整合をとったり，ビーム幅を広くしたりすることでウォークオフ角による影響を回避することができる．

3.5.4 疑似位相整合

図 3.9 に非線形媒質の厚さ l と SHG 光の強度の関係を示した．$l < l_{\mathrm{c}}$ では非線形媒質の厚さに対して SHG 光の強度は単調増加しているが，l が l_{c} を越えると下がりはじめる．これは，l_{c} を超えると SHG 光の位相が逆転することによる．よって，$l_{\mathrm{c}} < l < 2l_{\mathrm{c}}$ において非線形感受率の符号を逆転すれば，SHG 強度は l が l_{c} を越えても強くなる．これを繰り返すことにより位相を整合することを疑似位相整合 (QPM: quasi-phase matching) という．疑似位相整合には以下のような特徴がある．

110　第3章　非線形光学効果

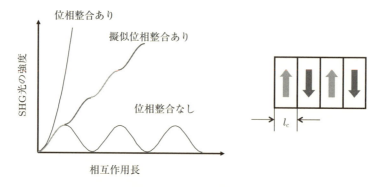

図 **3.9**　疑似位相整合.

- 非線形感受率の対角成分を含めてすべての成分が利用でる.
- 基本光を垂直に入射して位相整合が取れる.
- 微細電極を使った分極処理による分極反転構造の作製などのプロセスが必要である.
- 小型化が可能である.

現在では，光デバイスの小型化が求められており，実用的な波長変換素子としては疑似位相整合が有力な手法となっている.

3.6　光第2高調波の反射と透過

界面における光第 2 高調波の反射と透過について考える [50]．非線形媒質中での光の伝搬は式 (3.37) で記述される．非線形分極 $\boldsymbol{P}^{\mathrm{NL}}$ は，SHG では以下のように記述される.

$$\boldsymbol{P}^{\mathrm{NL}} = \boldsymbol{P}^{\Omega} = \frac{1}{2}\epsilon_0 \chi^{(2)} \boldsymbol{E}^{\omega} \boldsymbol{E}^{\omega} \exp(i(\boldsymbol{k}^{\mathrm{s}}\boldsymbol{r} - \Omega t)) \tag{3.60}$$

$\boldsymbol{k}^{\mathrm{s}}$ の添え字の s は分極波を示し，$\boldsymbol{k}^{\mathrm{s}}$ は分極波の波数ベクトルであり $2\boldsymbol{k}^{\omega}$ に等しい．$\boldsymbol{r}$ は位置を表す．これを使って，式 (3.37) は

3.6 光第 2 高調波の反射と透過　111

$$\nabla^2 \boldsymbol{E} + \epsilon^\Omega \left(\frac{\Omega}{c}\right)^2 \boldsymbol{E} = -\frac{1}{\epsilon_0}\left(\frac{\Omega}{c}\right)^2 \boldsymbol{P}^{\mathrm{NL}} \tag{3.61}$$

となる．特に断わらなければ，以降の屈折率や波数等のパラメータは，角周波数 $\Omega\,(=2\omega)$ の値とする．

式 (3.61) の一般解は

$$\boldsymbol{E} = \hat{e} E \exp(\boldsymbol{k}\boldsymbol{r} - \Omega t)$$
$$+ \frac{1}{\epsilon_0}\left(\frac{\Omega}{c}\right)^2 \frac{P}{(k^{\mathrm{s}})^2 - k^2}\left(\hat{p} - \frac{\boldsymbol{k}^{\mathrm{s}}(\boldsymbol{k}^{\mathrm{s}}\cdot\hat{p})}{k^2}\right)\exp(i(\boldsymbol{k}^{\mathrm{s}}\boldsymbol{r} - \Omega t)) \tag{3.62}$$

である．ここで，$\hat{e}$ と $\hat{p}$ はそれぞれ偏光と分極方向の単位ベクトルである．これは線形斉次方程式の解と線形非斉次方程式の特解の和になっている．式 (3.62) の右辺を入射面に垂直方向（y 方向）の分極と SHG の出射面内の分極（添え字 $\parallel$ で記述）に分けて記述すると以下のようになる．

- 入射面に垂直な非線形分極成分 P_y から放射される SHG
  この分極成分からは s-偏光の SHG 光が放射される．SHG 光の電場を $\mathcal{E}_y$ とすれば

$$\mathcal{E}_y = E_y \exp(\boldsymbol{k}\boldsymbol{r} - \Omega t) + \frac{1}{\epsilon_0}\left(\frac{\Omega}{c}\right)^2 \left(\frac{P_y}{(k^{\mathrm{s}})^2 - k^2}\right)\exp(\boldsymbol{k}^{\mathrm{s}}\boldsymbol{r} - \Omega t) \tag{3.63}$$

となる．

- 入射面内の非線形分極成分 $P_\parallel$ から放射される SHG
  この分極成分からは p-偏光の SHG 光が放射される．境界条件を調べるため，SHG 光の電場の x 成分を記述すると以下のようになる．

$$\mathcal{E}_x = E_\parallel \cos\theta \exp(\boldsymbol{k}\boldsymbol{r} - \Omega t)$$
$$+ \frac{1}{\epsilon_0}\left(\frac{\Omega}{c}\right)^2\left(\frac{P_\parallel \sin\alpha \cos\theta_{\mathrm{s}}}{(k^{\mathrm{s}})^2 - k^2} - \frac{P_\parallel \cos\alpha \sin\theta_{\mathrm{s}}}{k^2}\right)\exp(\boldsymbol{k}^{\mathrm{s}}\boldsymbol{r} - \Omega t) \tag{3.64}$$

ここで，α は $\boldsymbol{P}_\perp$ と $\boldsymbol{k}^{\mathrm{s}}$ のなす角である．

非線形分極 $\boldsymbol{P}$ を実際に式 (3.60) から求める際には，$\boldsymbol{P} = (P_x, P_y, P_z)$ のように xyz 座標系の成分として求めることが多い．よって，$\boldsymbol{P}_\parallel$ を x 方向と z 方向に分けて式 (3.64) を書き直すと以下のようになる．

$$\mathcal{E}_x = E_\parallel \cos\theta \exp(\boldsymbol{k}\boldsymbol{r} - \Omega t) + \left(\frac{\Omega}{c}\right)^2 \left(\frac{P_x}{\epsilon_0}\left(\frac{\cos^2\theta_s}{(k^s)^2 - k^2} - \frac{\sin^2\theta_s}{k^2}\right)\right.$$
$$\left. - \frac{P_z}{\epsilon_0} \cos\theta_s \sin\theta_s \left(\frac{1}{(k^s)^2 - k^2} + \frac{1}{k^2}\right)\right) \exp(\boldsymbol{k^s}\boldsymbol{r} - \Omega t) \quad (3.65)$$

以上の式を用いて，s-偏光と p-偏光のそれぞれについて，図 **3.10** に示すような線形媒質 1 からと非線形媒質 2 に基本光 ω を入射した際に生じる透過 SHG 光の電場 E_2^+ と界面での反射 SHG 光の電場 E_1^- を求める．まず，基本光の光電場 E^ω は，第 1 章で示した反射の式から求まる．これを使って，$\boldsymbol{P} = (P_x, P_y, P_z)$ と求める．これを使って界面における連続条件を解く．

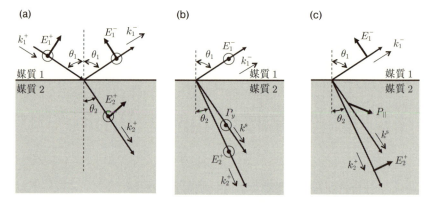

図 3.10 SHG の反射．(a) ω 周波数，(b) Ω 周波数で反射面に垂直方向の非線形分極からの SHG 光，(c) Ω 周波数で反射面内の非線形分極からの SHG 光．

多層膜ではなく，界面が一つの場合，媒質 2 を進む基本光は z の正の方向に進む光（前進光）だけなので，基本光も正の方向に進む光（前進光）から生じる非線形分極だけを考えればよい．このとき，分極波の波数ベクトル $\boldsymbol{k}_2^s$ は $\boldsymbol{k}_2^s = 2\boldsymbol{k}_2^\omega$ であり，これに対応する分極波の実効的屈折率 n_2^s は $n_2^s = n_2^\omega$ である．また，スネルの法則から $\theta_2^s = \theta_2^\omega$ である．

3.6 光第 2 高調波の反射と透過

- P_y から放射される SHG
  式 (3.63) を使って，界面における電場と磁場の接線成分の連続の式は以下のようになる．

$$E_1^- = E_2^+ + \frac{P_y}{\epsilon_0((n_2^s)^2 - n_2^2)}$$
$$-n_1 \cos\theta_1 E_1^- = n_2 \cos\theta_2 E_2^+ + \frac{n_2^s \cos\theta_2^s P_y}{\epsilon_0((n_2^s)^2 - n_2^2)} \quad (3.66)$$

これを解くと

$$E_1^- = \frac{P_y}{\epsilon_0((n_2^s)^2 - n_2^2)} \frac{n_2 \cos\theta_2 - n_2^s \cos\theta_2^s}{n_1 \cos\theta_1 + n_2 \cos\theta_2} \quad (3.67)$$

$$E_2^+ = -\frac{P_y}{\epsilon_0((n_2^s)^2 - n_2^2)} \frac{n_1 \cos\theta_1 + n_2^s \cos\theta_2^s}{n_1 \cos\theta_1 + n_2 \cos\theta_2} \quad (3.68)$$

となる．E_2^+ は界面 ($z = 0$) の値であり，z 方向に伝搬する光の電場を求めるには式 (3.63) に戻って位相も取り入れた取り扱いをする．

- $P_\parallel$ から放射される SHG
  式 (3.63) を使って，媒質 1 と媒質 2 の界面における電場と磁場の接線成分の連続の式を記述すると以下のようになる．

$$-E_1^- \cos\theta_1 = E_2^+ \cos\theta_2 + \frac{P_x}{\epsilon_0}\left(\frac{\cos^2\theta_2^s}{(n_2^s)^2 - n_2^2} - \frac{\sin^2\theta_2^s}{n_2^2}\right)$$
$$- \frac{P_z}{\epsilon_0} \sin\theta_2^s \cos\theta_2^s \left(\frac{1}{(n_2^s)^2 - n_2^2} + \frac{1}{n_2^2}\right)$$
$$n_1 E_1^- = n_2 E_2^+ + \frac{P_x}{\epsilon_0} \frac{n_2^s \cos\theta_2^s}{(n_2^s)^2 - n_2^2} - \frac{P_z}{\epsilon_0} \frac{n_2^s \sin\theta_2^s}{(n_2^s)^2 - n_2^2} \quad (3.69)$$

これを解くと

$$E_1^- = \frac{\cos\theta_2 S_b - n_2 S_a}{n_1 \cos\theta_2 + n_2 \cos\theta_1} \quad (3.70)$$

$$E_2^+ = -\frac{\cos\theta_2 S_b + n_2 S_a}{n_1 \cos\theta_2 + n_2 \cos\theta_1} \quad (3.71)$$

となる．ただし，

114　第3章　非線形光学効果

$$S_a = \frac{P_x}{\epsilon_0}\left(\frac{\cos^2\theta_2^s}{(n_2^s)^2 - n_2^2} - \frac{\sin^2\theta_2^s}{n_2^2}\right) - \frac{P_z}{\epsilon_0}\sin\theta_2^s\cos\theta_2^s\left(\frac{1}{(n_2^s)^2 - n_2^2} + \frac{1}{n_2^2}\right)$$

$$S_b = \frac{P_x}{\epsilon_0}\frac{n_2^s\cos\theta_2^s}{(n_2^s)^2 - n_2^2} - \frac{P_z}{\epsilon_0}\frac{n_2^s\sin\theta_2^s}{(n_2^s)^2 - n_2^2} \tag{3.72}$$

である．

3.7　多層膜からの光高調波発生

次に多層膜の場合について考える．図 **3.11** に示すような最も単純な3層構造を用いる．前節で考えた反射や透過の場合には，前進する光 ($\boldsymbol{E}^+$) から発生する非線形分極は一つの種類だけを考えればよかったが，層構造の場合にはこれに加えて後進する光 ($\boldsymbol{E}^-$) が存在する．それぞれから生じる非線形分極 (P_2^+ と P_2^-) に加えて，前に進む光と後に進む光の和周波発生による非線形分極 (P_2^0) を考えなければならない．これらはそれぞれ以下のように記述される．

$$\boldsymbol{P}_2^+ = \frac{1}{2}\epsilon_0\chi^{(2)}\boldsymbol{E}_2^+\boldsymbol{E}_2^+$$
$$\boldsymbol{P}_2^0 = \epsilon_0\chi^{(2)}\boldsymbol{E}_2^+\boldsymbol{E}_2^-$$
$$\boldsymbol{P}_2^- = \frac{1}{2}\epsilon_0\chi^{(2)}\boldsymbol{E}_2^-\boldsymbol{E}_2^- \tag{3.73}$$

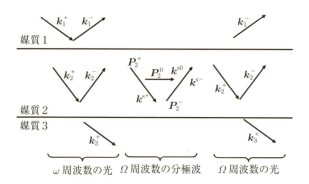

図 **3.11**　多層膜での SHG の計算に用いる光学配置．

対応する分極波のベクトルも3種類存在する．図3.11に示した波数ベクトルの関係から，それらの波数ベクトルを $\bm{k}^{\mathrm{s}+}$, $\bm{k}^{\mathrm{s}-}$, $\bm{k}^{\mathrm{s}0}$ とすれば

$$\bm{k}^{\mathrm{s}+} = \bm{k}^{\mathrm{s}-} = 2\bm{k}_2^{\omega}$$
$$\bm{k}^{\mathrm{s}0} = 2\bm{k}_2^{\omega}\sin\theta_2^{\omega} \tag{3.74}$$

となる．対応する分極波の有効屈折率も3種類あり

$$n_2^{\mathrm{s}+} = n_2^{\mathrm{s}-} = n_2^{\omega}$$
$$n^{\mathrm{s}0} = n_2^{\omega}\sin\theta_2^{\omega} \tag{3.75}$$

となる．分極波の屈折角は以下のとおりである．

$$\theta_2^{\mathrm{s}+} = \theta_2^{\mathrm{s}-} = \theta_2^{\omega}$$
$$\theta_2^{\mathrm{s}0} = \frac{\pi}{2} \tag{3.76}$$

これらを取り入れて記述した境界条件は以下のように書くことができる．ここでは，P_y から放射されるSHG，すなわち，s-偏光のSHG光に関して記す．p-偏光に関しては付録Cに記した．

媒質1と媒質2の界面では

$$E_1^- = E_2^+ + E_2^- + \left(\frac{P_y^+}{\epsilon_0} + \frac{P_y^-}{\epsilon_0}\right)\frac{1}{(n_2^{\mathrm{s}+})^2 - n_2^2} + \frac{P_y^0}{\epsilon_0((n_2^{\mathrm{s}0})^2 - n_2^2)}$$
$$-n_1\cos\theta_1 E_1^- = n_2\cos\theta_2(E_2^+ - E_2^-) + \left(\frac{P_y^+}{\epsilon_0} - \frac{P_y^-}{\epsilon_0}\right)\frac{n_2^{\mathrm{s}+}\cos\theta_2^{\mathrm{s}}}{\epsilon_0((n_2^{\mathrm{s}+})^2 - n_2^2)} \tag{3.77}$$

媒質2と媒質3の界面では

$$E_3^+ = E_2^+\phi_2^+ + E_2^-\phi_2^-$$
$$+ \left(\frac{P_y^+\phi_2^{\mathrm{s}+}}{\epsilon_0} + \frac{P_y^-\phi_2^{\mathrm{s}-}}{\epsilon_0}\right)\frac{1}{(n_2^{\mathrm{s}+})^2 - n_2^2} + \frac{P_y^0}{\epsilon_0((n_2^{\mathrm{s}0})^2 - n_2^2)}$$
$$n_3^+\cos\theta_1 E_3^- = n_2\cos\theta_2(E_2^+\phi_2^+ - E_2^-\phi_2^+)$$

$$+\left(\frac{P_y^+ \phi_2^{s+}}{\epsilon_0} - \frac{P_y^- \phi_2^{s-}}{\epsilon_0}\right)\frac{n_2^{s+}\cos\theta_2^s}{\epsilon_0((n_2^{s+})^2 - n_2^2)} \tag{3.78}$$

となる．$P_\parallel$ から放射される SHG については，式 (3.69) を参考に記述すればよい．P は入射光から計算できるので未知数は，E_1^-，E_2^+，E_2^-，E_3^+ の四つである．式が四つなので，それらを計算により求めることができる．

3.8 電気光学効果

物質に電場を印加した際に屈折率がわずかに変化する現象にポッケルス効果とカー効果がある．前者は 2 次の非線形光学効果の一種と考えられ，1 次の電気光学効果と呼ばれる．2 次の非線形光学効果であるため，反転中心を持たない物質で生じる．後者は同様に 3 次の非線形光学効果の一種と考えられ，2 次の電気光学効果と呼ばれる．ここでは，応用上重要なポッケルス効果について述べる．

物質に直流電場(静電場) E^0 が印加された非線形媒質に角周波数 ω の光を入射した際に生じる分極 P は，式 (3.7) を書きなおして

$$P = \epsilon_0 \tilde{\chi}^{(2)} E^\omega E^0 \tag{3.79}$$

となる．等方性媒質を考えて，静電場を印加した際の屈折率はすでに式 (3.16) で記述したが，異方性媒質に拡張するためテンソルで記述すると

$$n_{ij} = n_{0,ij} + \frac{\chi_{ijk}^{(2)} E_k^0}{2n_{0,ij}} \tag{3.80}$$

となる．ここで，n_{ij} は静電場 E_k^0 が印加された際の屈折率，$n_{0,ij}$ は電場が印加されていないときの屈折率である．ポッケルス効果は，$\chi^{(2)}$ を使って式 (3.80) で記述してもよいが[*6]，一般的には電気光学係数(ポッケルス係数)テンソル r を用いて以下のように 18 個の成分で記述される[*7]．

[*6] ポッケルス係数 r_{ijk} と 2 次の非線形感受率 $\chi_{ijk}^{(2)}$ の間には $\chi_{ijk}^{(2)} = -n_{0,ij}^4 r_{ijk}$ の関係がある．

[*7] χ テンソルと同様に，媒質や結晶の対称性によりテンソルの形が決まり，成分の数は 18 個より少なくなる．詳しくは結晶光学の文献を参照のこと．

3.8 電気光学効果

$$\begin{pmatrix} \Delta\left(\frac{1}{n^2}\right)_1 \\ \Delta\left(\frac{1}{n^2}\right)_2 \\ \Delta\left(\frac{1}{n^2}\right)_3 \\ \Delta\left(\frac{1}{n^2}\right)_4 \\ \Delta\left(\frac{1}{n^2}\right)_5 \\ \Delta\left(\frac{1}{n^2}\right)_6 \end{pmatrix} = \begin{pmatrix} r_{11} & r_{12} & r_{13} \\ r_{21} & r_{22} & r_{23} \\ r_{31} & r_{32} & r_{33} \\ r_{41} & r_{42} & r_{43} \\ r_{51} & r_{52} & r_{53} \\ r_{61} & r_{62} & r_{63} \end{pmatrix} \begin{pmatrix} E_1^0 \\ E_2^0 \\ E_3^0 \end{pmatrix} \tag{3.81}$$

添え字の数字は非線形感受率を記述した際のきまりと同じである．また，屈折率 n を逆数の 2 乗で記述するのは，屈折率楕円体を考える際に便利なためである．屈折率楕円体を表す式を以下のように記述すると

$$a_1 x^2 + a_2 y^2 + a_3 z^2 + 2a_4 yz + 2a_5 zx + 2a_6 xy = 1 \tag{3.82}$$

となる．係数 $a_1 \sim a_6$ は以下の式で与えられる．

$$\begin{pmatrix} a_1 \\ a_2 \\ a_3 \\ a_4 \\ a_5 \\ a_6 \end{pmatrix} = \begin{pmatrix} \frac{1}{n_1^2} \\ \frac{1}{n_2^2} \\ \frac{1}{n_3^2} \\ 0 \\ 0 \\ 0 \end{pmatrix} + \begin{pmatrix} r_{11} & r_{12} & r_{13} \\ r_{21} & r_{22} & r_{23} \\ r_{31} & r_{32} & r_{33} \\ r_{41} & r_{42} & r_{43} \\ r_{51} & r_{52} & r_{53} \\ r_{61} & r_{62} & r_{63} \end{pmatrix} \begin{pmatrix} E_1^0 \\ E_2^0 \\ E_3^0 \end{pmatrix} \tag{3.83}$$

ポッケルス効果を示す結晶はたくさんあるが，ここではよく利用されている LiNbO$_3$ 結晶におけるポッケルス効果を紹介する．LiNbO$_3$ 結晶は $3m(C_{3v})$ の対称性を有する負の 1 軸性結晶である．静電場が印加されていない状態での屈折率は，波長 633 nm で $n_\mathrm{o} = n_1 = n_2 = 2.286$，$n_\mathrm{e} = n_3 = 2.200$ であり，電気光学テンソル $\tilde{r}$ は以下のように 8 個の成分で表されるが，独立した成分は 4 種類である．

$$\tilde{\boldsymbol{r}} = \begin{pmatrix} 0 & r_{12} & r_{13} \\ 0 & r_{22} & r_{23} \\ 0 & 0 & r_{33} \\ 0 & r_{42} & 0 \\ r_{51} & 0 & 0 \\ r_{61} & 0 & 0 \end{pmatrix} \quad (3.84)$$

ただし,

$$r_{13} = r_{23} = 8.6 \text{ pm}^{-1}\text{V} \quad (3.85)$$

$$r_{22} = -\frac{1}{2}r_{61} = 3.4 \text{ pm}^{-1}\text{V} \quad (3.86)$$

$$r_{33} = 30.8 \text{ pm}^{-1}\text{V} \quad (3.87)$$

$$r_{51} = r_{42} = 28 \text{ pm}^{-1}\text{V} \quad (3.88)$$

である.

図 3.12 に示すように z 方向に静電場 E_z^0 を印加し, y 方向に伝搬する光を変調する場合を考える. このとき, 屈折率楕円体の式は

$$\left(\frac{x}{n_1}\right)^2 + \left(\frac{y}{n_2}\right)^2 + \left(\frac{z}{n_3}\right)^2 + (r_{13}E_z^0)x^2 + (r_{13}E_z^0)y^2 + (r_{33}E_z^0)z^2 = 1 \quad (3.89)$$

となる. これを整理すると以下のように書けるため, 電場を加えても屈折率楕円体の主軸の方向は変わらない.

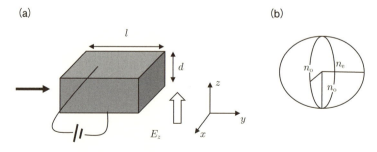

図 3.12 LiNbO$_3$ におけるポッケルス効果.

$$\left(\frac{1}{n_\mathrm{o}}+r_{13}E_z^0\right)^2 x^2+\left(\frac{1}{n_\mathrm{o}}+r_{13}E_z^0\right)^2 y^2+\left(\frac{1}{n_\mathrm{e}}+r_{33}E_z^0\right)^2 z^2=1 \quad (3.90)$$

近似してこれを楕円の式に書き換えると

$$\left(\frac{x}{n_\mathrm{o}-\frac{1}{2}r_{13}n_\mathrm{o}^3 E_z^0}\right)^2+\left(\frac{y}{n_\mathrm{o}-\frac{1}{2}r_{13}n_\mathrm{o}^3 E_z^0}\right)^2+\left(\frac{z}{n_\mathrm{e}-\frac{1}{2}r_{33}n_\mathrm{e}^3 E_z^0}\right)^2=1 \quad (3.91)$$

となる．静電場の印加による x 軸と z 軸方向の屈折率差 Δn は

$$\Delta n=\frac{1}{2}(n_\mathrm{o}^3 r_{13}-n_\mathrm{e}^3 r_{33})E_z^0 \quad (3.92)$$

となる．これにより，波長が λ の x 方向に偏光した光と z 方向に偏光した光の位相差 $\Delta\phi$ は

$$\Delta\phi=\frac{2\pi}{\lambda}l\Delta n=\frac{l\pi}{\lambda}(n_\mathrm{o}^3 r_{13}-n_\mathrm{e}^3 r_{33})E_z^0 \quad (3.93)$$

となる．位相差 π が得られる印加電圧を半波長電圧 V_π といい，材料の性能を表す一つの指標である．小さいほど低い印加電圧で動作する．電気光学定数を使ってこれを求めると

$$V_\pi=2.81\times 10^3\times\frac{d}{l}\ (\mathrm{V}) \quad (3.94)$$

となる．

$d=0.5\,\mathrm{mm}$, $l=10\,\mathrm{mm}$ の場合には，$V_\pi=100\,\mathrm{V}$ と比較的大きい電圧が必要であるが，導波路構造にして $d=5\,\mathrm{\mu m}$ にすれば $l=10\,\mathrm{mm}$ で $V_\pi=1\,\mathrm{V}$ となり低電圧での光変調や光スイッチングが可能であることがわかる．

主なポッケルス効果を使った素子には，光変調素子や光スイッチング素子などがあるが，近年では非接触型の電流プローブやテラヘルツ波の検出系などに用いられており，重要な光学効果である．

3.9 光誘起屈折率変化と光双安定現象

3.9.1 光誘起屈折率変化

3次の非線形光学効果には，光第3高調波発生，カー効果等があるが，SHGやポッケルス効果と同じ取り扱いが可能である．ここでは，光カー効果とそれ

を使った光双安定現象について考える.光カー効果は,光の電場により屈折率変化が起こる現象である.これによる縮退4波混合や光収束効果などが観測される.前者は位相共役波などの生成に使われる.後者は,ビーム中の強度分布により光が収束する現象である.また,応用が期待される光学効果に光双安定現象があり,これを利用した全光型の光演算素子や光メモリなどが提案されている.

反転中心を有する媒質に光(電場 E)を入射したとき,3次の非線形分極を含む分極 P は以下の式で表される.

$$P = \epsilon_0(\chi^{(1)} E + \chi^{(3)} E^3) \tag{3.95}$$

ここでは,簡単のため,電場や分極はスカラー量とした.光電場の角周波数 ω とすると,電場の時間依存性は時間 t を使って $E = E_0 \cos\omega t$ のように記述できる.これを式 (3.95) に代入して整理すると以下のようになる.

$$\begin{aligned} P &= \epsilon_0(\chi^{(1)} E_0 \cos\omega t + \chi^{(3)} E_0^3 \cos^3\omega t) \\ &= \epsilon_0\Big(\chi^{(1)} E_0 \cos\omega t + \chi^{(3)} E_0^3 \Big(\frac{3}{4}\cos\omega t + \frac{1}{4}\cos 3\omega t\Big)\Big) \end{aligned} \tag{3.96}$$

ω 成分のみを考えて

$$P = \epsilon_0\Big(\chi^{(1)} + \frac{3}{4}\chi^{(3)} \cos\omega t\Big) E_0 \cos\omega t \tag{3.97}$$

となる.これより光電場を印加した際の屈折率 n は,光電場がないときの屈折率 n_0 と変化量 Δn の和として以下のように記述される.

$$n^2 = (n_0 + \Delta n)^2 = 1 + \chi^{(1)} + \frac{3}{4}\chi^{(3)} \tag{3.98}$$

$n_0 = 1 + \chi^{(1)}$ なので,Δn は以下のように近似される.

$$\Delta n = \frac{3}{8n_0}\chi^{(3)} E^2 = \frac{3}{8n_0}\chi^{(3)} I \tag{3.99}$$

ここで I は入射光の強度である.入射光強度に比例して屈折率が変化することがわかる.n_2 は SI 単位系で $(\mathrm{m^2 W^{-1}})$ である.3次の非線形光学では非線形感

受率 $\chi^{(3)}$ は静電単位系である (esu) が用いられる．両者の関係は以下のとおりである．

$$n_2\,(\mathrm{m^2W^{-1}}) = \frac{5.26 \times 10^{-6}}{n_0^2}\chi^{(3)}\,(\mathrm{esu}) \qquad (3.100)$$

半導体では $\chi^{(3)} = 10^{-4}$ esu 程度なので $n_2 = 10^{-10}\,(\mathrm{m^2W^{-1}}) = 10^{-4}\,(\mathrm{mm^2W^{-1}})$ となる．この値は，1W の強度の光を集光して 1mm^2 の面積に入射した際に屈折率が 10^{-4} 程度変化することを示している．

3.9.2 光双安定現象

光誘起屈折率変化を利用した現象に光双安定現象がある．光双安定現象は，図 **3.13**(a) に示すように一つの入力値に対して複数の出力値が存在する現象である [51, 52]．ある時点での出力値は直前の状態を出力値を反映するため，直前の状態を記憶するメモリ素子として用いることができる．光双安定現象が生じるためには，帰還（フィードバック）機構が必要であり，帰還に電子回路を用いた光双安定素子も提案されている．一方で，電子回路を用いずに光双安定現象が生じる全光型光双安定素子の提案もいくつかある．飽和吸収体を帰還機構に用いたものや熱光学効果を用いたものなどがある．ここでは，光誘起屈折率変化を用いたファブリ–ペロ共振器型の光双安定素子の動作について述べる．

図 3.13(b) に示すような 3 層構造を光双安定現象を考えるモデルとする．入力光として媒質 1 から光が入射し，媒質 3 に透過する光強度が出力とする．簡単のため，媒質 1 の屈折率と媒質 3 の屈折率は 1 とする．媒質 2 がファブリ–ペ

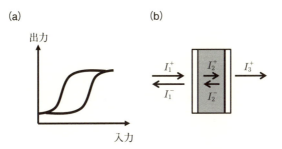

図 **3.13** 光双安定性．(a) 入力と出力の関係，(b) ファブリ–ペロ共振器．

122 第3章 非線形光学効果

ロ型の共振器になっており,光を入射していないときの屈折率 n_0,厚さ L の3次の非線形媒質の層でできている.媒質 i から媒質 j に入射した光の反射係数,反射率,透過係数,透過率をそれぞれ,r_{ij},R_{ij},t_{ij},T_{ij} とする.媒質 i を前方(x の正の方向)に進む光電場を E_i^+,後方に進む光電場を E_i^- とする.E_2^+,E_2^- はそれぞれ以下のように記述できる.

$$E_2^- = r_{23} e^{2nk_0 L i} E_2^+ \tag{3.101}$$

$$E_2^+ = t_{12} E_1^+ + r_{21} E_2^- \tag{3.102}$$

ここで k_0 は入射光の波数(真空中)であり,n は光を入射した際の媒質2の屈折率である.$r_{21} = r_{23}$ を使って

$$E_2^+ = \frac{t_{12} E_1^+}{1 - r_{21}^2 e^{2nk_0 L i}} = \frac{t_{12} E_1^+}{1 - r_{21}^2 e^{i\phi}} \tag{3.103}$$

となる.ただし,位相差 ϕ を $\phi = 2nk_0 L$ と定義する.

両辺を2乗して媒質 i の光強度 I_i で書き換える.なお,媒質1と媒質3の屈折率が等しいので,$R = R_{21} = R_{23}$,$T = T_{21} = T_{23}$ とすると

$$I_2^+ = \frac{T}{|1 - Re^{i\phi}|^2} I_1^+ = \frac{T}{T^2 - 4R \sin^2 \frac{\phi}{2}} I_1^+ \tag{3.104}$$

となる.

光を照射した際の媒質2の屈折率 n は,媒質2の前方に進む光の強度 I_2^+ と後方に進む光の強度 I_2^- が等しいと近似し,非線形屈折率 n_2 を使って

$$n = n_0 + 2n_2 I_2^+ \tag{3.105}$$

と記述できる.よって,位相差 ϕ は

$$\phi = 2k_0(n_0 + 2n_2 I_2^+) \tag{3.106}$$

である.これらを用いて,式(3.104)を用いて,透過光強度 $I_3^+ = T_{23} I_3^+$ を計算した結果を図 **3.14** に示す.計算に用いたパラメータは,$n_0 = 1.0$,$n_2 = 0.000375$,

3.9 光誘起屈折率変化と光双安定現象　123

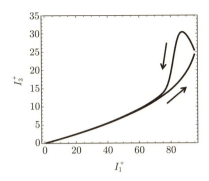

図 3.14　光双安定の計算結果.

$T = 0.8$, $R = 0.2$ である[*8]. 入射光強度 I_1^+ を強くしたときと弱くしたときのルートが異なり，光双安定性が表れていることがわかる．単純なモデルであるが，光誘起屈折率変化を利用すれば光双安定素子を実現できることが確認できる．

[*8]　計算に用いるパラメータのうち n_2 の値が少しでも異なると出力が安定しなくなるので試してみるとよい．

第4章 構造を利用した光機能材料

先端光学材料では構造の形状や配置，各要素間の相互作用がその光学応答に大きく関与する．これは，物質それ自体が持つ光学的な性質に加えて考慮すべきことである．たとえば，光を狭い空間に閉じ込め共鳴により強めたり，伝搬速度を制御したりすることができる．また，共鳴状態の変化を観測して物質や温度等のセンシングに用いたりできる．このような性質はレーザーや光スイッチングをはじめとして，今日の機能性光学素子に広く用いられている．ここでは，構造を利用した光学的な機能について考える．

4.1 Whispering Gallery mode

4.1.1 共振器

図 4.1(a) に示すように，2枚の鏡を向かい合わせたとき光はその中から外に逃げることができない．何らかの方法で継続的に外から光をこの中に入れたり，中で発光が起これば，条件によっては光強度を大きく強められる可能性がある．実際には，光を取り出すことができるように反射率が1よりわずか小さい鏡を用いて共振器を作製する．鏡の間隔は半波長 $\lambda/2$ の自然数倍である．これをファ

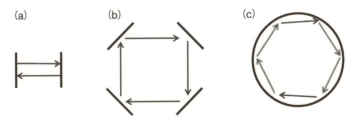

図 4.1 様々な共振器．(a) ファブリ–ペロ共振器，(b) リング共振器，(c) ウィスパーリング・ギャラリーモード (WGM: Whispering Gallery mode) 共振器．

ブリ-ペロ共振器という．レーザーの他，光学フィルターやセンサー等に用いられている．共振器の性能を表すパラメータに Q (quality) 値がある．Q 値は，共振器に蓄えられるエネルギーを損失エネルギーで割って 2π を掛けた値である．この定義からわかるように，Q 値が高いほど共振器としての性能が高い．

共振器にはいくつかの種類がある．図 4.1(b) に示すリング型の共振器はレーザー発振に用いられている．共振器はミラーで構築されるだけでなく，光ファイバで構築されたり，光集積回路として構築されたりする．図 4.1(c) に示すウィスパーリング・ギャラリーモード (Whispering Gallery mode (WGM)) 共振器は，数 〜 数百 μm 程度の径を持つ微小球やロッドで構築できる超小型の共振器である．ここでは WGM 共振器について考える．

4.1.2 Whispering Gallery mode

WGM には大きく分けると球と円柱の 2 種類がある．球の WGM は，5.1 節で説明するミー散乱を考えればよい．ここでは図 **4.2**(a) に示す半径 R の円柱の WGM を考える．長さは無限とする．円柱の屈折率を m_1，外側の屈折率を m_0 とする[*1]．$m_1 > m_0$ のとき，光は円柱内部を界面に沿って全反射を繰り返して伝搬する．光が円柱の外壁に沿って 1 周したときに強め合うように干渉

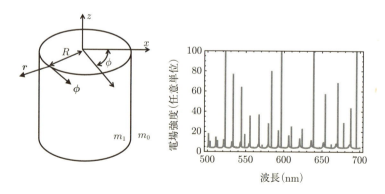

図 **4.2** (a) 計算に用いたジオメトリ，(b) 計算結果．

[*1] ここでは，屈折率は n ではなく m で表す．n をモード番号で使うため．

すれば，共振器として動作する．図 4.2(b) に散乱効率の波長依存性を計算した結果を示した．スペクトルには多くのピークが見られ，それらはほぼ等間隔となっている[*2]．その間隔 $\Delta\lambda$ は真空中での波長が λ_0 付近の入射光に用いた場合，以下の式で近似される．

$$\Delta\lambda = \frac{\lambda_0^2}{2\pi m_1 R} \tag{4.1}$$

さて，ここで用いた計算について説明する．ここでは，円柱の軸に対して垂直に光を入射する場合について考える．この場合，円柱の軸方向(z 方向)の偏光を TM 偏光，円柱に垂直な方向(x 方向)の偏光を TE 偏光と定義する．また，変数 ρ_q と E_n を以下のように定める．

$$\rho_q = r m_q k_v \tag{4.2}$$

$$E_n = \frac{E_0 (-i)^n}{k_q}, \tag{4.3}$$

ここで n は整数であり，ベッセル関数 $J_n(\rho_q)$ とハンケル関数 $H_n(\rho_q)$ のモード番号に対応する．また，第 1 章で記した式 (1.183), (1.184) から，ベクトル調和波は以下のように記述できる．q は媒質を表し 0 または 1 である．

$$\boldsymbol{M}_n^{(m)} = k_q \Big(in \frac{Z_n(\rho_q)}{\rho_q} \hat{\boldsymbol{e}}_r - Z_n'(\rho_q) \hat{\boldsymbol{e}}_\phi \Big) e^{in\phi} \tag{4.4}$$

$$\boldsymbol{N}_n^{(m)} = k_q Z_n(\rho_q) \hat{\boldsymbol{e}}_z e^{in\phi}, \tag{4.5}$$

ここで $Z_n(\rho_q)$ は，次数 n のベッセル関数またはハンケル関数である．どちらを選ぶかは，計算する電場の種類で決まる．図 4.2(a) に示すように $\hat{\boldsymbol{e}}_r, \hat{\boldsymbol{e}}_\phi, \hat{\boldsymbol{e}}_z$ はそれぞれ r, ϕ そして z 方向の単位ベクトルである．プライムは括弧内の変数による微分を表す．

TM 偏光の入射光電場は $\boldsymbol{E}_i = (0, 0, E_{iz})$，円柱中の電場は $\boldsymbol{E}_1 = (0, 0, E_{1z})$，シリンダの外側に散乱する散乱光の電場は $\boldsymbol{E}_s = (0, 0, E_{sz})$ と表される．これらは，ベッセル関数やハンケル関数を用いて，以下のように記述される．

[*2] モード間の結合などによる弱いピークがいくつか見られる．

$$E_{\mathrm{i}z} = E_0 \sum_{n=-\infty}^{\infty} (-i)^n J_n(\rho_0) e^{in\phi} \tag{4.6}$$

$$E_{1z} = E_0 \sum_{n=-\infty}^{\infty} (-i)^n f_n J_n(\rho_1) e^{in\phi} \tag{4.7}$$

$$E_{\mathrm{s}z} = -E_0 \sum_{n=-\infty}^{\infty} (-i)^n b_n H_n(\rho_0) e^{in\phi} \tag{4.8}$$

ここで, b_n と f_n は次数 n における係数である. また, TM 偏光の磁場成分は, $\boldsymbol{H}_{\mathrm{i}} = (H_{\mathrm{i}r}, H_{\mathrm{i}\phi}, 0)$, $\boldsymbol{H}_1 = (H_{1r}, H_{1\phi}, 0)$, $\boldsymbol{H}_{\mathrm{s}} = (H_{\mathrm{s}r}, H_{\mathrm{s}\phi}, 0)$ と表される. 磁場は ϕ 方向に成分を持ち, それらは境界で連続する.

$$H_{\mathrm{i}\phi} = \frac{ik_0}{\omega\mu_0} E_0 \sum_{n=-\infty}^{\infty} (-i)^n J_n'(\rho_0) e^{in\phi} \tag{4.9}$$

$$H_{1\phi} = \frac{ik_1}{\omega\mu_0} E_0 \sum_{n=-\infty}^{\infty} (-i)^n f_n J_n'(\rho_1) e^{in\phi} \tag{4.10}$$

$$H_{\mathrm{s}\phi} = -\frac{ik_0}{\omega\mu_0} E_0 \sum_{n=-\infty}^{\infty} (-i)^n b_n H_n'(\rho_0) e^{in\phi} \tag{4.11}$$

ここで μ_0 は真空中の透磁率である.

円柱表面での境界条件 $E_{\mathrm{i}z} + E_{\mathrm{s}z} = E_{1z}$, $H_{\mathrm{i}\phi} + H_{\mathrm{s}\phi} = H_{1\phi}$ から, b_n および f_n を決めることができて,

$$b_n = \frac{m_0 J_n(m_1 x) J_n'(m_0 x) - m_1 J_n'(m_1 x) J_n(m_0 x)}{m_0 J_n(m_1 x) H_n'(m_0 x) - m_1 J_n'(m_1 x) H_n(m_0 x)}, \tag{4.12}$$

$$f_n = \frac{m_0 J_n(m_0 x) H_n'(m_0 x) - m_0 J_n'(m_0 x) H_n(m_0 x)}{m_0 J_n(m_1 x) H_n'(m_0 x) - m_1 J_n'(m_1 x) H_n(m_0 x)} \tag{4.13}$$

となる. ここで x はサイズパラメータと呼ばれ, 真空中の波数 k_0 を使って以下の式で定義される.

$$x = m_0 k_0 R = \frac{2\pi R}{\lambda_0} m_0 \tag{4.14}$$

TE 偏光の場合も同様である. 入射光電場は, $\boldsymbol{E}_{\mathrm{i}} = (E_{\mathrm{i}r}, E_{\mathrm{i}\phi}, 0)$, $\boldsymbol{E}_1 = (E_{1r}, E_{1\phi}, 0)$, $\boldsymbol{E}_{\mathrm{s}} = (E_{\mathrm{s}r}, E_{\mathrm{s}\phi}, 0)$ と記述できる. 電場は ϕ 成分のみを考えればよく, それらは以下のように記述される.

4.1 Whispering Gallery mode

$$E_{i\phi} = iE_0 \sum_{n=-\infty}^{\infty} (-i)^n J'_n(\rho_0) e^{in\phi} \tag{4.15}$$

$$E_{1\phi} = iE_0 \sum_{n=-\infty}^{\infty} (-i)^n g_n J'_n(\rho_1) e^{in\phi} \tag{4.16}$$

$$E_{s\phi} = -iE_0 \sum_{n=-\infty}^{\infty} (-i)^n a_n H'_n(\rho_0) e^{in\phi}. \tag{4.17}$$

また,対応する磁場は

$$H_{iz} = -\frac{ik_0}{\omega\mu_0} E_0 \sum_{n=-\infty}^{\infty} (-i)^n J_n(\rho_0) e^{in\phi} \tag{4.18}$$

$$H_{1z} = -\frac{ik_1}{\omega\mu_0} E_0 \sum_{n=-\infty}^{\infty} (-i)^n g_n J_n(\rho_1) e^{in\phi} \tag{4.19}$$

$$H_{sz} = \frac{ik_0}{\omega\mu_0} E_0 \sum_{n=-\infty}^{\infty} (-i)^n a_n H_n(\rho_0) e^{in\phi}. \tag{4.20}$$

となる.円柱表面の境界条件から a_n と g_n が決まり

$$a_n = \frac{m_1 J'_n(m_0 x) J_n(m_1 x) - m_0 J_n(m_0 x) J'_n(m_1 x)}{m_1 J_n(m_1 x) H'_n(m_0 x) - m_0 J'_n(m_1 x) H_n(m_0 x)} \tag{4.21}$$

$$g_n = \frac{m_0 J_n(m_0 x) H'_n(m_0 x) - m_0 H_n(m_0 x) J'_n(m_0 x)}{m_1 J_n(m_1 x) H'_n(m_0 x) - m_0 J'_n(m_1 x) H_n(m_0 x)}. \tag{4.22}$$

となる.まとめると,入射光と散乱光の電場は,各偏光について以下のように記述される.
TM 偏光

$$\boldsymbol{E}_i = E_0 \sum_{n=-\infty}^{\infty} (-i)^n J_n(\rho_0) e^{in\phi} \hat{\boldsymbol{e}}_z \tag{4.23}$$

$$\boldsymbol{E}_s = -E_0 \sum_{n=-\infty}^{\infty} (-i)^n b_n H_n(\rho_0) \hat{\boldsymbol{e}}_z. \tag{4.24}$$

TE 偏光

$$\boldsymbol{E}_\mathrm{i} = iE_0 \sum_{n=-\infty}^{\infty} (-i)^n J_n'(\rho_0)\hat{\boldsymbol{e}}_\phi \tag{4.25}$$

$$\boldsymbol{E}_\mathrm{s} = -iE_0 \sum_{n=-\infty}^{\infty} (-i)^n a_n H_n'(\rho_0)\hat{\boldsymbol{e}}_\phi. \tag{4.26}$$

また，散乱効率 Q_sca および消光効率 Q_ext 各偏光について，以下のようになる．

TM 偏光

$$Q_\mathrm{sca} = \frac{2}{x}\left(|b_0|^2 + 2\sum_{n=1}^{\infty}|b_n|^2\right)$$
$$Q_\mathrm{ext} = \frac{2}{x}\mathrm{Re}\left[|b_0|^2 + 2\sum_{n=1}^{\infty}|b_n|^2\right] \tag{4.27}$$

TE 偏光

$$Q_\mathrm{sca} = \frac{2}{x}\left(|a_0|^2 + 2\sum_{n=1}^{\infty}|a_n|^2\right)$$
$$Q_\mathrm{ext} = \frac{2}{x}\mathrm{Re}\left[|a_0|^2 + 2\sum_{n=1}^{\infty}|a_n|^2\right] \tag{4.28}$$

さらに，吸収効率 Q_abs は $Q_\mathrm{abs} = Q_\mathrm{ext} - Q_\mathrm{sca}$ で求められる．

4.2 フォトニック結晶

　光の波長程度の周期構造を持つ人工構造物をフォトニック結晶という．屈折率は物質固有の光学定数であるが，実効的に媒質の屈折率を制御することができる．また，特徴としてフォトニックバンドギャップ (PBG) の出現がある．フォトニックバンドギャップ中を伝搬する光は伝搬モードを持たないため，光がフォトニック結晶中に閉じ込められる．これは，半導体のバンド構造と考え方が似ている．電子の波動関数の波長は原子間隔程度であり，周期的に配列した原子

による散乱がバンドギャップを生成する．フォトニック結晶の特徴には PBG が出現すること以外にも媒質が大きな群速度を持つことなどがあり，その特性を利用すると高機能な光学素子が作製できる．

図 **4.3** に示すように，フォトニック結晶はその次元により三つの種類に分類できる．1 次元フォトニック結晶は多層の層構造で形成される．横方向への伝搬モードが生じるため光閉じ込めは完全ではない．2 次元のフォトニック結晶は，層構造に周期的に孔を開けたり，円柱を周期的に立てたりすることにより作製できる．光導波路として用いることができるため，広く研究が行われている．3 次元のフォトニック結晶では，適切な設計を行えば 3 次元的に光を閉じ込めることができる．これを完全フォトニックバンドギャップと呼び，微小なレーザー等の高機能光学素子として用いることができる．

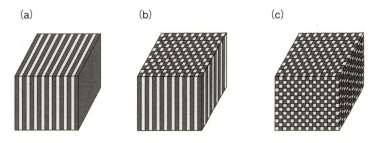

図 **4.3** フォトニック結晶の種類．(a) 1 次元，(b) 2 次元，(c) 3 次元．

4.2.1 1 次元フォトニック結晶

まず，図 **4.4**(a) に示した 1 次元のフォトニック結晶において，PBG が生じることを示す．層状媒質 1 と層状媒質 2 が周期 a で積み重なっており，層状媒質 1 の厚さを $a-b$，層状媒質 2 の厚さを b とする．媒質 1 と媒質 2 の界面における連続条件は

$$E_1^+ + E_1^- = E_2^+ + E_2^-$$
$$k_1 E_1^+ - k_1 E_1^- = k_2 E_2^+ - k_2 E_2^- \tag{4.29}$$

である．k_1, k_2 は媒質 1 および媒質 2 を x 方向に伝搬する光の波数である．媒質 2 と媒質 3 の界面でも同じ周期構造であることから，ブロッホの定理を適用

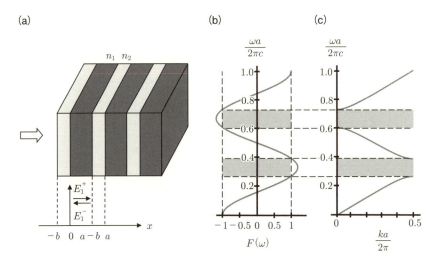

図 4.4 (a) 計算に用いたジオメトリ，(b) $F(\omega)$ と $2\pi/a$ で規格化した k_0 の関係，(c) $ka/(2\pi)$ と規格化した k_0 の関係を示した分散関係.

して

$$E(x+a) = E(x)\exp(ika) \tag{4.30}$$

と書ける．ここで，k は平均的な光の波数である．これを使うと $x = a - b$ においては，

$$\begin{aligned}
&E_1^+ \exp(ik_1 x) + E_1^- \exp(-ik_1 x) \\
&\qquad = \exp(ika)(E_2^+ \exp(-ik_2 b)) + (E_2^- \exp(ik_2 b)) \\
&k_1 E_1^+ \exp(ik_1 x) - k_1 E_1^- \exp(-ik_1 x) \\
&\qquad = \exp(ika)(k_2 E_2^+ \exp(-ik_2 b) - k_2 E_2^- \exp(ik_2 b))
\end{aligned} \tag{4.31}$$

となり，式 (4.29) と式 (4.31) が解を持つためには，以下のように係数行列の行列式が 0 であることが必要である．

$$\begin{vmatrix} 1 & 1 & -1 & -1 \\ k_1 & -k_1 & -k_2 & k_2 \\ \exp(ik_1 x) & \exp(-ik_1 x) & -\exp(ix_1) & -\exp(ix_2) \\ k_1 \exp(ik_1 x) & -k_1 \exp(-ik_1 x) & -k_2 \exp(ix_1) & k_2 \exp(ix_2) \end{vmatrix} = 0 \quad (4.32)$$

ここで，$x_1 = ka - k_2 b$, $x_2 = ka + k_2 b$ である．

これを解くと，下記の分散関係式が求まる．

$$\cos(k_1(a-b))\cos(k_2 b) - \frac{1}{2}\left(\frac{n_1^2 + n_2^2}{n_1 n_2}\right)\sin(k_1(a-b))\sin(k_2 b)$$
$$= \cos(ka) \quad (4.33)$$

式 (4.33) の左辺および右辺をそれぞれ下記のように $F(\omega)$ と置く．

$$F(\omega) = \cos\left(\left(\frac{\omega}{c}\right)n_1(a-b)\right)\cos\left(\left(\frac{\omega}{c}\right)n_2 b\right)$$
$$- \frac{1}{2}\left(\frac{n_1^2 + n_2^2}{n_1 n_2}\right)\sin\left(\left(\frac{\omega}{c}\right)n_1(a-b)\right)\sin\left(\left(\frac{\omega}{c}\right)n_2 b\right)$$
$$= \cos(ka) \quad (4.34)$$

たとえば，媒質 1 (屈折率 $n_1 = 1.0$) と媒質 2 (屈折率 $n_1 = 2.0$) のとき，$F(\omega)$ に対して $\frac{\omega a}{2\pi c}$ をプロットした結果を図 4.4(b) に示す．$F(\omega)$ は式 (4.33) の左辺から求めたものである．斜線に示した角周波数 ω では $F(\omega)$ の絶対値が 1 を超える．式 (4.33) の右辺は $\cos(ka)$ なので，このとき k は虚数になる．波数 k が虚数となる光はエバネッセント波であり伝搬と共に減衰する．つまり，このとき光は減衰波となっており，伝搬中を伝搬できずバンドギャップが生じる．また，$\frac{ka}{2\pi}\left(= \frac{\cos^{-1}(F_1(\omega))}{2\pi}\right)$ と $\frac{\omega a}{2\pi c}$ の関係を図示したのが図 4.4(c) である．対応する波数で光学的なバンドギャップが生じ，その周辺では郡速度 $\frac{d\omega}{dk}$ が低下していることがわかる．

この 1 次元多層膜に光が入射した際の透過率 T を**図 4.5**(a) に示す．この場合，無限の層数を扱うことはできないので，15 層の膜に光を垂直入射した場合について計算を行った．図 4.4(a) や (b) に対応してフォトニックバンド周辺で

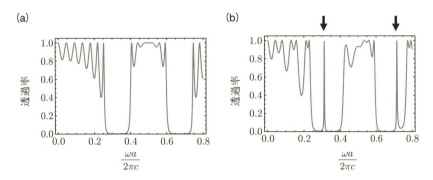

図 4.5 多層膜における反射率の計算結果．(a) 欠陥のない場合，(b) 欠陥がある場合．

透過率が急激に低下している．フォトニックバンドギャップの周波数を持つ光は結晶中を伝搬するモードが存在せず，この多層膜中を透過しないためである．

さらに，この中に1層だけ厚さが異なる層（欠陥層）を導入した計算例を図 4.5(b) に示す．矢印で示したような，光の透過率が 0 であるバンドギャップの中に光を通す周波数が生じる．このようなモードは半導体における不純物準位に類似したものと考えることができる．欠陥層では周囲の層に比べて光電場が増強されており，光学効果の増強などに用いることができる．

図 4.4(c) に示した1次元フォトニック結晶の分散関係は，以下の方法で厳密に求めることができる．格子定数は a なので，$aa^* = 2\pi$ で定義される逆格子定数 a^* は，$a^* = 2\pi/a$ となる．よって，逆格子の整数 n 倍の逆格子定数 G_n は以下のように表される．

$$G_n = na^* = \frac{2\pi n}{a} \qquad (n \text{ は整数}) \tag{4.35}$$

電場の方向を z としたとき，x 方向に伝搬する電場に関する1次元のマクスウェル方程式は以下のようになる．

$$\frac{1}{\epsilon(x)}\frac{d^2}{dx^2}E_z(x) = \frac{1}{c^2}\frac{d^2}{dt^2}E_z(x) \tag{4.36}$$

電場 $E_z(x)$ および誘電率の逆数 $\epsilon^{-1}(x)$ のフーリエ変換は

$$E_z(x) = \sum_n E_n \exp(i(k+G_n)x) \tag{4.37}$$

$$\epsilon^{-1}(x) = \sum_n \epsilon_n^{-1} \exp(iG_n x) \tag{4.38}$$

である．式 (4.37) を式 (4.36) に代入してまとめると

$$\sum_{n''}\sum_{n'} \epsilon_{n''}^{-1}(k+G_{n'})^2 E_{n'} \exp(k+G_{n'}+G_{n''}) = \left(\frac{\omega}{c}\right)^2 \sum_n E_n \exp(i(k+G_n)x) \tag{4.39}$$

となる．右辺の n は $-\infty$ から ∞ までのすべての和をとるので n' を n として和をとっても同じこととなる．ここで，$G_n = G_{n'} + G_{n''}$ とした．また同様の理由で，左辺の n'' の和は，n の和に置き換えることができる．この操作の後，両辺の n に関する和を除くと以下の式になる．

$$\sum_{n'} \epsilon_{n-n'}^{-1}(k+G_{n'})^2 E_{n'} = \left(\frac{\omega}{c}\right)^2 E_n \tag{4.40}$$

$Q_n = (k+G_n)E_n$ とおけば，式 (4.40) は以下のように書ける．

$$\sum_{n'} \epsilon_{n-n'}^{-1}(k+G_n)(k+G_{n'})Q_{n'} = \left(\frac{\omega}{c}\right)^2 Q_n \tag{4.41}$$

これは，$\epsilon_{n-n'}^{-1}(k+G_n)(k+G_{n'})$ を要素としたエルミート行列の固有値問題である．

式 (4.42) から $\epsilon_{n-n'}^{-1}$ を求めて，必要な k を代入して固有値の平方根をとれば，エネルギー（周波数）を格子定数で規格化した値 $\frac{\omega a}{2\pi c}$ が得られる．

$$\epsilon_n^{-1} = \int_0^a \epsilon^{-1}(x) \exp(-iG_n x) dx \tag{4.42}$$

これを格子定数で規格化した k，つまり $\frac{ka}{2\pi}$ の関数としてプロットするとフォトニック結晶中の分散関係が求まる．図 4.4(a) に示した 1 次元フォトニック結晶について求めた分散関係を**図 4.6** に示す．網かけの部分がバンドギャップになっており，図 4.4(b) に示した反射率が高い部分に対応していることがわかる．

1 次元フォトニック結晶の特徴は以下のとおりである．

136　第4章　構造を利用した光機能材料

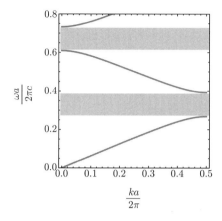

図 4.6　図 4.4(a) に示した1次元フォトニック結晶について求めた分散関係.

1. 繰り返し構造方向以外には光の閉じ込め効果が期待できない.
2. 2種類の誘電体の屈折率差の大小に関わらずバンドギャップが存在する.

光の閉じ込め効果は1次元に限定されるものの，非線形光学効果などの光の進む方向が規定される(波数ベクトルが決定される)光学現象では，1次元フォトニック結晶の利用は有力である.

4.2.2　2次元フォトニック結晶

2次元的な周期を有する2次元フォトニック結晶は，実験的にも比較的容易に作製できるため研究例が多い．また，自己組織化的に大面積の構造を作製することもできる．ここでは，分散関係について考える．

x と y 平面に周期構造を有する2次元フォトニック結晶を考える．格子構造は基本格子ベクトル $\boldsymbol{a}_1$, $\boldsymbol{a}_2$ で

$$\boldsymbol{R} = n_1 \boldsymbol{a}_1 + n_2 \boldsymbol{a}_2 \tag{4.43}$$

のように記述される．n_1, n_2 は整数である．基本逆格子ベクトル $\boldsymbol{a}_i^*$ は,

$$\boldsymbol{a}_i \cdot \boldsymbol{a}_j^* = 2\pi \delta_{ij} \tag{4.44}$$

で定義される．i, j は 1 または 2 であり，δ_{ij} はクロネッカーのデルタである．よって逆格子ベクトル G は，

$$G = n_1 a_1^* + n_2 a_2^* \tag{4.45}$$

と記述される[*3]．

さて，フォトニック結晶中を伝搬する z 方向の光電場 $E(r)$ は逆格子ベクトルを用いて

$$E(r) = \sum_G E_G \exp(i(k+G)r) \tag{4.46}$$

と記述される．同様にフーリエ変換した誘電率分布の逆数は

$$\epsilon^{-1}(r) = \sum_G \epsilon_G^{-1} \exp(iGr) \tag{4.47}$$

となる．

TM 偏光（偏光方向が z 方向）における電場に関する固有方程式は

$$\epsilon^{-1}(r)\left(\frac{\partial E(r)}{\partial x^2} + \frac{\partial E(r)}{\partial y^2}\right) = -k_0^2 E(r) \tag{4.48}$$

となる．ここで，k_0 は真空中の光の波数である．この式に式 (4.46) および式 (4.47) を代入して整理すると

$$\sum_{G'} \epsilon_{(G-G')}^{-1} |k+G'|^2 E_{G'} = k_0^2 E_G \tag{4.49}$$

が得られる．つまり，E_G を未知数とする連立方程式になる．これは，式 (4.49) の $\epsilon_{(G-G')}^{-1}|k+G'|^2$ を行列とした行列である $A_{G,G'}$ の固有値を求める問題である．行列 $A_{G,G'}$ はエルミート行列ではないため，計算量を減らすためには $F_G = E_G(k+G)$ とおいて

$$\sum_{G'} \epsilon_{(G-G')}^{-1} |k+G'||k+G| F_{G'} = k_0^2 F_G \tag{4.50}$$

[*3] G を 1 次元フォトニック結晶で行ったように G_{n_1,n_2} 等と書いてもよいが，煩雑になるので単にベクトル G で記す．

を解く.なお,計算に必要な $\epsilon^{-1}(\boldsymbol{G})$ は,以下の式で求めることができる.

$$\epsilon^{-1}(\boldsymbol{G}) = \frac{1}{s}\int_s \epsilon^{-1}(\boldsymbol{r})\exp(-i\boldsymbol{G}\cdot\boldsymbol{r})d\boldsymbol{r} \tag{4.51}$$

ここで,s は単位格子の面積である.格子構造は $\epsilon^{-1}(\boldsymbol{G})$ に反映されており,これを効率よく,また精度よく求めることが重要である.

TE 偏光(偏光方向が x, y 面内)のときも同様に考える.TE 偏光(偏光方向が z 方向)における z 方向の磁場 H に関する固有方程式は

$$\left(\frac{\partial}{\partial x}\epsilon^{-1}(\boldsymbol{r})\frac{\partial}{\partial x} + \frac{\partial}{\partial y}\epsilon^{-1}(\boldsymbol{r})\frac{\partial}{\partial y}\right)H_z = -k_0^2 H_z(\boldsymbol{r}) \tag{4.52}$$

となる.

$$H(\boldsymbol{r}) = \sum_{\boldsymbol{G}} H_{\boldsymbol{G}}\exp(i(\boldsymbol{k}+\boldsymbol{G})\boldsymbol{r}) \tag{4.53}$$

これより,TM 偏光と同様の手続きを経て

$$\sum_{\boldsymbol{G}'}\epsilon^{-1}_{(\boldsymbol{G}-\boldsymbol{G}')}(\boldsymbol{k}+\boldsymbol{G})(\boldsymbol{k}+\boldsymbol{G}')H_{\boldsymbol{G}'} = k_0^2 H_{\boldsymbol{G}} \tag{4.54}$$

が得られる.

分散関係の例として,誘電体中に空気のロッドが正方格子状に配列した場合を図 **4.7** に示す.逆格子より求めた第一ブリリュアンゾーンを挿入図に示した.

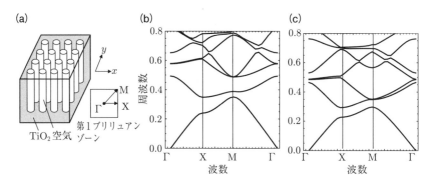

図 4.7 (a) 2 次元フォトニック結晶(正方格子)のジオメトリと分散関係の計算結果,(b) TE モード,(c) TM モード.

第一ブリリュアンゾーン中の点 Γ, X, M は, それぞれ (0, 0), (0, 0.5), (0.5, 0.5) である. TM 偏光の分散関係は TE 偏光のそれと大きく異なっている. いずれの方向にも光が伝搬しないフォトニックバンドギャップ (PBG) は存在しない. 一方, 2 次元フォトニック結晶でも, 図 4.8 に示した三角空孔格子ではその様子が大きく異なる. 挿入図に示したように格子の様子および第一ブリリュアンゾーン中の特異な点 Γ, K, M は, それぞれ (0, 0), ($\frac{1}{2}$, $\frac{1}{2\sqrt{3}}$), ($\frac{2}{3}$, 0) である. この場合には, TE 偏光に対して光が伝搬しないバンドギャップが形成されている (網かけの部分). 一方, TE 波に対しては PBG は形成していない. 2 次元フォトニック結晶では大きな異方性があることがわかる.

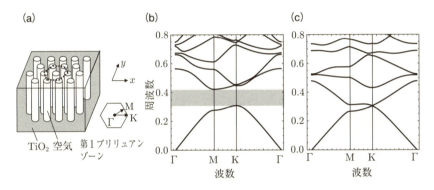

図 4.8 (a) 2 次元フォトニック結晶 (三角格子) のジオメトリと分散関係の計算結果, (b) TE モード, (c) TM モード.

4.2.3 3 次元フォトニック結晶

3 次元的な周期を有する 3 次元フォトニック結晶は, 光の閉じ込め効果や分散関係などについて高い性能を持つ構造が得られる. たとえば, 1 次元や 2 次元のフォトニック結晶と異なり, 3 次元のフォトニック結晶のうち, いくつかの構造はどの方向へも光を閉じ込めることができる完全フォトニックギャップが得られる.

図 4.9 に面心立方格子における分散関係を示した[53]. 図 4.9(a) からわかるように, 面心立方格子ではあらゆる方向への光の伝搬が許されていない完全フォ

140　第 4 章　構造を利用した光機能材料

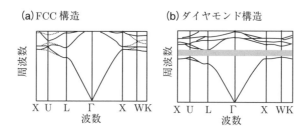

図 4.9　誘電体球で作成された 3 次元フォトニック結晶の分散関係．(a) FCC 構造 (屈折率 3.5)，(b) ダイヤモンド構造 FCC 構造 (屈折率 3.6)．網かけ部分は完全バンドギャップを示す．文献 [53] より許可を受けて転載．

トニックバンドギャップは出現しない．一方，ダイヤモンド構造では，図 4.9(b) に示すように，その分散関係の中にどの方向へも伝搬しない完全バンドギャップが存在する [53]．

4.3　表面プラズモン

金属の持つ高い光の反射率は，金属内の自由電子の集団振動であるプラズマ波は通常の条件では自由空間中を伝搬する光と相互作用しないためと考えられる．しかし，表面の境界条件のもとではプラズマ波が光により励起される．これを表面プラズマ波あるいは表面プラズモンと呼ぶ．表面の境界条件を満たすには，光の波数と表面プラズモンの波数が一致する必要があり，以下に述べるいくつかの光学配置が提案されている．

4.3.1　伝搬型表面プラズモン

図 **4.10**(a) に示すように，空気などの周辺媒質 (誘電率 ϵ_1) と金属 (誘電率 ϵ_2) の境界を考える．ここへ波数 k を持つ p-偏光の光が入射する．表面での境界条件から，以下の式が導かれる．

$$\frac{k_{1z}}{\epsilon_1} + \frac{k_{2z}}{\epsilon_2} = 0 \qquad (4.55)$$

4.3 表面プラズモン

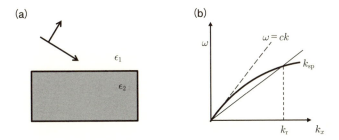

図 4.10 (a) 金属に p-偏光の光の入射した場合, (b) 表面プラズモンの分散関係.

ここで, k_{iz} は媒質 i における光の波数ベクトルの z 方向成分である. 波数に関する以下の関係

$$k_x^2 + k_{1z}^2 = \left(\frac{\omega}{c}\right)^2 \epsilon_1$$
$$k_x^2 + k_{2z}^2 = \left(\frac{\omega}{c}\right)^2 \epsilon_2$$

を使って, 式 (4.55) を解くと

$$k_x = k_{\rm sp} = \frac{\omega}{c}\sqrt{\frac{\epsilon_1 \epsilon_2}{\epsilon_1 + \epsilon_2}} \tag{4.56}$$

となる. ここで $k_{\rm sp}$ は波数の表面接線方向成分である.

金属の誘電率にドルーデモデルを用いたときの表面プラズモンの分散関係を図 4.10(b) に実線で示す. ドルーデモデルでは, 周波数 ω における誘電率 ϵ は, その金属のプラズマ周波数 $\omega_{\rm p}$ を使って以下のように記述される.

$$\epsilon = 1 - \left(\frac{\omega_{\rm p}}{\omega}\right)^2 \tag{4.57}$$

表面プラズモンの波数 k の実部 $k'_{\rm sp}$ と虚部 $k''_{\rm sp}$ は, 金属の誘電率の実部 ϵ'_2 と虚部 ϵ''_2 を用いて

$$k'_{\rm sp} = \left(\frac{\omega}{c}\right)\sqrt{\frac{\epsilon'_1 \epsilon_2}{\epsilon'_1 + \epsilon_2}} \tag{4.58}$$

$$k''_{\rm sp} = \left(\frac{\omega}{c}\right)\left(\frac{\epsilon'_1 \epsilon_2}{\epsilon'_1 + \epsilon_2}\right)^{\frac{3}{2}}\left(\frac{\epsilon''_1}{2\epsilon'^2_1}\right) \tag{4.59}$$

と表される.これより,表面プラズモンの伝搬長 L_p は下記のように求めることができる.

$$L_\mathrm{p} = \frac{1}{2k_x''} \tag{4.60}$$

伝搬長は可視光領域で銀が 20~30 μm,金が 5 μm 程度となる.

4.3.2 表面プラズモンの励起

光を用いて伝搬型の表面プラズモンを励起するためには,光と表面プラズモンの分散関係を一致させなければならない.図 4.10(b) に示したように,表面プラズモンの波数は自由空間中を伝搬する光の波数より大きいためである.これを実現する方法は大きく二つある.一つは全反射減衰法 (ATR: attenuated total reflection) であり,もう一つは回折格子構造の利用である.屈折率 n_1 の媒質 1 から屈折率 n_2 の媒質 2 に光を入射した際に生じる全反射で表面近傍に生じるエバネッセント光の方面方向の波数 k_x は,下記のように表される.

$$k_x = k_0 n_1 \sin\theta_1 \tag{4.61}$$

全反射が生じることから $n_1 > n_2$ なので,$k_x > k_0$ となる.これを図 4.10(b) にプロットした.両者の交点が存在するため,ここ $k_x = k_\mathrm{r}$ において表面プラズモンを励起することが可能となる.

最初にこの考えを取り入れて,表面プラズモンを励起したのは,オットー (Otto) 配置と呼ばれる**図 4.11**(a) のような光学配置である.全反射の際に生じ

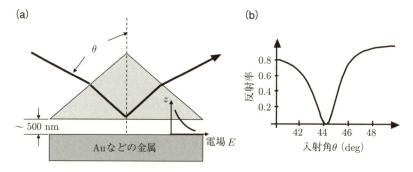

図 4.11 (a) オットー (Otto) 配置の光学ジオメトリ,(b) 入射角と反射率の関係.

るエバネッセント光は，式 (4.61) のような関係をもつためこれを利用して表面プラズモンを励起した．この配置における入射角–反射曲線は 1.10 節に示した計算方法で求められる．結果を 4.11(b) に示す．全反射角 θ_c よりも高角度側で表面プラズモンが励起され（表面プラズモン共鳴），入射光のエネルギーは金属薄膜に吸収され反射率が急激に低下する．反射率が最小となる角度を共鳴角 θ_r と呼ぶ．オットー配置では，プリズム底面と金属表面の間のギャップ距離を数 100 nm 程度にしなければならない．距離が短くても長くても表面プラズモンは励起できない．実際には，プリズムや基板，金表面には凹凸があり，広い面積（たとえば 1 cm^2）にわたり数 100 nm 程度のギャップ距離を保ったまま平行に配置するのは困難である．よって，実際にはオットー配置が用いられることはほとんどない．

この問題を解決したのが，図 **4.12**(a) に示したクレッチマン (Kretschmann) 配置である．この場合，表面プラズモンが生じる金属は 50 nm 程度の厚さの薄膜となる．プリズムの底面に蒸着などにより薄膜構造を構築できる．オットー配置のようなギャップがいらず，比較的容易に表面プラズモンを励起できる．また，プリズムと反対側の金属表面が周辺媒質に曝すことができ，ここに分子膜を構築できるため，バイオセンサー等に使われる．表面プラズモンを応用する上で便利なこの構造は，今日最も用いられている表面プラズモンの光学配置

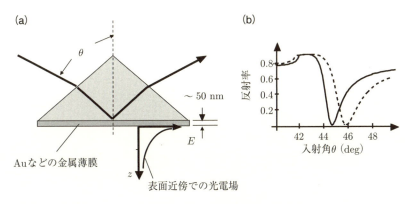

図 **4.12** (a) クレッチマン (Kretschmann) 配置の光学ジオメトリ，(b) 入射角と反射率の関係．

である.

図 4.12(b) に波長 633 nm,屈折率 1.5 の直角プリズムの底面に 50 nm 厚の金薄膜が存在する場合の反射率の入射角 θ 依存性を示す.周辺媒質は空気とした.入射角 42.6° において反射率が最小となり,入射光のエネルギーが表面プラズモンに変換されている.この角度を共鳴角 θ_r と呼ぶ.表面プラズモンが生じる金属が薄膜であることから,表面プラズモンの分散関係は式 (4.56) から求められる共鳴角からわずかに外れる.

プリズム底面の薄膜金属に様々な金属薄膜の場合の反射率の入射角 θ 依存性を図 4.13 に示す.計算条件は波長 633 nm,屈折率 1.5 の直角プリズムを考え,周辺媒質は空気とした.誘電率の虚部が小さい銀では,反射率の凹み(ディッ

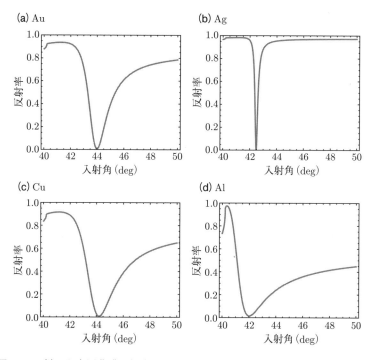

図 4.13 様々な金属薄膜の場合のクレッチマン (Kretschmann) 配置の入射角と反射率の関係.(a) 金,(b) 銀,(c) 銅,(d) アルミニウム.

プ) が鋭く，共鳴が強いことがわかる．一方で，アルミは波長 633 nm では大きな誘電率の虚部を持つため，ディップの幅が広い．金は銀に比べてディップの幅が広いため共鳴が銀に比べて弱いが，化学的に安定で酸化や硫化が起こりにくいため，広く用いられている．

　表面近傍での電場強度の大きさの入射角依存性を図 **4.14** に示した．表面プラズモンの共鳴角近傍において大きな電場が生じていることがわかる．これは，入射光が表面プラズモンとして表面を伝搬することにより生じるエバネッセント光の電場である．これを利用して，蛍光やラマン散乱，非線形分光の高感度化，高効率化ができる．角周波数 ω の入射光電場に対する増強率を $L(\omega_1)$，蛍光やラマン散乱における増強率を $L(\omega_2)$ として，得られる信号強度の増強率 A は，電場を強度に直して，概ね以下の式で表される．

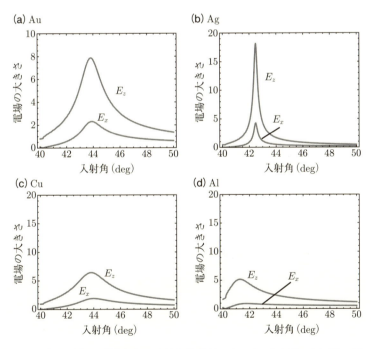

図 4.14 表面近傍の電場強度の入射角依存性．(a) 金，(b) 銀，(c) 銅，(d) アルミニウム．

146　第4章　構造を利用した光機能材料

$$A = (L(\omega_1)L(\omega_2))^2 \tag{4.62}$$

図 4.14 から $L(\omega_1) \sim L(\omega_2) \sim 10$ とすれば，$A \sim 10^4$ と大きな増強度が得られることがわかる．非線形分光ではさらに顕著で，たとえば，SHG では

$$A = (L(2\omega)L^2(\omega))^2 \tag{4.63}$$

となり，さらに大きな増強度が期待できる[*4]．

表面プラズモンを励起するもう一つの方法に回折格子やフォトニック結晶を利用する方法がある．いずれも，図 **4.15** に示すように，周期構造に起因する逆格子ベクトル $\boldsymbol{G}$ が入射光の波数に加わり，結果として得られる大きな面内方向の波数 ($k_1 \sin\theta + N|\boldsymbol{G}|$) が表面プラズモンとマッチングする．ここで N は整数である．この場合，計算手法としては回折格子の計算によく用いられる厳密光波結合法 (RCWA: regorous coupling wave analysis) が用いられる．

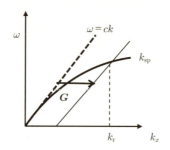

図 **4.15**　金属回折格子における分散関係．

4.3.3　局在表面プラズモン共鳴

局在表面プラズモン共鳴は，ナノメートルサイズの金属微粒子中の電子波が光と相互作用して共鳴する現象である．単に局在プラズモン共鳴と呼ぶこともある．金属薄膜中に生じる伝搬型の表面プラズモン共鳴と同じように，共鳴条

[*4]　SHG や THG などの高調波発生では，入射光の角周波数と高調波光の周波数が離れているため，蛍光やラマン散乱のように簡単に見積もることはできない．

件が金属微粒子の表面近傍の状態に敏感であることや表面近傍の電場の増強などを利用することができる.

図 **4.16**(a) に示すような,複素誘電率 $\epsilon_2(\omega)$ をもつ半径 R の微小な球状の金属微粒子が誘電率 ϵ_1 の媒質中に置かれている場合を考える.周辺媒質(水や空気)の誘電率 ϵ_1 は一般に波長依存性が小さいのでここでは定数と考える.括弧内の ω は角周波数である.金属微粒子の分極率 $\alpha(\omega)$ は,擬似静電場近似(長波長近似:波長に比べて微粒子の大きさが充分小さいときに成立する)のもとでは,

$$\alpha(\omega) = 4\pi R^3 \frac{\epsilon_2(\omega) - \epsilon_1}{\epsilon_2(\omega) + 2\epsilon_1} \tag{4.64}$$

と書くことができる[*5].式 (4.64) の分母の絶対値が最小となる角周波数 ω において局在プラズモンが共鳴状態となり,分極率 $\alpha(\omega)$ の大きさが最大となる.この共鳴条件は,周辺媒質の屈折率やその表面への物質の吸着や結合により大きく変化する.これは式 (4.64) の ϵ_2 が変化することにより,分母の絶対値が最小となる角周波数 ω が変わることによる.よって伝搬型表面プラズモン共鳴の場合と同様に,それらを検出することによりバイオセンサー等の素子を作成することができる.具体的には,散乱光強度のスペクトルを測定してその変化を観察するほかに,共鳴波長近傍の単色光を照射してその散乱光強度の変化を観測する方法などがある.

図 **4.16** 球における局在表面プラズモン.

式 (4.64) を使って,波長 λ における散乱断面積 C_sca,吸収断面積 C_abs は,以下のように記述される.

$$C_\text{sca} = \frac{k^4}{6\pi} |\alpha^2| \tag{4.65}$$

[*5] 導出については 5.1.1 節で述べる.

$$C_{\text{abs}} = k(\alpha^2 - (\alpha^*)^2)/2 \tag{4.66}$$

ここで，k は波数で $k = 2\pi/\lambda$ であり，α^* は α の複素共役である．以上より，空気中における銀および金における吸収断面積の計算結果をプロットしたものが図 **4.17** である．銀は波長 360 nm 付近に，金は波長 510 nm にピークを持つ．銀は誘電率の虚数成分が小さいため，ピークが鋭くその吸収効率や散乱効率も高い．

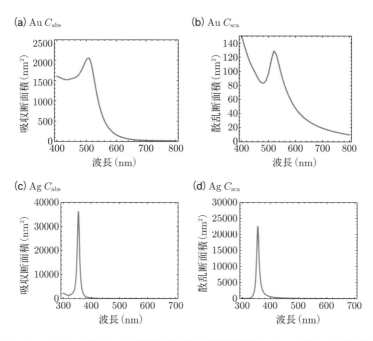

図 4.17 金または銀における吸収断面積と散乱断面積．(a) 金粒子の吸収断面積，(b) 金粒子の散乱断面積，(c) 銀粒子の吸収断面積，(d) 銀粒子の散乱断面積．

局在表面プラズモンが起こるのは球状の粒子だけではなく，様々な形状の粒子で観察される．代表的なものに棒状のナノ粒子（ナノロッド）がある．ナノロッドは，図 **4.18** に示すような回転軸が長い葉巻型の回転楕円体 $(a = b < c)$ に近似して考えることが多い．葉巻型の回転楕円体では長軸方向の分極率 $\alpha_{\parallel}$ は以

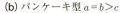
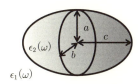 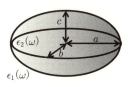

図 4.18 2 種類の回転楕円体.

下の式で表される.

$$\alpha_\parallel = 4\pi abc \frac{\epsilon_2 - \epsilon_1}{3(\epsilon_1 + L_\parallel(\epsilon_2 - \epsilon_1))} \tag{4.67}$$

ただし，

$$L_\parallel = \frac{1-e^2}{e^2}\left(\frac{1}{2e}\ln\frac{1+e}{1-e} - 1\right)$$

$$e^2 = 1 - \frac{a^2}{c^2} \tag{4.68}$$

である．短軸方向の分極率は $L_\parallel + 2L_\perp = 1$ の関係から求まる $L_\perp$ を使って

$$\alpha_\perp = 4\pi abc \frac{\epsilon_2 - \epsilon_1}{3(\epsilon_1 + L_\perp(\epsilon_2 - \epsilon_1))} \tag{4.69}$$

となる．

一方，回転軸が短いパンケーキ型の回転楕円体 $(a = b > c)$ では，

$$L_\parallel = \frac{g}{2e^2}\left(\frac{\pi}{2} - \tan^{-1} g\right) - \frac{g^2}{2}$$

$$g = \left(\frac{1-e^2}{e^2}\right)^{\frac{1}{2}}$$

$$e = 1 - \frac{c^2}{a^2} \tag{4.70}$$

である．これを使って，式 (4.67) より $\alpha_\parallel$ を求めることができる．短軸方向の分極率は同様に式 (4.69) より求めることができる.

葉巻型の回転楕円体の金の回転楕円体および銀の回転楕円体について，様々なアスペクト比 $\eta = a/c$ についてスペクトルを計算した結果が**図 4.19** である．

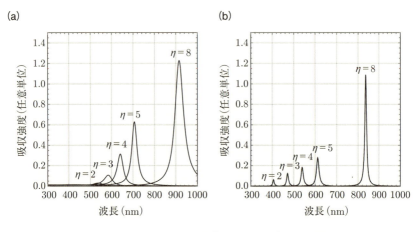

図 4.19 ナノロッドの計算結果．(a) 金，(b) 銀．

アスペクト比が大きくなるほど共鳴波長が長くなること，そして，吸収断面積が大きくなることがわかる．一方で，ここには示していないが，短軸方向の共鳴波長はアスペクト比 η によらずほぼ一定 (520 nm) である．球状のナノ粒子と同様に，ナノロッドもその共鳴波長は周辺媒質の屈折率により変化する．

4.4 メタマテリアル

　分子や原子は固有の光学的，機械的，熱的性質を持つ．たとえば，金属は高い熱伝導率を示し，導電体であり，光をよく反射する．金属に限らず，半導体や誘電体(絶縁体)でも同様である．色素は色を呈し，結晶シリコンは半導体である．メタマテリアルはこれらの物質固有の性質に加えて，それが持つ微細構造(光学分野では波長程度)に起因する特異な性質を持つ媒質である．光学分野のメタマテリアルの多くは，ナノメートルサイズの金属のナノ構造の集合体であるが，近年では誘電体のメタマテリアルも提案されはじめている．ここでは光学メタマテリアルを中心に考えてみる．

4.4.1 負の屈折

光学周波数では，物質固有の透磁率 μ は μ_0 に等しいので，物質固有の屈折率 n の 2 乗は誘電率 ϵ に等しい．しかし，図 **4.20** に示すような金属の微小なインダクターを含む共振器構造では，磁気共鳴周波数近傍で μ が μ_0 から大きくはずれて，負の値を持つこともある．これを利用して，自然界には存在しない負の屈折率を実現しようとする研究が行われてきた．

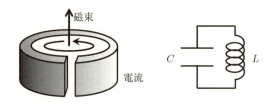

図 4.20 微小なインダクターを含むリング型共振器構造．

屈折率 n は μ が μ_0 と等しくない場合には比誘電率 ϵ_r と比誘磁率 μ_r を使って以下の式で表される．

$$n = \pm\sqrt{\epsilon_r \mu_r} \tag{4.71}$$

符号は ϵ と μ の符号により決まる．媒質中を伝搬する平面波のマックスウェルの方程式は

$$\begin{aligned} \boldsymbol{k} \times \boldsymbol{E} &= \omega\mu\boldsymbol{H} \\ \boldsymbol{k} \times \boldsymbol{H} &= -\omega\epsilon\boldsymbol{E} \end{aligned} \tag{4.72}$$

となる．ϵ, μ ともに正の場合には，$\boldsymbol{k}$, $\boldsymbol{E}$, $\boldsymbol{H}$ の関係は図 **4.21**(a) のようになる．これを右手系という．一方，ϵ, μ ともに負の場合には，$\boldsymbol{k}$, $\boldsymbol{E}$, $\boldsymbol{H}$ の関係は図 4.21(b) のようになり，$\boldsymbol{k}$ の方向が逆になり，波面は逆に進む．すなわち，位相速度が負になり，屈折率 n は負となると考える．これを左手系という．一方，エネルギーの進む方向はポインティングベクトル $\boldsymbol{S}$ で決まる．そのため，ϵ や μ とは無関係である．すなわち，エネルギーの進む方向は負の媒質に光を入射したときも同じである．

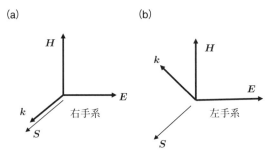

図 4.21 右手系と左手系.

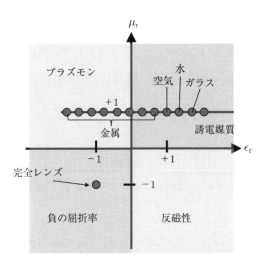

図 4.22 物質が持つ誘電率と透磁率.

図 4.22 にメタマテリアルや自然界の物質を，比誘電率 ϵ_r と 比透磁率 μ_r 平面上にプロットした．自然界の物質は，すべて $\mu_r = 1$ 上にプロットされる．空気を含む誘電体や半導体は第 1 象限内にあり $\epsilon_r > 1$ となる．金属は $\epsilon_r < 0$ となるため第 2 象限内にプロットされる．一方，負の屈折率を示すのは第 3 象限であり，第 4 象限は反磁性物質になる．

負の屈折率を持つ媒質に光が入射する様子を考えてみよう．図 4.23 に示す

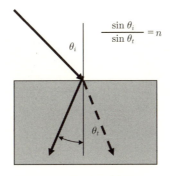

図 4.23 負の屈折.

ように正の屈折率 n_1 の媒質から負の屈折率 n_2 の媒質に入射角 θ_1 で光が入射した場合を考える．媒質2での屈折角は θ_2 とする．スネルの法則から

$$\theta_2 = \sin^{-1}\left(\frac{n_1}{n_2}\sin\theta_1\right) \tag{4.73}$$

となる．媒質2の屈折率 n_2 が負であれば θ_2 も負となり，破線の方向に屈折することがわかる．

　負の媒質を光が進む際に現れる特異な現象は，屈折方向だけではない．波数ベクトルが負になることから，位相が伝搬する方向の逆転が起こる．すなわち，光が進むほど手前に見えることになる．また，別の特異な現象としては，チェレンコフ放射がある．光速より速く移動する物体から放射される光であるチェレンコフ放射は通常物体の進行方向にコーン状に放射される．しかし，負の屈折率中を進行する物体からは，進行方向とは逆にチェレンコフ光が放射されることになる．また，負の屈折率中を移動する物体から放射される光のドップラー効果も逆に近づく際に赤く，遠ざかる際に青く見えることになる．

　これまで提案されているに負の屈折率を持つ構造の一部を図 4.24 に示す．光の周波数ではインダクターとしてリング構造を用いるのではなくワイヤーのペア構造や誘電体を金属で挟んだ網構造で負の屈折率が観察されている．この場合，誘電体のギャップを挟んで配置された金属ロッドを周回電流が流れることにより，インダクタンスおよびキャパシタンスの成分が現れ，共振回路として働く．その結果，透磁率を負にすることができるようになる．

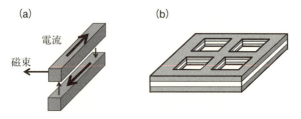

図 4.24　負の屈折を持つ構造．(a) カットワイヤードペア，(b) フィッシュネット．

4.4.2　ハイパボリック–メタマテリアルと超解像

特徴的な光メタマテリアル構造の一つに図 4.25(a) に示すようなハイパボリック–メタマテリアルと呼ばれる誘電体と金属の多層積層構造がある[54]．図で網かけで示した層が金属であり，白い層が誘電体である．厚さは波長に比べて充分薄く，概ね数 nm 程度でなければならない．この構造は強い異方性を持ち $\epsilon_\perp$ と $\epsilon_\parallel$ が異なる．ここで，$\epsilon_\perp$ は面放線方向（z 方向）の実効的な誘電率成分であり，$\epsilon_\parallel$ は面内（x または y 方向）の実効的な誘電率成分である．この媒質中における波数と振動数を表す分散式は以下のようになる．

$$\frac{k_x^2}{\epsilon_\perp} + \frac{k_y^2}{\epsilon_\perp} + \frac{k_z^2}{\epsilon_\parallel} = \left(\frac{\omega}{c}\right)^2 \tag{4.74}$$

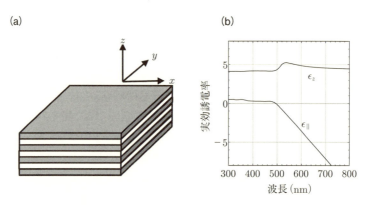

図 4.25　(a) ハイパボリック–メタマテリアルの構造と，(b) 実効誘電率の波長分散．

ここで，k_i は i 方向の波数である．$\epsilon_\perp$ および $\epsilon_\parallel$ は 1.7 節で扱った有効媒質近似を用いて以下のように表される．

$$\epsilon_\perp = \frac{\epsilon_m \epsilon_d}{f\epsilon_d + (1-f)\epsilon_m} \tag{4.75}$$

$$\epsilon_\parallel = f\epsilon_m + (1-f)\epsilon_d \tag{4.76}$$

ここで，ϵ_m は金属の誘電率であり，ϵ_d は誘電体の誘電率である．f は金属の体積分率であり，膜厚より算出できる．例として，$f = 0.5$ としたときの $\epsilon_\perp$ と $\epsilon_\parallel$ の波長依存性を図 4.25(b) に示す．波長 500 nm 以下では，$\epsilon_\perp$ と $\epsilon_\parallel$ の符号が異なる．$\epsilon_\perp$ が負であることから，式 (4.74) より，k_x が大きくなることがわかる．ハイパボリック–メタマテリアル分散の等波数面を図 **4.26** に示す．(a) が $\epsilon_\parallel > 0$ かつ $\epsilon_z > 0$ のとき，(b) が $\epsilon_\parallel > 0$ かつ $\epsilon_z < 0$ のとき，(c) が $\epsilon_\parallel < 0$ かつ $\epsilon_z > 0$ のときである．(a) の場合には，通常の楕円体になるのに対して，(b) や (c) ではパラメータによって波数を大きく制御できることがわかる．

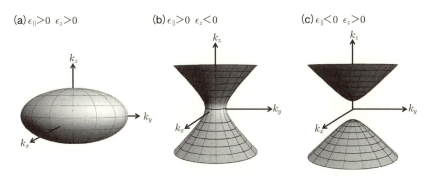

図 **4.26** ハイパボリック–メタマテリアル分散の等波数面．(a) $\epsilon_\parallel > 0$ かつ $\epsilon_z > 0$ のとき，(b) $\epsilon_\parallel > 0$ かつ $\epsilon_z < 0$ のとき，(c) $\epsilon_\parallel < 0$ かつ $\epsilon_z > 0$ のとき．

たとえば，面内の波数 k_x が大きければ，顕微分光に用いる際に高い解像度を得ることができる．これを利用した超解像の研究例がある[55]．同心円状に金属と誘電体の層を重ね合わせた構造を作製して，レンズとの組み合わせで 150 nm を隔てた二つのラインが分離された光学像が観察されている．回折限界を超え

た超解像は走査型近接場光学顕微鏡などでも実現できるが，ハイパボリック–メタマテリアルを用いた超解像は像をそのまま CCD カメラ上に結像できるので，原理的にはビデオレートでの超解像観察が可能である．

4.4.3 メタマテリアルによる光吸収

メタマテリアルを用いると特定の波長に強い吸収を持つ媒質を構築できる[56]．いくつかの方法が提案されているが，ここでは，パッチ型構造を用いた吸収体について説明する．図 4.27 に示す金属パッチを誘電体層のギャップ層として金属平板上に配置した構造は，以下のような特性を持つ．

- 厚さは 100 nm 程度であるが大きな吸収を示す．
- 様々な入射角で大きな光吸収が生じる．
- 構造やパラメータを変えれば様々な波長の吸収体が実現できる．

電磁界シミュレーションから，共鳴波長ではパッチを流れる電流で生じる磁気共鳴が起こっていることが示されている．強い光吸収を持つ媒質を加熱することにより高効率な発光体として動作することが知られている．これを利用した赤外領域の発光素子の研究も行われている[57]．

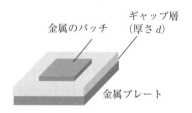

図 4.27 金属パッチを使った光吸収体構造．

一方，メタマテリアルを用いた黒体がいくつか報告されている．黒体は広い波長帯域で，様々な入射角で光を入射した際に強い吸収体となる物質や薄膜を指す．これを設計する一つの方法として，回折格子構造を使った例を紹介する[58]．まず，図 4.28(a) のような 3 層構造を考える．2 層目の厚さを d，屈折

率を $n = n' + n''i$ とする．上部の媒質は真空(屈折率 1)，下部の媒質はガラス(屈折率 1.5)する．吸収率 A が最大となる媒質 2 の屈折率 n を計算して等高線プロットした結果を図 4.28(b) に示す．ここで厚さ d は 150 nm とした．入射光の波長は 400 nm として計算したが，他の波長でも厚さ d を同じ割合で変えれば同じ結果が得られる．$n = 1.3 + 0.5i$ のときに 0.8 を上回る吸収率が得られている．実効的にこの屈折率を持つ構造を金の深い回折格子で実現している．波長 250–550 nm の範囲において良好な吸収体として動作することを示した．

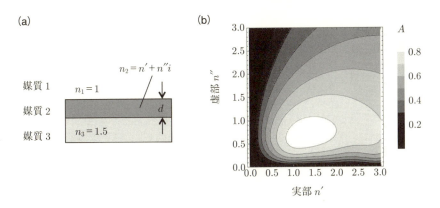

図 **4.28** 媒質 2 の屈折率と吸収率 A．

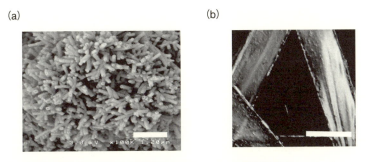

図 **4.29** (a) 蓮の葉を使った光吸収体構造の電子顕微鏡写真，バーは 1 μm．(b) 黒体の写真，バーは 1 cm．文献 [59] より転載．

また，生体由来材料が持つ光を閉じ込めるような複雑な構造を用いて黒体を実現した例もある[59]．蓮の葉は高い撥水性を示すことで知られている．これは，蓮の葉の表面に存在する直径 10 μm 程度のこぶによると考えられている．こぶの表面には**図 4.29**(a) に示すようなマカロニ状のナノ構造があり，ここへ金を 10 nm 程度の厚さで成膜するだけで光を吸収して反射率が下がり，その結果，図 4.29(b) に示すような黒体となることが示されている．薄膜でも強い吸収が得られるメタマテリアルによる光吸収は，光エネルギーを効率的に活用する際に利用ができると期待されている．

第5章
光学応答の計算手法

　微小な構造の光学応答はラプラスの方程式で解くことができるが境界条件に支配される．そのため，媒質本来が持つ光学応答とは異なる光学特性を実現できる．上手に設計し利用できれば，新しい光学素子を作成したり，新規の光学現象を見いだしたりすることができる．ここでは，微小な構造の光学応答の計算手法について考える．

5.1　境界値問題

　境界値問題を解くことにより，粒子の分極率や粒子付近の電場強度を解析的に求めることができる．数値計算に比べて精度がよく，高速に計算結果が得られる利点がある．一方で，適用できる粒子の形が限られており煩雑な計算が必要なことも多い．粒子サイズが波長に比べて充分小さい場合には，準静電近似（長波長近似とも呼ぶ）が成り立つので，静電場におけるラプラスの方程式を解けばよい．粒子の形に応じて，座標系を選ぶ必要があるが，すべての形状の座標系が用意されているわけではないので，適用できる形状は限られる．一方で，準静電近似が成立しない大きな粒子では，入射電場をベクトル調和関数で展開して，境界条件を適用して問題を解かなければならない．そのため定式化が難しくなり，計算時間も長くなる．現在，これらの方法が適用できるのは，球や球状のコアシェル構造，円柱構造などに限られる．ここでは，いくつかの粒子の形状について，境界値問題を解く．

5.1.1　球

準静電近似（球構造）

　図**5.1**のように波長に比べて充分小さい球（半径 R, 誘電率 ϵ_2）が誘電率 ϵ_1 の媒質中にある場合を使う．前者を媒質2，後者を媒質1とする．計算には球座標系

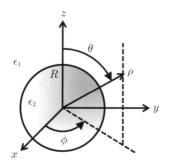

図 5.1 球の計算に用いるジオメトリ.

(ρ, θ, ϕ) を考え，r は位置 ρ を球の半径 R で規格化したものである ($r = \rho/R$). 次に，z 方向に光電場 E_0 が印加された場合を考える．電場の印加により生じる媒質 i におけるポテンシャルをそれぞれ V_i とする．ここでは，i は 1 または 2 である．一般化のため，これらのポテンシャルを E_0 と R で規格化したポテンシャルを $\psi_i = -V_i/(E_0 R)$ と定義する．

一般に静電場におけるポテンシャル Φ はラプラスの方程式 $\nabla^2 \Phi = 0$ を解くことにより得られる [60]．z 軸方向に電場 E_0 が印加された際のラプラスの方程式を解くと，位置 (r, θ) におけるポテンシャル $\Phi(r, \theta)$ が得られる．これは，係数 A_j, B_j を用いて

$$\Phi(\boldsymbol{r}, \theta) = \sum_{j=1}^{\infty} (A_j r^j + B_j r^{-(j+1)}) P_j(t) \tag{5.1}$$

と表される．ここで，$P_j(t)$ は第一種のルジャンドル関数であり，$t = \cos\theta$ である．

これを用いて媒質 1 または 2 における規格化されたポテンシャル ψ_1, ψ_2 を記述すると

$$\psi_1 = rt + \sum_{j=1}^{\infty} r^{-(j+1)} B_{1j} P_j(t)$$

$$\psi_2 = \sum_{j=1}^{\infty} r^j A_{2j} P_j(t) \tag{5.2}$$

となる．球の表面 $(r=1)$ におけるポテンシャルの接続条件は，

$$\psi_1\Big|_{r=1} = \psi_2\Big|_{r=1}$$
$$\epsilon_1 \frac{\partial}{\partial r}\psi_1\Big|_{r=1} = \epsilon_2 \frac{\partial}{\partial r}\psi_2\Big|_{r=1} \tag{5.3}$$

なので

$$t + \sum_{j=1}^{\infty} B_{1j} P_j(t) = \sum_{j=1}^{\infty} A_{2j} P_j(t)$$
$$\epsilon_1 \Big(t + \sum_{j=1}^{\infty} \big(-(j+1) B_{1j} P_j(t)\big)\Big) = \epsilon_2 \sum_{j=1}^{\infty} j A_{2j} P_j(t) \tag{5.4}$$

となる．$j \neq 1$ では係数は 0 となるため，$j=1$ のときのみ意味を持ち

$$(B_{11} - A_{21} + 1)t = 0$$
$$(2\epsilon_1 B_{11} + \epsilon_2 A_{21} - \epsilon_1)t = 0 \tag{5.5}$$

となる．以上より A_{21} と B_{11} が求まる．

$$A_{21} = \frac{3\epsilon_1}{2\epsilon_1 + \epsilon_2}$$
$$B_{11} = \frac{\epsilon_1 - \epsilon_2}{\epsilon_2 + 2\epsilon_1} \tag{5.6}$$

ポテンシャルの式に代入して，球内の電場 E_z を求める．

$$E_z = -\frac{\partial}{\partial z}\psi_2 = \frac{3\epsilon_1}{2\epsilon_1 + \epsilon_2} E_0 \tag{5.7}$$

他の電場成分 E_x や E_y は 0 となる．また，粒子の分極率 α は以下のようになり，4.3.3 節で示した式 (4.64) と一致する．

$$\alpha = -4\pi R^3 B_{11} \tag{5.8}$$

準静電近似(コアシェル構造)

図 **5.2** に示すような誘電率 ϵ_1 の媒質 1 にコアシェル粒子が存在する場合を考えてみよう．コアシェル粒子は，コア(誘電率 ϵ_3，半径 R_3)とそれを取り囲む

162　第5章　光学応答の計算手法

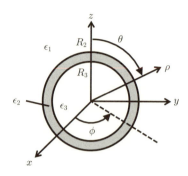

図 5.2　コアシェル構造の計算に用いるジオメトリ．

シェル（誘電率 ϵ_2，半径 R_2）で構成される．シェルの厚さは R_2 と R_3 の差となる．計算には球座標系 (r,θ,ϕ) を用いる．ここで，r は ρ を R_3 で規格化したパラメータである $(r=\rho/R_3)$．また，コアの半径 R_3 で規格化したシェルの半径 R_2 を s とする $(s=R_2/R_3)$．

前節と同様に，電場 E_0 が印加された際に生じる媒質 i における規格化されたポテンシャルを ψ_i とすれば

$$\psi_1 = rt + \sum_{j=1}^{\infty} B_{1j} r^{-(j+1)} P_j(t)$$

$$\psi_2 = \sum_{j=1}^{\infty} \left(A_{2j} r^j P_j(t) + B_{2j} r^{-(j+1)} P_j(t) \right)$$

$$\psi_3 = \sum_{j=1}^{\infty} A_{3j} r^j P_j(t) \tag{5.9}$$

である．$r=1$ および $r=s$ における境界条件から以下の四つの式が得られる．

$$A_{31} - A_{21} - B_{21} = 0$$
$$\epsilon_3 A_{31} - \epsilon_2 A_{21} + 2\epsilon_2 B_{21} = 0$$
$$s^3 A_{21} + B_{21} - B_{11} - s^3 = 0$$
$$\epsilon_2 s^3 A_{21} - 2\epsilon_2 B_{21} + 2\epsilon_1 B_{11} - \epsilon_1 s^3 = 0 \tag{5.10}$$

この連立方程式を解くと以下のようになる．

$$A_{21} = \frac{s^3}{\Delta}(3\epsilon_1(2\epsilon_2 + \epsilon_3))$$

$$B_{21} = \frac{s^3}{\Delta}(3\epsilon_1(\epsilon_2 - \epsilon_3))$$

$$A_{31} = \frac{s^3}{\Delta}(9\epsilon_1\epsilon_2)$$

$$B_{11} = \frac{s^3}{\Delta}(\epsilon_2(\epsilon_1 + \epsilon_3)(1 + 2s^3) + (2\epsilon_2^2 - \epsilon_1\epsilon_3)(1 - s^3)) \tag{5.11}$$

ここで

$$\Delta = \epsilon_2(2\epsilon_1 + \epsilon_3)(2 + s^3) - 2(\epsilon_2^2 + \epsilon_1\epsilon_3)(1 - s^3) \tag{5.12}$$

である．また，分極率 α は以下の式で求まる．

$$\alpha = -4\pi\epsilon_1 R_2^3 B_{11} \tag{5.13}$$

球のミー理論

ミー理論は球に光が入射した際の電場や磁場の振る舞いを厳密に解く手法である．考え方は準静電近似と同じであるが，入射波や散乱波，内部の電磁波を球面波展開する必要がある．その結果，球のサイズによらず厳密解を求めることができる．ここでは，球座標系を用いて，図5.1のように半径 R，誘電率 ϵ_2 の球が誘電率 ϵ_1 を持つ周辺媒質1の中にある場合を考える．z 方向に伝搬する x 偏光の光が入射した場合を考えれば，球は対称性が良いので一般化されている．球の屈折率を周辺媒質の屈折率で割った相対屈折率を m とする $(m = \sqrt{\epsilon_2/\epsilon_1})$．

この光の入射光電場 $\bm{E}_i$ は，振幅を E_0 とすると

$$\bm{E}_i = \hat{\bm{e}}_x E_0 \exp(ik_1 z) \tag{5.14}$$

と書ける．ここで $\hat{\bm{e}}_x$ は x 方向の単位ベクトルである．また k_1 は周辺媒質中の光の波数である．これを付録Dに示すベクトル球面調和関数を使って球面波に展開すると

$$\bm{E}_i = \sum_{n=1}^{\infty} E_n(\bm{M}_{o1n}^{(1)} - i\bm{N}_{e1n}^{(1)}) \tag{5.15}$$

となる．ここで，$E_n = i^n \dfrac{2n+1}{n(n+1)} E_0$ である．これを使って磁場 $\boldsymbol{H}_i$ は

$$\boldsymbol{H}_i = -\frac{k_0}{\omega\mu_0} \sum_{n=1}^{\infty} E_n (\boldsymbol{M}_{e1n}^{(1)} + i\boldsymbol{N}_{o1n}^{(1)}) \tag{5.16}$$

と記述できる．球の内部の電場 $\boldsymbol{E}_2$ と磁場 $\boldsymbol{H}_2$ は係数 c_n, d_n を用いて

$$\boldsymbol{E}_2 = \sum_{n=1}^{\infty} E_n (c_n \boldsymbol{M}_{o1n}^{(1)} - id_n \boldsymbol{N}_{e1n}^{(1)})$$

$$\boldsymbol{H}_2 = -\frac{mk_0}{\omega\mu_0} \sum_{n=1}^{\infty} E_n (d_n \boldsymbol{M}_{e1n}^{(1)} + ic_n \boldsymbol{N}_{o1n}^{(1)}) \tag{5.17}$$

と記述される．また，散乱場 $\boldsymbol{E}_\mathrm{s}$ と $\boldsymbol{H}_\mathrm{s}$ は係数 a_n, b_n を用いて以下のようになる．

$$\boldsymbol{E}_\mathrm{s} = \sum_{n=1}^{\infty} E_n (ia_n \boldsymbol{N}_{e1n}^{(3)} - ib_n \boldsymbol{M}_{o1n}^{(3)})$$

$$\boldsymbol{H}_\mathrm{s} = \frac{k_0}{\omega\mu_0} \sum_{n=1}^{\infty} E_n (ib_n \boldsymbol{N}_{o1n}^{(3)} + ia_n \boldsymbol{M}_{e1n}^{(3)}) \tag{5.18}$$

係数 a_n, b_n, c_n, d_n を $\rho = R$ における境界条件から求める．各次数 n で境界条件は満たされなければならない．これは以下のように四つの式で書ける．

$$j_n(mx)c_n + h_n^{(1)}(x)b_n = j_n(x)$$

$$\left(\frac{d(\rho j_n(\rho))}{d\rho}\right)_{\rho=x} c_n + \left(\frac{d(\rho h_n^{(1)}(\rho))}{d\rho}\right)_{\rho=x} b_n = \left(\frac{d(\rho j_n(\rho))}{d\rho}\right)_{\rho=x}$$

$$mj_n(mx)d_n + h_n^{(1)}(x)a_n = j_n(x)$$

$$\left(\frac{d(\rho j_n(\rho))}{d\rho}\right)_{\rho=x} d_n + m\left(\frac{d(\rho h_n^{(1)}(\rho))}{d\rho}\right)_{\rho=x} a_n = m\left(\frac{d(\rho j_n(\rho))}{d\rho}\right)_{\rho=x}$$

$$\tag{5.19}$$

ここで，x はサイズパラメータで周辺媒質における光の波数 k_1 を使って $x = k_1 R$ と定義される．これを解くと

$$a_n = \frac{m\psi_n(mx)\psi_n'(x) - \psi_n(x)\psi_n'(mx)}{m\psi_n(mx)\xi_n'(x) - \xi_n(x)\psi_n'(mx)}$$

$$b_n = \frac{\psi_n(mx)\psi_n'(x) - m\psi_n(x)\psi_n'(mx)}{\psi_n(mx)\xi_n'(x) - m\xi_n(x)\psi_n'(mx)}$$

$$c_n = \frac{m\psi_n(x)\xi_n'(x) - m\xi_n(x)\psi_n'(x)}{\psi_n(mx)\xi_n'(x) - m\xi_n(x)\psi_n'(mx)}$$

$$d_n = \frac{m\psi_n(x)\xi_n'(x) - m\xi_n(x)\psi_n'(x)}{m\psi_n(mx)\xi_n'(x) - \xi_n(x)\psi_n'(mx)} \tag{5.20}$$

となる．$\psi_n(\rho)$, $\xi_n(\rho)$ はリカッチ–ベッセル (Ruccati–Bessel) 関数と呼ばれ

$$\psi_n(\rho) = \rho j_n(\rho)$$
$$\xi_n(\rho) = \rho h_n^{(1)}(\rho) \tag{5.21}$$

である．右肩の $'$（プライム）は，括弧内の変数における微分を表す．散乱断面積 C_{sca}，消光断面積 C_{ext} は

$$C_{\text{sca}} = \frac{2\pi}{k_0^2} \sum_{n=1}^{\infty} (2n+1)(|a_n|^2 + |b_n|^2)$$

$$C_{\text{ext}} = \frac{2\pi}{k_0^2} \sum_{n=1}^{\infty} (2n+1)\text{Re}(a_n + b_n) \tag{5.22}$$

と表される．

コアシェル球のミー理論

図 5.2 のようなコアシェル構造でも考え方は同じである．コアの半径を R_3，誘電率を ϵ_3，シェルの半径を R_2，誘電率を ϵ_2 とする．シェルの厚さは $R_2 - R_3$ となる．周辺媒質の誘電率 ϵ_1 に対する，相対屈折率を $m_3 = \sqrt{\epsilon_3/\epsilon_1}$, $m_2 = \sqrt{\epsilon_2/\epsilon_1}$ と定義する．球内部の電場，磁場を $\boldsymbol{E}_3$, $\boldsymbol{H}_3$，シェルの電場，磁場を $\boldsymbol{E}_2$, $\boldsymbol{H}_2$，入射場電場，磁場を $\boldsymbol{E}_\text{i}$, $\boldsymbol{H}_\text{i}$，散乱場電場，磁場を $\boldsymbol{E}_\text{s}$, $\boldsymbol{H}_\text{s}$ とする．

入射場と散乱場は

$$\boldsymbol{E}_\text{i} = \sum_{n=1}^{\infty} E_n(\boldsymbol{M}_{o1n}^{(1)} - i\boldsymbol{N}_{e1n}^{(1)})$$

$$\boldsymbol{H}_{\mathrm{i}} = -\frac{k_0}{\omega\mu_0}\sum_{n=1}^{\infty} E_n(\boldsymbol{M}_{e1n}^{(1)} + i\boldsymbol{N}_{o1n}^{(1)})$$

$$\boldsymbol{E}_{\mathrm{s}} = \sum_{n=1}^{\infty} E_n(ia_n\boldsymbol{N}_{e1n}^{(3)} - ib_n\boldsymbol{M}_{o1n}^{(3)})$$

$$\boldsymbol{H}_{\mathrm{s}} = \frac{k_0}{\omega\mu_0}\sum_{n=1}^{\infty} E_n(ib_n\boldsymbol{N}_{o1n}^{(3)} + ia_n\boldsymbol{M}_{e1n}^{(3)}) \tag{5.23}$$

コアである媒質 3 における電場と磁場は

$$\boldsymbol{E}_3 = \sum_{n=1}^{\infty} E_n(c_n\boldsymbol{M}_{o1n}^{(1)} - id_n\boldsymbol{N}_{e1n}^{(1)})$$

$$\boldsymbol{H}_3 = -\frac{m_3 k_0}{\omega\mu_0}\sum_{n=1}^{\infty} E_n(d_n\boldsymbol{M}_{e1n}^{(1)} + ic_n\boldsymbol{N}_{o1n}^{(1)}) \tag{5.24}$$

と記述される．シェルである媒質 2 における電場と磁場は球の内部へ進行する波と外部へ進行する波の和となるので

$$\boldsymbol{E}_2 = \sum_{n=1}^{\infty} E_n(f_n\boldsymbol{M}_{o1n}^{(1)} - ig_n\boldsymbol{N}_{e1n}^{(1)} + v_n\boldsymbol{M}_{o1n}^{(2)} - iw_n\boldsymbol{N}_{e1n}^{(2)})$$

$$\boldsymbol{H}_2 = -\frac{m_2 k_0}{\omega\mu_0}\sum_{n=1}^{\infty} E_n(g_n\boldsymbol{M}_{e1n}^{(1)} + if_n\boldsymbol{N}_{o1n}^{(1)} + w_n\boldsymbol{M}_{e1n}^{(2)} + iv_n\boldsymbol{N}_{o1n}^{(2)}) \tag{5.25}$$

と記述される．これらを $\rho = R_2$ および $\rho = R_3$ における境界条件で解くと，各係数を求めることができる．結果のみを記すと以下のようになる．

$$a_n = \frac{\psi_n(y)(\psi_n'(m_2 y) - A_n\chi_n'(m_2 y)) - m_2\psi_n'(y)(\psi_n(m_2 y) - A_n\chi_n(m_2 y))}{\xi_n(y)(\psi_n'(m_2 y) - A_n\chi_n'(m_2 y)) - m_2\xi_n'(y)(\psi_n(m_2 y) - A_n\chi_n(m_2 y))}$$

$$b_n = \frac{m_2\psi_n(y)(\psi_n'(m_2 y) - B_n\chi_n'(m_2 y)) - \psi_n'(y)(\psi_n(m_2 y) - B_n\chi_n(m_2 y))}{m_2\xi_n(y)(\psi_n'(m_2 y) - B_n\chi_n'(m_2 y)) - \xi_n'(y)(\psi_n(m_2 y) - B_n\chi_n(m_2 y))}$$
$$\tag{5.26}$$

ここで，A_n, B_n は

$$A_n = \frac{m_2\psi_n(m_2 x)\psi_n'(m_3 x) - m_1\psi_n'(m_2 x)\psi_n(m_3 x)}{m_2\chi_n(m_2 x)\psi_n'(m_3 x) - m_1\chi_n'(m_2 x)\psi_n(m_3 x)}$$

$$B_n = \frac{m_2 \psi_n(m_3 x) \psi'_n(m_2 x) - m_3 \psi_n(m_2 x) \psi'_n(m_3 x)}{m_2 \chi'_n(m_2 x) \psi_n(m_3 x) - m_3 \psi'_n(m_3 x) \chi_n(m_2 x)} \quad (5.27)$$

である.サイズパラメータは二つあり,$x = k_1 R_3$, $y = k_1 R_2$, リカッチ–ベッセル関数 $\chi_n(\rho)$ は $\chi_n(\rho) = -\rho y_n(\rho)$ である.

5.1.2 2連球

準静電近似を使って,図 **5.3** に示すように誘電率 ϵ_1 の媒質中(媒質 1)に二つの同じ球型粒子(半径 R,誘電率 ϵ_2)が距離 d 離れて置かれている場合を考える(媒質 2).球の中心間の距離を D とすると $D = 2R + d$ となる.双球座標系 (μ, θ, ϕ) を導入すると,x, y, z との関係は以下のようになる[61].

$$\begin{aligned} x &= \frac{a \sin \theta \cos \phi}{\cosh \mu - \cos \theta} \\ y &= \frac{a \sin \theta \sin \phi}{\cosh \mu - \cos \theta} \\ z &= \frac{a \sinh \theta}{\cosh \mu - \cos \theta} \end{aligned} \quad (5.28)$$

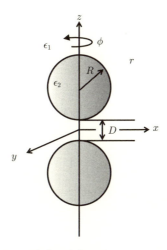

図 5.3 2 連球の計算に用いるジオメトリ.

ここで，$a = \sqrt{D^2 - R^2}$ である．球の表面は $\mu = \pm\mu_0$ で表される．このとき $D = a\cosh\mu_0$，$R = \dfrac{a}{\sinh\mu_0}$ の関係がある．

z 方向電場を印加した場合

z 方向に電場 E が印加された際の媒質 1 および媒質 2 におけるポテンシャル V_1 と V_2 は，双球座標系におけるラプラスの方程式の解を使って

$$V_1 = (\cosh\mu - t)^{\frac{1}{2}} \sum_{n=0}^{\infty} \left(A_n \sinh\left(\left(n + \frac{1}{2}\right)\mu\right) P_n(t) \right) - \frac{Ea\sinh\mu}{\cosh\mu - t} \quad (5.29)$$

$$V_2 = (\cosh\mu - t)^{\frac{1}{2}} \sum_{n=0}^{\infty} \left(B_n \exp\left(-\left(n + \frac{1}{2}\right)\mu\right) P_n(t) \right) \quad (5.30)$$

と記述される．A_n，B_n は定数であり，$t = \cos\theta$ とした．球の表面 $(\mu = \mu_0)$ における電場の接線成分と電気変位の法線成分の連続は以下の式で示される．

$$V_1\big|_{\mu=\mu_0} = V_2\big|_{\mu=\mu_0} \quad (5.31)$$

$$\epsilon_1 \frac{dV_1}{d\mu}\Big|_{\mu=\mu_0} = \epsilon_2 \frac{dV_2}{d\mu}\Big|_{\mu=\mu_0} \quad (5.32)$$

式 (5.31) の両辺に $P_k(t)$ を掛けて，積分すると以下のようになる．

$$\sum_{n=0}^{\infty} B_n \exp\left(-\left(n + \frac{1}{2}\right)\mu_0\right) \int_{-1}^{1} P_n(t) P_k(t) dt$$
$$= \sum_{n=0}^{\infty} A_n \sinh\left(\left(n + \frac{1}{2}\right)\mu_0\right) \int_{-1}^{1} P_n(t) P_k(t) dt - \int_{-1}^{1} \frac{Ea\sinh\mu_0}{(\cosh\mu_0 - t)^{\frac{3}{2}}} P_k(t) dt \quad (5.33)$$

ルジャンドル関数の直交性

$$\int_{-1}^{1} P_n(t) P_k(t) dt = \frac{2}{2k+1} \delta_{kn} \quad (5.34)$$

および

$$\int_{-1}^{1} \frac{\sinh\mu_0}{(\cosh\mu_0 - t)^{\frac{3}{2}}} P_n(t) dt = \sum_{n=0}^{\infty} \frac{2\sqrt{2}}{\sinh\mu_0} \exp\left(-\left(n + \frac{1}{2}\right)\mu_0\right) \quad (5.35)$$

の関係を使って,

$$B_n = \exp\left(\left(n+\frac{1}{2}\right)\mu_0\right)\sinh\left(\left(n+\frac{1}{2}\right)\mu_0\right)A_n - 2\sqrt{2}Ea\left(\frac{2n+1}{2}\right) \quad (5.36)$$

が得られる.

これを式 (5.32) に代入して B_n を消去した結果, 得られる式は

$$C_{n-1}^1 A_{n-1} + C_n^2 A_n + C_{n+1}^3 A_{n+1} = 2\sqrt{2}\Delta\epsilon Ea D_n \quad (5.37)$$

である. ここで, $\Delta\epsilon = \epsilon_1 - \epsilon_2$ である. また, $C_n^1 \sim C_n^3$, D_n, Q_n は以下の式で与えられる.

$$\begin{aligned}
C_n^1 &= (n+1)Q_n \\
C_n^2 &= (2n+1)Q_n \cosh\mu_0 + \Delta\epsilon \sinh\mu_0 \sinh\left(n+\frac{1}{2}\right)\mu_0 \\
C_n^3 &= nQ_n \\
D_n &= \exp\left(-\left(n+\frac{1}{2}\right)\mu_0\right)(n\exp\mu_0 - (n+1)\exp(-\mu_0)) \quad (5.38) \\
Q_n &= \epsilon_2 \sinh\left(\left(n+\frac{1}{2}\right)\mu_0\right) + \epsilon_1 \cosh\left(\left(n+\frac{1}{2}\right)\mu_0\right) \quad (5.39)
\end{aligned}$$

$n=1$ から適当な大きさの n で計算を打ち切って連立方程式を解き, $A_0 \sim A_{n-1}$ を求めることになる.

x 方向電場を印加した場合

x 方向に電場 E_0 を印加した場合には, ポテンシャルはルジャンドル陪関数 $P_n^1(t)$ を使って以下のように表される.

$$V_1 = (\cosh\mu - t)^{\frac{1}{2}} \sum_{n=0}^{\infty}\left(A_n \cosh\left(\left(n+\frac{1}{2}\right)\mu\right)P_n^1(t)\cos\phi\right) - \frac{Ea\sin\theta\cos\phi}{\cosh\mu - t} \quad (5.40)$$

$$V_2 = (\cosh\mu - t)^{\frac{1}{2}} \sum_{n=0}^{\infty}\left(B_n \exp\left(-\left(n+\frac{1}{2}\right)\mu\right)P_n^1(t)\cos\phi\right) \quad (5.41)$$

境界条件 (式 (5.31) と式 (5.32)) から B_n を消去して A_n で表すと

170 第 5 章 光学応答の計算手法

$$C_{n-1}^1 A_{n-1} + C_n^2 A_n + C_{n+1}^3 A_{n+1} = 4\sqrt{2} E a \Delta\epsilon D_n \tag{5.42}$$

$C_n^1 \sim C_n^3$, D_n, Q_n は以下の式で与えられる.

$$C_n^1 = nQ_n$$
$$C_n^2 = (2n+1)Q_n \cosh\mu_0 + \Delta\epsilon \sinh\mu_0 \cosh\left(n+\frac{1}{2}\right)\mu_0$$
$$C_n^3 = (n+1)Q_n$$
$$D_n = \sinh\mu_0 \exp\left(-\left(n+\frac{1}{2}\right)\mu_0\right) \tag{5.43}$$
$$Q_n = \epsilon_2 \cosh\left(\left(n+\frac{1}{2}\right)\mu_0\right) + \epsilon_1 \sinh\left(\left(n+\frac{1}{2}\right)\mu_0\right) \tag{5.44}$$

z 方向に電場をかけた場合と同様に連立方程式を解き,$A_0 \sim A_{n-1}$ を求めることになる.

5.1.3 基板上の球

境界値問題として取り扱えるのは,媒質中に孤立して存在する粒子だけではない.図 **5.4** に示すような基板上の球でも,そのサイズが波長に比べて充分小さいときには準静電近似が成り立ち,比較的容易に解析的に分極率や周辺電場を求めることができる [62, 63].孤立した球は対称性が良いため,静電近似のも

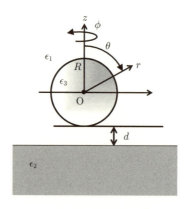

図 **5.4** 基板上の球の計算に用いるジオメトリ.

とでは双極子のみを考えればよかったが，球の近傍に基板があると多重極子を考慮する必要がある．よって，ポテンシャルを多重極展開してその係数を求めることになる．

周辺媒質を媒質 1 として誘電率を ϵ_1，基板を媒質 2 として誘電率を ϵ_2 とする．半径を R の球状の粒子が基板の上に存在し，中心と基板の距離を r_0 とする．粒子を媒質 3 として誘電率を ϵ_3 とする．球の中心を原点とする球座標系 (ρ, θ, ϕ) を考える．5.1.1 節で行ったように，ρ を R で規格化して r として，球の表面を $r = 1$ として表す．また，電場 E_0 が印加された際に生じる媒質 i におけるポテンシャル V_i は $-E_0 R$ で規格化してポテンシャルを ψ_i として表す．さらに，簡単のため $t = \cos\theta$ と置く．球が孤立して存在するときと異なり，基板上の球の場合には基板表面に垂直方向に電場をかけた場合と基板に平行(ここでは x 方向)に電場をかけた場合では異なる取り扱いをする．

垂直成分

基板表面に垂直方向に電場 E_0 をかけたときに生じる媒質 1〜3 における規格化されたポテンシャルは，5.1.1 節のように定義すると，以下のように表される．

$$\psi_1 = rt + \sum_{j=1}^{\infty} r^{-(j+1)} P_j^0(t) A_{1j} + \sum_{j=1}^{\infty} V_j^0(r,t) A'_{1j}$$

$$\psi_2 = \psi'_2 + \alpha rt + \sum_{j=1}^{\infty} r^{-(j+1)} P_j^0(t) A_{2j}$$

$$\psi_3 = \sum_{j=1}^{\infty} r^j P_j^0(t) A_{3j} \tag{5.45}$$

ここで $P_j^m(t)$ はルジャンドル陪関数であり，以下のように定義される．

$$P_j^m(t) = \frac{(1-t^2)^{m/2}}{2^j j!} \frac{d^{j+m}}{dt^{j+m}} (t^2 - 1)^j \tag{5.46}$$

また，式 (5.45) の右辺の第 3 項は基板中の鏡像からの寄与を表し，$V_j^0(r,t)$ はこれを表すための関数であり，以下のように書ける．

$$V_j^m(r,t) = \frac{P_j^m\left(\frac{rt - 2r_0}{(r^2 - 4rr_0 t + 4r_0^2)^{1/2}}\right)}{(r^2 - 4rr_0 t + 4r_0^2)^{(j+1)/2}} \tag{5.47}$$

次に，媒質 1 と媒質 2 の間の境界条件を考える．境界条件には二つの媒質の境界面方向の電場の連続と法線方向の電束密度の連続がある．前者はポテンシャルの連続に置き換えることができて $\psi_1 = \psi_2$ である．

$$-\psi_2' + rt(1-\alpha) + \sum_{j=1}^{\infty}\left(r^{-(j+1)}P_j^0(t)(A_{1j} - A_{2j}) + V_j^0(r,t)A_{1j}'\right) = 0 \tag{5.48}$$

境界では $r_0 = rt$ なので $V_j^0\left(r, \frac{r_0}{r}\right) = r^{-(j+1)}(-1)^j P_j^0\left(\frac{r_0}{r}\right)$ となり

$$-\psi_2' + rt(1-\alpha) + \sum_{j=1}^{\infty}\left(r^{-(j+1)}P_j^0\left(\frac{r_0}{r}\right)(A_{1j} - A_{2j} + (-1)^j A_{1j}')\right) = 0 \tag{5.49}$$

となる．これがどの r に対しても成り立つので以下の関係が得られる．

$$-\psi_2' + rt(1-\alpha) = 0$$
$$A_{1j} - A_{2j} + (-1)^j A_{1j}' = 0 \tag{5.50}$$

また，法線方向の電束密度の連続は以下のように記述できる．

$$\epsilon_1 \frac{\partial}{\partial z}\psi_1 = \epsilon_2 \frac{\partial}{\partial z}\psi_2 \tag{5.51}$$

以下の関係を使って，z 方向の偏微分を r と θ 方向の偏微分に変換する．

$$\frac{\partial}{\partial z} = \frac{\partial}{\partial r}\frac{\partial r}{\partial z} + \frac{\partial}{\partial \theta}\frac{\partial \theta}{\partial z} = \cos\theta \frac{\partial}{\partial r} - \frac{\sin\theta}{r}\frac{\partial}{\partial \theta} \tag{5.52}$$

これを使って，式 (5.51) は

$$(\epsilon_1 - \alpha\epsilon_2) + \sum_{j=1}^{\infty}\left(-(j+1)r^{-(j+2)}P_{j+1}^0\left(\frac{r_0}{r}\right)(\epsilon_1 A_{ij} - \epsilon_2 A_{2j} - (-1)^j A_{ij}')\right) = 0 \tag{5.53}$$

となる．よって，この式がどの r に対しても成り立つので以下の関係が得られる．

$$\epsilon_1 - \alpha\epsilon_2 = 0$$
$$\epsilon_1 A_{ij} - \epsilon_2 A_{2j} - (-1)^j A'_{ij} = 0 \tag{5.54}$$

式 (5.50) および式 (5.54) をまとめると以下のようになる.

$$\alpha = \frac{\epsilon_1}{\epsilon_2}$$
$$\psi'_2 = (1-\alpha)r_0 = \left(1 - \frac{\epsilon_1}{\epsilon_2}\right)r_0$$
$$A_{2j} = \frac{2\epsilon_1}{\epsilon_1 + \epsilon_2} A_{ij}$$
$$A'_{1j} = \frac{\epsilon_1 - \epsilon_2}{\epsilon_1 + \epsilon_2}(-1)^j A_{ij} \tag{5.55}$$

また, 媒質 1 と媒質 3 の間の境界条件は, $P_k^0(t)$ を掛けて積分して求める.

$$\int_{-1}^{1} dt \int_{0}^{2\pi} d\phi\, (\psi_1 - \psi_3)_{r=1} P_k^0(t) = 0 \tag{5.56}$$

$$\int_{-1}^{1} dt \int_{0}^{2\pi} d\phi \left(\epsilon_1 \frac{\partial}{\partial r}\psi_1 - \epsilon_3 \frac{\partial}{\partial r}\psi_3\right)_{r=1} P_k^0(t) = 0 \tag{5.57}$$

式 (5.56) を計算すると[*1]

$$\int_{-1}^{1} dt\, tP_k^0(t) + \sum_{j=1}^{\infty} \Big(A_{1j} \int_{-1}^{1} dt P_j^0(t) P_k^0(t) + A'_{1j} \int_{-1}^{1} dt\, V_j^0(1,t) P_k^0(t)$$
$$- A_{3j} \int_{-1}^{1} dt\, P_j^0(t) P_k^0(t)\Big) = 0 \tag{5.58}$$

となる. $V_j^0(r,t)$ に関する以下の式

$$V_j^0(r,t) = (-1)^j \sum_{l}^{\infty} \frac{(l+j)! r^l}{l! j! (2r_0)^{l+j+1}} P_l^0(t) \tag{5.59}$$

を使って変形すると

[*1] 以下の公式を用いる. $\int_{-1}^{1} tP_k^0(t)dt = \frac{2}{3}\delta_{k1}$ $\int_{-1}^{1} P_j^0(t)P_k^0(t)dt = \frac{2}{2k+1}\delta_{kj}$

$$\frac{2}{3}\delta_{k1} + \sum_{j=1}^{\infty}\Big(\frac{2}{2k+1}\Big(\delta_{kj} + \frac{\epsilon_1 - \epsilon_2}{\epsilon_1 + \epsilon_2}\frac{(k+j)!}{k!j!(2r_0)^{k+j+1}}\Big)A_{1j} - \frac{2}{2k+1}\delta_{kj}A_{3j}\Big) = 0 \tag{5.60}$$

が得られる.

同様に,式 (5.57) は以下のように表される.

$$\epsilon_1 \int_{-1}^{1} dt\, tP_k^0(t) + \sum_{j=1}^{\infty}\Big(-(j+1)\epsilon_1 A_{1j}\int_{-1}^{1} dt P_j^0(t)P_k^0(t)$$
$$+ \epsilon_1 A'_{1j}\int_{-1}^{1} dt\, \frac{\partial}{\partial r}V_j^0(r,t)\Big|_{r=1} P_k^0(t) - j\epsilon_3 A_{3j}\int_{-1}^{1} dt\, P_j^0(t)P_k^0(t)\Big) = 0 \tag{5.61}$$

これを変形すると以下の式が得られる.

$$\frac{2}{3}\epsilon_1\delta_{k1} + \sum_{j=1}^{\infty}\Big(\frac{2\epsilon_1}{2k+1}\Big(-(j+1)\delta_{kj} + \frac{\epsilon_1 - \epsilon_2}{\epsilon_1 + \epsilon_2}\frac{k(k+j)!}{k!j!(2r_0)^{k+j+1}}\Big)A_{1j}$$
$$- \frac{2k\epsilon_3}{2k+1}\delta_{kj}A_{3j}\Big) = 0 \tag{5.62}$$

さらに,式 (5.60) と式 (5.62) を連立して A_{3j} を消去すると

$$\sum_{j=1}^{\infty}\Big(\delta_{ij} + \frac{k(\epsilon_2 - \epsilon_1)(\epsilon_1 - \epsilon_3)}{(\epsilon_2 + \epsilon_1)((k+1)\epsilon_1 + k\epsilon_3)}\frac{(k+j)!}{k!j!2^{k+j+1}}\Big)A_{1j} = \frac{\epsilon_1 - \epsilon_3}{2\epsilon_1 + \epsilon_3}\delta_{k1} \tag{5.63}$$

が得られる.これを k と j に関する連立方程式にして,A_{ij} を求めて,それが決まれば分極率や電場分布を求めることができる.

水平成分

基板表面に x 方向に電場 E_0 をかけたときの規格化されたポテンシャルは以下のように表される.

$$\psi_1 = r\sqrt{1-t^2}\cos\phi + \sum_{j=1}^{\infty} r^{-(j+1)}P_j^1(t)B_{1j}\cos\phi + V_j^1(r,t)B'_{1j}\cos\phi$$

$$\psi_2 = \psi'_2 + \beta r\sqrt{1-t^2}\cos\phi + \sum_{j=1}^{\infty} r^{-(j+1)}P_j^1(t)B_{2j}\cos\phi$$

$$\psi_3 = \sum_{j=1}^{\infty} r^j P_j^1(t) \cos \phi B_{3j} \tag{5.64}$$

媒質 1 と媒質 3 の間の境界条件は，$P_k^1(t)$ を掛けて積分して求める．

$$\int_{-1}^{1} dt \int_{0}^{2\pi} d\phi \, (\psi_1 - \psi_3)_{r=1} P_k^1(t) = 0 \tag{5.65}$$

$$\int_{-1}^{1} dt \int_{0}^{2\pi} d\phi \Big(\epsilon_1 \frac{\partial}{\partial r} \psi_1 - \epsilon_3 \frac{\partial}{\partial r} \psi_3 \Big)_{r=1} P_k^1(t) = 0 \tag{5.66}$$

式 (5.65) を計算すると

$$\int_{-1}^{1} dt \, \sqrt{1-t^2} P_k^1(t) + \sum_{j=1}^{\infty} \Big(B_{1j} \int_{-1}^{1} dt P_j^1(t) P_k^1(t)$$
$$+ B'_{1j} \int_{-1}^{1} dt \, V_j^1(1,t) P_k^1(t)$$
$$- B_{3j} \int_{-1}^{1} dt \, P_j^1(t) P_k^1(t) \Big) = 0 \tag{5.67}$$

これを計算すると[*2]

$$\frac{4}{3}\delta_{k1} + \sum_{j=1}^{\infty} \Big(\frac{2k(k+1)}{2k+1} \Big(\delta_{kj} + \frac{\epsilon_1 - \epsilon_2}{\epsilon_1 + \epsilon_2} \frac{(k+j)!}{(k+1)!(j-1)!(2r_0)^{k+j+1}} \Big) B_{1j}$$
$$- \frac{2k(k+1)}{2k+1} \delta_{kj} B_{3j} \Big) = 0 \tag{5.68}$$

が得られる．式 (5.66) を計算すると

$$\epsilon_1 \int_{-1}^{1} dt \, \sqrt{1-t^2} t P_k^1(t) + \sum_{j=1}^{\infty} \Big(-(j+1)\epsilon_1 B_{1j} \int_{-1}^{1} dt P_j^1(t) P_k^1(t)$$
$$+ (-1)^{(j+1)} \frac{\epsilon_1(\epsilon_1 - \epsilon_2)}{\epsilon_1 + \epsilon_2} B'_{1j} \int_{-1}^{1} dt \, \frac{\partial}{\partial r} V_j^1(r,t) \Big|_{r=1} P_k^1(t)$$

[*2] 以下の公式を用いる．
$\int_{-1}^{1} t P_k^1(t) dt = \int_{-1}^{1} P_1^1(t) P_k^1(t) dt = \frac{4}{3}\delta_{k1}$ $\int_{-1}^{1} P_j^1(t) P_k^1(t) dt = \frac{2k(k+1)}{2k+1}\delta_{kj}$

$$- j\epsilon_3 B_{3j} \int_{-1}^{1} dt\, P_j^1(t) P_k^1(t) \Big) = 0 \tag{5.69}$$

付録 E に示した関係を使って

$$\frac{4}{3}\epsilon_1 \delta_{k1} + \sum_{j=1}^{\infty} \Big(\frac{2\epsilon_1 k(k+1)}{2k+1} \Big(-(j+1)\delta_{kj}$$

$$+ \frac{\epsilon_1 - \epsilon_2}{\epsilon_1 + \epsilon_2} \frac{k(k+j)!}{(k+1)!(j-1)!(2r_0)^{k+j+1}} \Big) B_{1j}$$

$$- \frac{2k^2(k+1)\epsilon_3}{2k+1} \delta_{kj} B_{3j} \Big) = 0 \tag{5.70}$$

が得られる. 式 (5.60) と式 (5.62) を連立して B_{3j} を消去すると

$$\sum_{j=1}^{\infty} \Big(\delta_{ij} + \frac{k(\epsilon_2-\epsilon_1)(\epsilon_1-\epsilon_3)}{(\epsilon_2+\epsilon_1)((k+1)\epsilon_1+k\epsilon_3)} \frac{(k+j)!}{(k+1)!(j-1)!(2r_0)^{k+j+1}} \Big) B_{1j}$$

$$= \frac{\epsilon_1-\epsilon_3}{2\epsilon_1+\epsilon_3} \delta_{k1} \tag{5.71}$$

が得られる. これを k と j に関する連立方程式にして, B_{ij} を求める.

基板の金属の応答が理想的で, 球の鏡像が同じ性質を持つ場合には, 5.1.2 節で述べた 2 連球と同じ光学応答をする. そのためには垂直成分では

$$\frac{\epsilon_2-\epsilon_1}{\epsilon_2+\epsilon_1} = 1 \tag{5.72}$$

水平成分では

$$\frac{\epsilon_2-\epsilon_1}{\epsilon_2+\epsilon_1} = -1 \tag{5.73}$$

と置いて計算を行うと 5.1.2 節で論じた 2 連球と同様の結果が得られる. 前者では双極子とその鏡像が同じ方向にとなること, 後者では逆方向(反平行)となることに対応する.

5.2 離散双極子近似

離散双極子近似 (DDA: discrete dipole approximation) は, 光の波長程度かそれ以下のサイズの孤立した任意の形状の粒子の光学応答を計算する方法であ

る[64,65]．もともとは宇宙空間の塵の光学応答の計算に用いられたが，今日では金属のナノ構造の光学応答に広く使われている．これは，公開されたソフトウエアが普及しており，プログラムを自分で作らなくても利用できる．主なソフトウエアには DDSCAT と Amsterdam DDA の二つがある．ここでは，計算の原理について簡単に紹介する．

5.2.1 離散双極子近似の原理

図 5.5(a) のように，任意の形状の粒子（屈折率 n）をさらに細かい粒（セル）の集合体と考える．セル i は 2 階のテンソルである分極率 $\hat{\alpha}_i$ を持ち，粒子に含まれるセルの数を N とする．図 5.5(b) に示すように，外部から光（光電場 E_ext）が入射した際に，位置 r_i に生じる局所電場 E^i_loc は，外部から印加された光電場 E^i_ext と周囲の双極子により生じた電場 E^i_dip の和として表される．すなわち，以下のような式となる*3．

$$E^i_\text{loc} = E^i_\text{ext} + E^i_\text{dip}$$
$$= E^i_\text{ext} - \sum_{j \neq i}^{N} \tilde{\mathbf{A}}_{ij} p_j$$

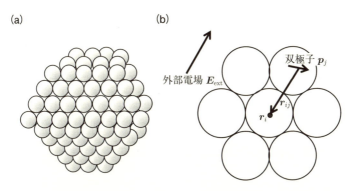

図 5.5 (a) 離散双極子近似でのモデリング．球が双極子を含む球の集合体として構造を表す，(b) 双極子のと電場の関係．

---

*3 位置 r_i による位相を考慮しているので，場所により E_ext も異なるため，E^i_ext と記述する．

$$= \boldsymbol{E}_{\text{ext}}^i - \sum_{j \neq i}^{N} \frac{\exp(ik_0 r_{ij})}{4\pi\epsilon_0 r_{ij}^3} \Big(k_0^2 \boldsymbol{r}_{ij} \times (\boldsymbol{r}_{ij} \times \boldsymbol{p}_j)$$
$$+ \frac{ik_0 r_{ij} - 1}{r_{ij}^2} (r_{ij}^2 \boldsymbol{p}_j - 3\boldsymbol{r}_{ij}(\boldsymbol{r}_{ij} \cdot \boldsymbol{p}_j)) \Big) \tag{5.74}$$

ここで, k_0 は真空中における入射光の波数であり, $\boldsymbol{r}_{ij}$ はセル j からセル i へのベクトル, $\boldsymbol{p}_j$ はセル j の双極子モーメントである. また, $\tilde{\mathbf{A}}_{ij}$ は双極子 $\boldsymbol{p}_j$ が位置 $\boldsymbol{r}_i$ につくる電場を表す 3×3 の行列である.

$\boldsymbol{E}_{\text{loc}}^i$ を使って, セル i の双極子 $\boldsymbol{p}_i$ は以下のように記述される.

$$\boldsymbol{p}_i = \tilde{\alpha}_i \boldsymbol{E}_{\text{loc}}^i = \tilde{\alpha}_i \Big(\boldsymbol{E}_{\text{ext}}^i - \sum_{j \neq i}^{N} \tilde{\mathbf{A}}_{ij} \boldsymbol{p}_j \Big) \tag{5.75}$$

$\boldsymbol{E}_{\text{ext}}^i$ について解くと

$$\boldsymbol{E}_{\text{ext}}^i = \tilde{\alpha}_i^{-1} \boldsymbol{p}_i + \sum_{j \neq i}^{N} \tilde{\mathbf{A}}_{ij} \boldsymbol{p}_j \tag{5.76}$$

である. これを N 個の全双極子について書く. ただし, α_i^{-1} を行列 $\tilde{\mathbf{A}}_{ij}$ の対角成分として取り込む ($\tilde{\mathbf{A}}_{ii} = \alpha_i^{-1}$).

$$\begin{pmatrix} \boldsymbol{E}_{\text{ext}}^1 \\ \vdots \\ \boldsymbol{E}_{\text{ext}}^i \\ \vdots \\ \boldsymbol{E}_{\text{ext}}^N \end{pmatrix} = \begin{pmatrix} \tilde{\mathbf{A}}_{11} & \cdots & \tilde{\mathbf{A}}_{1j} & \cdots & \tilde{\mathbf{A}}_{1N} \\ \vdots & \ddots & & & \vdots \\ \tilde{\mathbf{A}}_{i1} & \cdots & \tilde{\mathbf{A}}_{ij} & \cdots & \tilde{\mathbf{A}}_{iN} \\ \vdots & & & \ddots & \vdots \\ \tilde{\mathbf{A}}_{N1} & \cdots & \tilde{\mathbf{A}}_{Nj} & \cdots & \tilde{\mathbf{A}}_{NN} \end{pmatrix} \begin{pmatrix} \boldsymbol{p}_1 \\ \vdots \\ \boldsymbol{p}_i \\ \vdots \\ \boldsymbol{p}_N \end{pmatrix} \tag{5.77}$$

式 (5.77) は以下のような $\tilde{\mathbf{P}}$ を未知数とする連立方程式となる. $\tilde{\mathbf{P}}$ と $\tilde{\mathbf{E}}$ はベクトルを縦に並べたテンソルである.

$$\tilde{\mathbf{E}}_{\text{ext}} = \tilde{\mathbf{A}} \tilde{\mathbf{P}} \tag{5.78}$$

$\tilde{\mathbf{P}}$ は両辺に $\tilde{\mathbf{A}}$ の逆行列を掛ければ求まるが, 実際には $3N \times 3N$ 成分あり, N は通常 1000 以上のため膨大な計算量が必要である. これを求めるためにいく

つかのアルゴリズムが提案されており，配布のプログラムにはそれらが実装されている．

得られた結果から，粒子の消衰断面積 C_ext，散乱断面積 C_sca，吸収断面積 C_abs は以下の式で求められる．

$$C_\mathrm{ext} = \frac{4\pi k_0}{|E_0|^2} \sum_{j=1}^{N} \mathrm{Im}(\boldsymbol{E}_\mathrm{ext}^{j} \cdot \boldsymbol{p}_j)$$

$$C_\mathrm{abs} = \frac{4\pi k_0}{|E_0|^2} \sum_{j=1}^{N} \left(\mathrm{Im}(\boldsymbol{P}_j \hat{\alpha}^{-1} \boldsymbol{P}_j) - \frac{2}{3} k_0^3 |\boldsymbol{P}_j|^2 \right)$$

$$C_\mathrm{sca} = C_\mathrm{ext} - C_\mathrm{abs} \tag{5.79}$$

ここで E_0 は入射光の振幅である．また，微粒子から離れた位置 r における散乱光強度 $\boldsymbol{E}_\mathrm{sca}$ は以下の式で求められる．

$$\boldsymbol{E}_\mathrm{sca} = \frac{k_0^2 \exp(ik_0 r)}{r} \sum_{j=1}^{N} \exp(-ik\hat{\boldsymbol{r}} \cdot \boldsymbol{r}_j)(\hat{\boldsymbol{r}}\hat{\boldsymbol{r}} - \tilde{\mathbf{I}}) \boldsymbol{P}_j \tag{5.80}$$

ここで，$r = |\boldsymbol{r}|$，$\hat{\boldsymbol{r}} = \boldsymbol{r}/r$，$\tilde{\mathbf{I}}$ は単位行列である．

5.2.2 分極率

離散双極子近似では，分極率 $\hat{\alpha}$ が物質の種類を決めるパラメータである．各波長における分極率 $\hat{\alpha}$ は，屈折率から見積もる必要がある[66]．最も簡単な見積もり方は，クラウジウス–モソッティーの式から求める方法である．クラウジウス–モソッティーの式から求めた分極率を $\alpha^{(0)}$ とすれば $\alpha^{(0)}$ と屈折率 n の間には，双極子間距離 d を使って，以下のように表すことができる．

$$\alpha^{(0)} = \frac{3d^3}{4\pi}\left(\frac{n^2-1}{n^2+2}\right) \tag{5.81}$$

ただし，クラウジウス–モソッティーの式では近似が充分ではないため，DDA ではさらによい近似が使われる．その一つに以下に示す CMRR (Clausius Mossotti radiative reaction correction) がある．その分極率 α^CMRR はクラウジウス–モソッティーの式で求めた分極率 $\alpha^{(0)}$ を使って以下のように表される．

180　第5章　光学応答の計算手法

$$\alpha^{\mathrm{CMRR}} = \frac{\alpha^{(0)}}{1 - \dfrac{2}{3}ik_0^3 \alpha^{(0)}} \tag{5.82}$$

また，LDR (lattice dispersion relation) と呼ばれる分極率 α^{LDR} の表現は以下のとおりである．

$$\alpha^{\mathrm{LDR}} = \frac{\alpha^{(0)}}{1 - \dfrac{\alpha^{(0)}}{d^3}\left(\sqrt{\dfrac{4\pi}{3}}(kd)^2 + \dfrac{2}{3}i(k_0 d)^3\right)} \tag{5.83}$$

また，近似を進めた filtered coupled dipoles (FCD) で求める分極率 α は以下の式で表される．

$$\alpha = \frac{\alpha^{(0)}}{1 + \dfrac{\alpha^{(0)}}{d^3}\dfrac{4}{3}\left((k_0 d)^2 + \dfrac{2}{3\pi}\log\left(\dfrac{\pi - k_0 d}{\pi + k_0 d}\right) + \dfrac{2}{3}i(k_0 d)^3\right)} \tag{5.84}$$

FCD は $kd < \pi$ の場合に用いることができる．

5.3　FDTD

時間領域差分法 (Finite Domain Time Domain) は，今日最も良く使われている電磁解析法の一つである．この方法では，任意の形状の光学応答を計算できる長所がある．また，時間領域で差分を解くため光学応答の時間発展を計算することができる．よって，光源をパルス波にすれば，得られた信号をフーリエ変換して，広い波長にわたって一度に解析できる．多くの場合，FDTD はパブリックドメインや市販のソフトウエアを使う．それらを使う場合でも，FDTD に関する知識を持たないと計算そのものや得られた結果の解釈が深いものにならない．ここでは，それらのソフトウエアを使うときでも知っておきたい FDTD の原理を簡単に解説する．

5.3.1 マックスウェル方程式の差分

差分法では関数 $f(t)$ の微分 $\frac{df(t)}{dt}$ を以下に示すように表現する.

$$\frac{df(t)}{dt} \sim \frac{f(t + \Delta t) - f(t)}{\Delta t} \tag{5.85}$$

FDTD ではマックスウェル方程式を時間および空間の差分で表す. 差分で表すマックスウェル方程式は以下の二つである.

$$\mathrm{rot}\boldsymbol{H} = \frac{\partial}{\partial t}\boldsymbol{E} \tag{5.86}$$

$$\mathrm{rot}\boldsymbol{E} = -\frac{\partial}{\partial t}\boldsymbol{B} \tag{5.87}$$

これを成分で表すと以下のようになる.

$$\frac{\partial}{\partial t}E_x = \frac{1}{\epsilon}\left(\frac{\partial}{\partial y}H_z - \frac{\partial}{\partial z}H_y\right) \tag{5.88}$$

$$\frac{\partial}{\partial t}E_y = \frac{1}{\epsilon}\left(\frac{\partial}{\partial z}H_x - \frac{\partial}{\partial x}H_z\right) \tag{5.89}$$

$$\frac{\partial}{\partial t}E_z = \frac{1}{\epsilon}\left(\frac{\partial}{\partial x}H_y - \frac{\partial}{\partial y}H_x\right) \tag{5.90}$$

$$\frac{\partial}{\partial t}H_x = -\frac{1}{\mu}\left(\frac{\partial}{\partial y}E_z - \frac{\partial}{\partial z}E_y\right) \tag{5.91}$$

$$\frac{\partial}{\partial t}H_y = -\frac{1}{\mu}\left(\frac{\partial}{\partial z}E_x - \frac{\partial}{\partial x}E_z\right) \tag{5.92}$$

$$\frac{\partial}{\partial t}H_z = -\frac{1}{\mu}\left(\frac{\partial}{\partial x}E_y - \frac{\partial}{\partial y}E_x\right) \tag{5.93}$$

これらを 1〜3 次元の空間を差分化する. 以下, 1 次元と 2 次元の場合について紹介する. FDTD の原理を理解する上では 2 次元までで充分であるため, 3 次元の差分については付録 F で紹介した.

1 次元 FDTD

1 次元の FDTD は実際にはあまり使われる場面は多くないが, FDTD のしくみを理解するために便利である. x 方向に光が伝搬するとすると, 1 次元の FDTD

では $y-z$ 平面に平行な波面となる．このとき y 方向と z 方向への電場や磁場の変化はないため，条件 $\frac{\partial}{\partial y} = \frac{\partial}{\partial z} = 0$ を適用すればよい．式 (5.88)〜(5.93) は

$$\frac{\partial}{\partial t}E_x = 0 \quad \frac{\partial}{\partial t}E_y = -\frac{1}{\epsilon}\frac{\partial}{\partial x}H_z \quad \frac{\partial}{\partial t}E_z = \frac{1}{\epsilon}\frac{\partial}{\partial x}H_y$$
$$\frac{\partial}{\partial t}H_x = 0 \quad \frac{\partial}{\partial t}H_y = \frac{1}{\mu}\frac{\partial}{\partial x}E_z \quad \frac{\partial}{\partial t}H_z = -\frac{1}{\mu}\frac{\partial}{\partial x}E_y \quad (5.94)$$

となる．

たとえば，偏光が z 方向に偏光する光に対しては，$E_y = 0$，$H_z = 0$ なので

$$\frac{\partial}{\partial t}E_z = \frac{1}{\epsilon}\frac{\partial}{\partial x}H_y$$
$$\frac{\partial}{\partial t}H_y = \frac{1}{\mu}\frac{\partial}{\partial x}E_z \quad (5.95)$$

である．これを離散化する．図 **5.6** に示すように 1 次元の媒質を N 個のセルに分割した構造を考える．各セルに 1, 2, 3 ⋯ というように整数の番号をつける．対象とする媒質の長さを L とすれば，セルの厚さ Δx は $\Delta x = L/N$ となる．あるセルの番号を i として，位置 $x = i\Delta x$ における電場 $E(x)$ を計算するが，簡単のため Δx は省略して単に位置 i と呼び，$E(i)$ と記述する．一方，磁場は電場に対して空間的に $\frac{1}{2}\Delta x$ だけずらして考える．こうすると，磁場 $H(i+\frac{1}{2})$ は，その両側の電場 $E(i)$ と $E(i+1)$ の差分で記述できる．

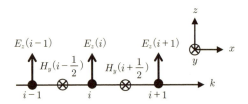

図 **5.6** ある時間における 1 次元 FDTD の電場と磁場の関係．

次に時間に関する差分を行う．計算する時間間隔を Δt とする．ある時間 $n\Delta t$ における電場は E^n のように Δt を省略して記述する．時間でも，磁場は $\frac{1}{2}\Delta t$ だけずらして考える．こうすると，磁場 $H^{i+\frac{1}{2}}$ は，電場 E^n の差分で記述できる．こうして，式 (5.88)〜(5.93) を時間と空間的に差分すると以下のようになる．

$$H_y^{n+\frac{1}{2}}\left(i+\frac{1}{2}\right) = H_y^{n-\frac{1}{2}}\left(i+\frac{1}{2}\right) + \frac{1}{\mu(i+\frac{1}{2})} \frac{E_z^n(i+1) - E_z^n(i)}{\Delta x} \Delta t \quad (5.96)$$

$$E_z^{n+1}(i) = E_z^n(i) + \frac{1}{\epsilon(i)} \frac{H_y^{n+\frac{1}{2}}(i+\frac{1}{2}) - H_y^{n+\frac{1}{2}}(i-\frac{1}{2})}{\Delta x} \Delta t$$

ここで，$\epsilon(i)$ は場所 i における誘電率であり，$\mu(i+\frac{1}{2})$ は場所 $i+\frac{1}{2}$ における透磁率である．光の周波数では特別な場合を除いて $\mu = \mu_0$ である．

この様子を示したものが図 5.7 である．横軸が空間，縦軸が時間であり，縦軸の下から上に時間が進む．$H_y^{n+\frac{1}{2}}(i+\frac{1}{2})$ はすぐ下の $H_y^{n-\frac{1}{2}}(i+\frac{1}{2})$ と左下の $E_z^n(i-1)$ および $E_z^n(i+1)$ から計算される．次に，$E_z^{n+1}(i)$ は，すぐ下の $E_z^n(i)$ および左下 $H_y^{n+\frac{1}{2}}(i-\frac{1}{2})$ と右下の $H_y^{n+\frac{1}{2}}(i+\frac{1}{2})$ から計算される．$H_y^{n+\frac{1}{2}}(i+\frac{1}{2})$ と $E_z^{n+1}(i)$ の順で計算される．実際のプログラムでは磁場の半整数 $\frac{1}{2}$ は，たとえば切り上げて $n-\frac{1}{2}$ を n に，$n+\frac{1}{2}$ を $n+1$ と記述する．すると，式 (5.96) は

$$E_z^{n+1}(i) = E_z^n(i) + \frac{1}{\epsilon(i)} \frac{H_y^{n+1}(i+1) - H_y^{n+1}(i)}{\Delta x} \Delta t$$

$$H_y^{n+1}(i+1) = H_y^n(i+1) + \frac{1}{\mu(i+1)} \frac{E_z^n(i+1) - E_z^n(i)}{\Delta x} \Delta t \quad (5.97)$$

となる．電場と磁場の分布を与えて，順番に解けば，磁場と電場の分布を求めることができるが，実際には後述のように光源や境界等について考える必要がある．

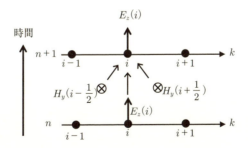

図 5.7 1 次元 FDTD の時間の発展．

2 次元 FDTD

2 次元の FDTD では TM 波と TE 波の 2 種類に分けて考える．前者は $E_z =$

$H_x = H_y = 0$ であり，後者は $H_z = E_x = E_y = 0$ の場合である．まず，TM 波について式 (5.88)〜(5.93) は以下の三つの式となる．

$$\frac{\partial}{\partial t}E_z = \frac{1}{\epsilon}\left(\frac{\partial}{\partial x}H_y - \frac{\partial}{\partial y}H_x\right)$$
$$\frac{\partial}{\partial t}H_x = -\frac{1}{\mu}\frac{\partial}{\partial y}E_z$$
$$\frac{\partial}{\partial t}H_y = \frac{1}{\mu}\frac{\partial}{\partial x}E_z \tag{5.98}$$

計算する媒質を x 方向と y 方向に空間的に分割する．セルの間隔を x 方向，y 方向にそれぞれ，Δx，Δy とする．z 方向は一様な媒質であり，電場や磁場は変化しないと考え，条件 $\frac{\partial}{\partial z} = 0$ を適用する．図 **5.8**(a) に示すように H_x の y 座標は半整数上に置き，H_y の x 座標は半整数上に置く．このようにすることにより，それらは E_z の差分で記述できるようになる．

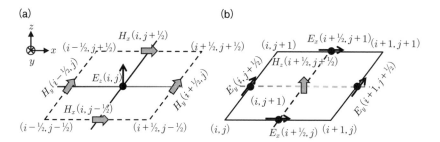

図 5.8 2 次元 FDTD．網かけの太い矢印が磁場，黒線の矢印が電場である．(a) TM 波，(b) TE 波．

式 (5.98) を差分すると

$$H_x^{n+\frac{1}{2}}\left(i, j+\frac{1}{2}\right) = H_x^{n-\frac{1}{2}}\left(i, j+\frac{1}{2}\right) - \frac{1}{\mu_{(i,j+\frac{1}{2})}}\frac{E_z^n(i, j+1) - E_z^n(i, j)}{\Delta y}\Delta t$$

$$H_y^{n+\frac{1}{2}}\left(i+\frac{1}{2}, j\right) = H_y^{n-\frac{1}{2}}\left(i+\frac{1}{2}, j\right) - \frac{1}{\mu_{(i+\frac{1}{2},j)}}\frac{E_z^n(i+1, j) - E_z^n(i, j)}{\Delta x}\Delta t$$

$$E_z^{n+1}(i, j) = E_z^n(i, j) + \frac{1}{\epsilon(i, j)}\frac{H_y^{n+\frac{1}{2}}(i+\frac{1}{2}, j) - H_y^{n+\frac{1}{2}}(i-\frac{1}{2}, j)}{\Delta x}\Delta t$$

$$-\frac{1}{\epsilon(i,j)}\frac{H_x^{n+\frac{1}{2}}(i,j+\frac{1}{2}) - H_x^{n+\frac{1}{2}}(i,j-\frac{1}{2})}{\Delta y}\Delta t \quad (5.99)$$

となる.

一方,TE 波については式 (5.88)〜(5.93) は以下のようになる.

$$\frac{\partial}{\partial t}E_x = \frac{1}{\epsilon}\frac{\partial}{\partial y}H_z$$

$$\frac{\partial}{\partial t}E_y = -\frac{1}{\epsilon}\frac{\partial}{\partial x}H_z$$

$$\frac{\partial}{\partial t}H_z = \frac{1}{\mu}\left(\frac{\partial}{\partial y}E_x - \frac{\partial}{\partial x}E_y\right) \quad (5.100)$$

これを差分すると

$$E_x^{n+1}\left(i+\frac{1}{2},j\right) = E_x^n\left(i+\frac{1}{2},j\right)$$
$$+ \frac{1}{\epsilon(i+\frac{1}{2},j)}\frac{H_z^{n+\frac{1}{2}}(i+\frac{1}{2},j+\frac{1}{2}) - H_z^{n+\frac{1}{2}}(i+\frac{1}{2},j-\frac{1}{2})}{\Delta y}\Delta t$$

$$E_y^{n+1}\left(i,j+\frac{1}{2}\right) = E_y^n\left(i,j+\frac{1}{2}\right)$$
$$- \frac{1}{\epsilon(i,j+\frac{1}{2})}\frac{H_z^{n+\frac{1}{2}}(i+\frac{1}{2},j+\frac{1}{2}) - H_z^{n+\frac{1}{2}}(i-\frac{1}{2},j+\frac{1}{2})}{\Delta x}\Delta t$$

$$H_z^{n+\frac{1}{2}}\left(i+\frac{1}{2},j+\frac{1}{2}\right) = H_z^{n-\frac{1}{2}}\left(i+\frac{1}{2},j+\frac{1}{2}\right)$$
$$+ \frac{1}{\mu(i+\frac{1}{2},j+\frac{1}{2})}\frac{E_x^n(i+\frac{1}{2},j+1) - E_x^n(i+\frac{1}{2},j)}{\Delta y}\Delta t$$
$$- \frac{1}{\mu(i+\frac{1}{2},j+\frac{1}{2})}\frac{E_y^n(i+1,j+\frac{1}{2}) - E_y^n(i,j+\frac{1}{2})}{\Delta x}\Delta t$$
$$(5.101)$$

となる.電場と磁場の配置は図 5.8(b) に示した.

5.3.2 光源

ハード光源

入射光の記述について考える.簡単のため 1 次元の FDTD を考える.たと

えば，角周波数 ω，振幅が E_0 の連続波の光源をセル i_s に置いた場合，セル i_s を以下のように励振すればよい．

$$E_\mathrm{s}^n = E_0 \cos(\omega n \Delta t) \tag{5.102}$$

同様に，ガウシアンパルスの場合は

$$E_\mathrm{s}^n = E_0 \exp(-((n-n_0)\Delta t/n_\tau)^2) \tag{5.103}$$

である．ここで，$t=0$ の際に E_s^n を 0 に近づけるためには，n_0 は n_τ の数倍以上としなければいけない．角周波数 ω を中心として周波数の幅を持つパルス波の場合には，これらを組み合わせて以下のように記述される．

$$E_\mathrm{s}^n = E_0 \exp(-((n-n_0)\Delta t/n_\tau))^2 \cos(\omega(n-n_0)\Delta t) \tag{5.104}$$

1 方向のみに進む光源を記述する場合には，磁場も励振する必要があり，たとえば連続波の場合には以下のようにする．

$$H_\mathrm{s}^{n+\frac{1}{2}} = H_0 \cos\left(\omega\left(n+\frac{1}{2}\right)\Delta t\right) \tag{5.105}$$

ここで，Z を周辺媒質のインピーダンスとすると $H_0 = E_0/Z$ である．このような光源はハード光源と呼ばれる．ハード光源では，光源自身が完全導体として振る舞うため，散乱体から戻ってきた光が，光源により反射されるという問題が生じる．散乱体の散乱効率が低い場合には構わないが一般的にはこれは回避すべき問題である．たとえば，ガウシアンパルスを用いる場合には，光源と散乱体の距離を充分離して，光源から放射された光が戻る前にプログラム上は通常のセルに戻せばよい．

TFSF 法

光源として連続波を用いる場合には，散乱体を充分離して，光源から放射された光が戻る前に計算を終える必要がある．すると，計算領域が大きくなってしまって実用的ではない．また，有限の大きさの光源では，光源の端での回折が無視できない．これを解決する方法の一つに Total-field scattered-field (TFSF)

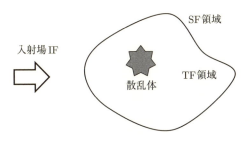

図 5.9 TFSF 法.

法がある.図 5.9 に示すように,散乱体の周りを二つの計算領域に分けて考える.内側は全界 (total field: TF) 領域であり,その外側が散乱界 (scattered field: SF) とする.入射光の電場と磁場をそれぞれ $\boldsymbol{E}_{\mathrm{IF}}$,$\boldsymbol{H}_{\mathrm{IF}}$,散乱体によって散乱される散乱光の電場と磁場をそれぞれ $\boldsymbol{E}_{\mathrm{SF}}$,$\boldsymbol{H}_{\mathrm{SF}}$ とする.それらを加えた TF 電場と TF 磁場を $\boldsymbol{E}_{\mathrm{TF}}$,$\boldsymbol{H}_{\mathrm{TF}}$ とすると,それらは以下のように記述される.

$$\boldsymbol{E}_{\mathrm{TF}} = \boldsymbol{E}_{\mathrm{IF}} + \boldsymbol{E}_{\mathrm{SF}}$$
$$\boldsymbol{H}_{\mathrm{TF}} = \boldsymbol{H}_{\mathrm{IF}} + \boldsymbol{H}_{\mathrm{SF}} \tag{5.106}$$

TF 領域と SF 領域の境界における電場や磁場の差が入射波の電場や磁場に対応することを利用すれば,SF 領域で入射波の電場や磁場を打ち消すことができる.そのため,入射電場の振る舞いに影響されることなく SF が求められる.

TFSF 法の計算方法を簡単に説明する.ここでは,説明をわかりやすくするため図 5.10 に示すような 1 次元の計算空間を考える.z 方向に偏光した電場を整数 i の位置に,磁場を半整数 $i + \frac{1}{2}$ の位置に置く.x 方向の 1 次元構造を考えるので,磁場の方向は y 方向となる.TF 領域を $i = i_{\mathrm{L}}$ から $i = i_{\mathrm{R}}$ とする.それ以外の領域は SF 領域である.TF 領域中の電場と磁場の差分は以下のように表される.

$$H_{\mathrm{TF},y}^{n+\frac{1}{2}}\left(i - \frac{1}{2}\right) = H_{\mathrm{TF},y}^{n-\frac{1}{2}}\left(i - \frac{1}{2}\right) + \frac{\Delta t}{\mu_0 \Delta x}\left(E_{\mathrm{TF},y}^n(i) - E_{\mathrm{TF},y}^n(i-1)\right)$$
$$E_{\mathrm{TF},z}^{n+1}(i) = E_{\mathrm{TF},z}^n(i) + \frac{\Delta t}{\epsilon(i)\Delta x}\left(H_{\mathrm{TF},y}^{n+\frac{1}{2}}\left(i + \frac{1}{2}\right) - H_{\mathrm{TF},y}^{n+\frac{1}{2}}\left(i - \frac{1}{2}\right)\right) \tag{5.107}$$

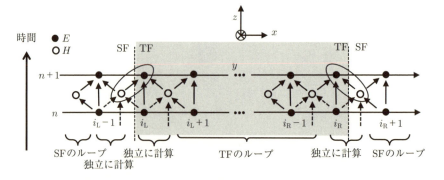

図 5.10 1 次元 FDTD 法における TFSF 法の境界の計算の考え方.

同様に，SF 領域中の電場と磁場の差分は以下のように表される.

$$H_{\mathrm{SF},y}^{n+\frac{1}{2}}\left(i-\frac{1}{2}\right) = H_{\mathrm{SF},y}^{n-\frac{1}{2}}\left(i-\frac{1}{2}\right) + \frac{\Delta t}{\mu_0 \Delta x}\left(E_{\mathrm{SF},y}^{n}(i) - E_{\mathrm{SF},y}^{n}(i-1)\right)$$

$$E_{\mathrm{SF},z}^{n+1}(i) = E_{\mathrm{SF},z}^{n}(i) + \frac{\Delta t}{\epsilon(i)\Delta x}\left(H_{\mathrm{SF},y}^{n+\frac{1}{2}}\left(i+\frac{1}{2}\right) - H_{\mathrm{SF},y}^{n+\frac{1}{2}}\left(i-\frac{1}{2}\right)\right) \quad (5.108)$$

しかしながら，SF 領域と TF 領域の界面では上述の関係を用いることはできない．図 5.10 中で実線で囲んだ磁場や電場は，TF 領域と SF 領域の寄与が混在するためである．境界の一つ $i = i_\mathrm{L}$ では

$$\begin{aligned}
H_{\mathrm{SF},y}^{n+\frac{1}{2}}\left(i_\mathrm{L}-\frac{1}{2}\right) &= H_{\mathrm{SF},y}^{n-\frac{1}{2}}\left(i_\mathrm{L}-\frac{1}{2}\right) \\
&\quad + \frac{\Delta t}{\mu_0 \Delta x}\left(E_{\mathrm{TF},y}^{n}(i_\mathrm{L}) - E_{\mathrm{SF},y}^{n}(i_\mathrm{L}-1) - E_{\mathrm{IF},y}^{n}(i_\mathrm{L}-1)\right) \\
E_{\mathrm{TF},z}^{n+1}(i_\mathrm{L}) &= E_{\mathrm{TF},z}^{n}(i_\mathrm{L}) \\
&\quad + \frac{\Delta t}{\epsilon(i_\mathrm{L})\Delta x}\left(H_{\mathrm{TF},y}^{n+\frac{1}{2}}\left(i_\mathrm{L}+\frac{1}{2}\right) - H_{\mathrm{SF},y}^{n+\frac{1}{2}}\left(i_\mathrm{L}-\frac{1}{2}\right) - H_{\mathrm{IF},y}^{n+\frac{1}{2}}\left(i_\mathrm{L}-\frac{1}{2}\right)\right)
\end{aligned}$$
$$(5.109)$$

となり，$i = i_\mathrm{R}$ では

$$\begin{aligned}
H_{\mathrm{SF},y}^{n+\frac{1}{2}}\left(i_\mathrm{R}+\frac{1}{2}\right) &= H_{\mathrm{SF},y}^{n-\frac{1}{2}}\left(i_\mathrm{R}+\frac{1}{2}\right) \\
&\quad + \frac{\Delta t}{\mu_0 \Delta x}\left(E_{\mathrm{SF},y}^{n}(i_\mathrm{R}+1) + E_{\mathrm{IN},y}^{n}(i_\mathrm{R}+1) - E_{\mathrm{TF},y}^{n}(i_\mathrm{R})\right)
\end{aligned}$$

$$E_{\text{TF},z}^{n+1}(i_\text{R}) = E_{\text{TF},z}^{n}(i_\text{R})$$
$$+ \frac{\Delta t}{\epsilon(i_\text{R})\Delta x}\left(H_{\text{SF},y}^{n+\frac{1}{2}}\left(i_\text{R}+\frac{1}{2}\right)+H_{\text{IN},y}^{n+\frac{1}{2}}\left(i_\text{R}+\frac{1}{2}\right)-H_{\text{TF},y}^{n+\frac{1}{2}}\left(i_\text{R}-\frac{1}{2}\right)\right)$$
(5.110)

となる．ここで，式 (5.106) を用いて SF 領域の TF を記述していることに注意する．

例として，左から連続波を入射したときの入射波 E_IN，TF 波 E_TF，SF 波 E_SF を計算した結果を図 **5.11** に示す．TF 領域に散乱体を置いて，光が散乱される様子を計算した．入射波 E_IN が散乱体に到達するまでは，SF 領域に SF 波 E_SF は現れない．散乱波が SF 領域と TF 領域に到達してから，散乱波のみが SF 領域に現れる．また，TF は TF 領域に現れていることがわかる．これを使うと，平面波による散乱や吸収*4の様子を知ることができる．

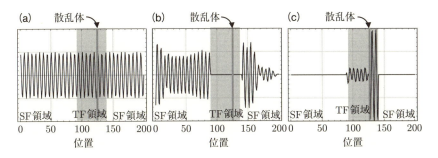

図 **5.11** TFSF の計算結果．(a) 入射光電場 E_IF，(b) 散乱場 E_SF，(c) 全場 E_TF．

5.3.3 吸収境界

FDTD 法では計算する空間の端の取り扱いには注意が必要である．これは，端での反射が生じて計算空間内に電磁波が戻ってしまうためである．計算空間を大きくとり，電磁波が戻る前に計算を打ち切るのが一つの方法であるが，散乱体に対して巨大な計算空間を考えるのは実用的ではない．周期的な境界条件

---

*4 吸収は散乱体を囲む空間領域に入った光のエネルギーとそこから放射される光のエネルギーの差から知ることができる．

190　第5章　光学応答の計算手法

を設けるのも一つの方法であるが回折が生じたりする．よって，計算空間の端において電磁波を完全に吸収する構造を設けることが解決策となる．ここでは，よく用いられるムール (Mur) の吸収境界と完全整合層 (PML: perfect matched layer) について簡単に紹介する．

Mur の吸収境界

　ムールにより提案された比較的簡単な吸収境界条件を紹介する．1次元のFDTD を例にとる．図 **5.12** に示すような時間と空間の格子を考える．左から右に (x の正の方向) 光が伝搬する場合を考え，境界が $i = i_B$ に存在するとする．y または z の方向に偏光した光を考える．偏光方向はどちらの場合でも同じ取り扱いなので，電場は単に E と表すことにする．光電場が満たす微分方程式は，光の進む速度を v とすると以下のように表される．

$$\frac{\partial}{\partial t}E = -v\frac{\partial}{\partial x}E \tag{5.111}$$

これを解くと，波形を関数 $f(x)$ で表して

$$E = f(x - vt) \tag{5.112}$$

となる．境界 $i = i_B$ によって反射が生じないので，この波の形は $i = i_B - 1$ でも保持される．計算は n から $n+1$，i の値が小さい方から大きいほうへ進んで

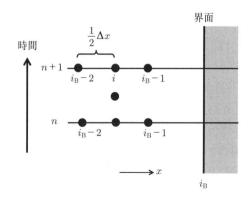

図 5.12　Mur の吸収境界の計算ジオメトリ．

いくので，$E(n+\frac{1}{2}, i_\mathrm{B}-\frac{3}{2})$ について式 (5.111) を差分して $E(n+1, i_\mathrm{B}-1)$ を求める．式 (5.111) の差分は以下のように表される．

$$\frac{E(n+1, i_\mathrm{B}-\frac{3}{2}) - E(n, i_\mathrm{B}-\frac{3}{2})}{\Delta t} = -v \frac{E(n+\frac{1}{2}, i_\mathrm{B}-1) - E(n+\frac{1}{2}, i_\mathrm{B}-2)}{\Delta x} \tag{5.113}$$

$E(n+1, i_\mathrm{B}-\frac{3}{2})$ 等はさらに差分され

$$E\left(n+1, i_\mathrm{B}-\frac{3}{2}\right) = (E(n+1, i_\mathrm{B}-1) + E(n+1, i_\mathrm{B}-2))/2$$
$$E\left(n, i_\mathrm{B}-\frac{3}{2}\right) = (E(n, i_\mathrm{B}-1) + E(n, i_\mathrm{B}-2))/2$$
$$E\left(n+\frac{1}{2}, i_\mathrm{B}-1\right) = (E(n+1, i_\mathrm{B}-1) + E(n, i_\mathrm{B}-2))/2$$
$$E\left(n+\frac{1}{2}, i_\mathrm{B}-2\right) = (E(n, i_\mathrm{B}-2) + E(n+1, i_\mathrm{B}-2))/2 \tag{5.114}$$

となる．式 (5.114) を式 (5.113) に代入して $E(n+1, i_\mathrm{B}-1)$ について求めると

$$E(n+1, i_\mathrm{B}-1) = E(n, i_\mathrm{B}-2) + \frac{v\Delta t - \Delta x}{v\Delta t + \Delta x}(E(n+1, i_\mathrm{B}-2) - E(n, i_\mathrm{B}-1)) \tag{5.115}$$

となる．このような条件になるように，境界 $i=i_\mathrm{B}$ に入射する電場を求める．1 次元で考えたことからわかるように，垂直入射の際には境界における反射を抑制できるが 2 次元や 3 次元の計算の際に生じる斜め入射に対しては有効ではない．斜め入射に対して有効な高次の Mur の吸収境界が提案されている．

PML

今日最も多く使われているは，Bérenger により提案されている完全整合層 (PML) である．Mur の吸収境界は斜め入射に対しては有効ではなかったが，PML では斜め入射の反射率も抑えることができる．実際の計算における取り扱いは複雑なので，ここでは原理のみを紹介する．

図 **5.13** に示すように x–y 平面を入射面として媒質 1 と媒質 2 の界面 ($x=0$) に入射角 θ_1 で p-偏光 (TM 偏光) の光が入射する場合を考える．電場の振幅は E_0 であり，角周波数を ω とする．第 1 章では屈折率を使って反射係数 r や透

192 第 5 章 光学応答の計算手法

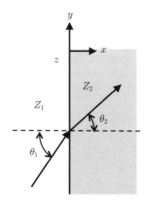

図 5.13 PML を使った吸収境界の計算ジオメトリ.

過係数 t を求めた.しかし,PML は実在の媒質である必要はなく,それが持つ透磁率は $\mu = \mu_0$ とは限らないので,透磁率も含めて r や t を記述する.

媒質 1 における入射光電場 $\boldsymbol{E}_1^+$ および入射光磁場 $\boldsymbol{H}_1^+$ は以下のように書き表される.

$$\boldsymbol{E}_1^+ = \begin{pmatrix} -E_0 \sin\theta_1 \\ E_0 \sin\theta_1 \\ 0 \end{pmatrix} = \begin{pmatrix} -H_0 Z_1 \sin\theta_1 \\ H_0 Z_1 \sin\theta_1 \\ 0 \end{pmatrix} \tag{5.116}$$

$$\boldsymbol{H}_1^+ = \begin{pmatrix} 0 \\ 0 \\ H_0 \end{pmatrix} \tag{5.117}$$

ここで,Z_q は媒質 q のインピーダンスであり ($q = 1$ または 2),媒質 q の誘電率 ϵ_q と透磁率 μ_q を使って

$$Z_q = \sqrt{\frac{\mu_q}{\epsilon_q}} \tag{5.118}$$

と表される.

p-偏光の光を入射した際の界面における電場と磁場の連続条件は,第 1 章の式 (1.77) と式 (1.78) に示したとおりである.式 (5.118) を用いて磁場を電場で表すと以下の式になる.

$$E_1^+ \cos\theta_1 - E_1^- \cos\theta_1 = E_2^+ \cos\theta_2$$
$$Z_1^{-1} E_1^+ + Z_1^{-1} E_1^- = Z_2^{-1} E_2^+ \tag{5.119}$$

これを解いて反射係数 r を求めると

$$r = \frac{Z_1 \cos\theta_1 - Z_2 \cos\theta_2}{Z_1 \cos\theta_1 + Z_2 \cos\theta_2} \tag{5.120}$$

となる．磁場の反射係数と電場の反射係数は同じであるが，各媒質のインピーダンスが異なることから，電場の透過係数 t^E と磁場の透過係数 t^H は異なり，それらはそれぞれ以下のようになる．

$$t^\mathrm{E} = \frac{2Z_2 \cos\theta_1}{Z_1 \cos\theta_1 + Z_2 \cos\theta_2}$$
$$t^\mathrm{H} = \frac{2Z_1 \cos\theta_1}{Z_1 \cos\theta_1 + Z_2 \cos\theta_2} \tag{5.121}$$

次式に示すような式 (5.120) の分子を誘電率と透磁率で記述し，それが 0 となる条件について考える．

$$\frac{\mu_1}{\epsilon_1} \cos^2\theta_1 - \frac{\mu_2}{\epsilon_2} \cos^2\theta_2 = 0 \tag{5.122}$$

誘電率だけでなく透磁率も含んだスネルの法則は

$$\sqrt{\mu_1 \epsilon_1} \sin\theta_1 = \sqrt{\mu_2 \epsilon_2} \sin\theta_2 \tag{5.123}$$

となるので，式 (5.122) と式 (5.123) が，θ_1 によらず成り立つには，$\epsilon_1 = \epsilon_2$ かつ $\mu_1 = \mu_2$ である．つまり，媒質 1 と媒質 2 は光学的には同じ媒質になり，境界条件の意味をなさない．仮に，媒質 2 に入った光を減衰させるために，ϵ_2 や μ_2 に虚数項を導入したとしても，式 (5.122) が満たされなくなるため反射率は 0 にならない．よって，単に $\epsilon_1 = \epsilon_2$ かつ $\mu_1 = \mu_2$ を満たす媒質では吸収境界とはらなない．

これを解決するためには，式 (5.122) を満たし，かつ，入射した光を吸収を有する媒質を用いればよい．すなわち，印加する電場と磁場に対する損失を持つようにすればよい．そのため，σ^E に加えて仮想的に σ^H を導入する．これら

は,電場や磁場の回転に関するマックスウェルの方程式中で,式 (5.124) のように示される.なお,添え字が 1 の変数 (ϵ_1, μ_1 そして θ_1) 以外は,媒質 2 の誘電率や透磁率,導電率,そして,それらから計算される変数とする.

$$\nabla \times \boldsymbol{H} = \epsilon \frac{\partial}{\partial t} \boldsymbol{E} + \sigma^{\mathrm{E}} \boldsymbol{E}$$
$$\nabla \times \boldsymbol{E} = -\mu \frac{\partial}{\partial t} \boldsymbol{H} - \sigma^{\mathrm{H}} \boldsymbol{H} \tag{5.124}$$

ここで,σ^{E} は導電率で,電場に比例して電流が流れて磁場が発生する割合を表している.これに対応して,磁場に比例して「磁流」が流れて電場が発生すると考え,その割合を σ^{H} で表す.電場や磁場が $\exp(-i\omega t)$ の時間依存性を持つときには,式 (5.125) に示すように,σ^{E} と σ^{H} は,実効的な誘電率 ϵ_{eff} や透磁率 μ_{eff} の虚数部分として定義できる.

$$\nabla \times \boldsymbol{H} = -i\omega\epsilon \boldsymbol{E} + \sigma^{\mathrm{E}} \boldsymbol{E} = -i\omega\epsilon \left(1 - \frac{\sigma^{\mathrm{E}}}{i\omega\epsilon}\right) \boldsymbol{E} = \epsilon_{\mathrm{eff}} \frac{\partial}{\partial t} \boldsymbol{E}$$
$$\nabla \times \boldsymbol{E} = i\omega\mu \boldsymbol{H} - \sigma^{\mathrm{H}} \boldsymbol{H} = i\omega\mu \left(1 - \frac{\sigma^{\mathrm{H}}}{i\omega\epsilon}\right) \boldsymbol{H} = -\mu_{\mathrm{eff}} \frac{\partial}{\partial t} \boldsymbol{H} \tag{5.125}$$

さて,p-偏光では $E_z = 0$,$H_x = H_y = 0$ なので,式 (5.124) を成分計算すると以下の三つの式が得られる.

$$\frac{\partial}{\partial x} E_y - \frac{\partial}{\partial y} E_x = -\mu \frac{\partial}{\partial t} H_z - \sigma^{\mathrm{H}} H_z$$
$$\frac{\partial}{\partial y} H_z = \epsilon \frac{\partial}{\partial t} E_x + \sigma E_x$$
$$\frac{\partial}{\partial x} H_z = -\epsilon \frac{\partial}{\partial t} E_y - \sigma E_y \tag{5.126}$$

PML では,媒質 2 を伝搬する光を x 方向に伝搬する光(波数 k_x)と y 方向に伝搬する光(波数 k_y)の二つの成分に分けて考える.磁場成分は,それぞれ H_z^x と H_z^y とする.すると,式 (5.126) の一つ目の式の H_z は x 方向に伝搬する光の磁場 (H_z^x) と y 方向に伝搬する光の磁場 (H_z^y) に分離される.σ^{H} も同様に σ_x^{H},σ_y^{H} と記述する.σ^{E} も同様である.よって,式 (5.126) は以下のように書き換えられる.

$$\frac{\partial}{\partial x} E_y = -\mu \frac{\partial}{\partial t} H_z^x - \sigma_x^{\mathrm{H}} H_z^x = -\mu_x^{\mathrm{eff}} \frac{\partial}{\partial t} H_z^x$$
$$\frac{\partial}{\partial y} E_x = \mu \frac{\partial}{\partial t} H_z^y + \sigma_y^{\mathrm{H}} H_z^y = \mu_y^{\mathrm{eff}} \frac{\partial}{\partial t} H_z^y$$
$$\frac{\partial}{\partial y}(H_z^x + H_z^y) = \epsilon \frac{\partial}{\partial t} E_x + \sigma_y E_x = \epsilon_y^{\mathrm{eff}} \frac{\partial}{\partial t} E_x$$
$$\frac{\partial}{\partial x}(H_z^x + H_z^y) = -\epsilon \frac{\partial}{\partial t} E_y - \sigma_x E_y = \epsilon_x^{\mathrm{eff}} \frac{\partial}{\partial t} E_y \tag{5.127}$$

ここで，変数 v は x または y を表すとして

$$\epsilon_v^{\mathrm{eff}} = i\omega\epsilon \left(1 - \frac{\sigma_v^{\mathrm{E}}}{i\omega\epsilon}\right) = \epsilon s_v^{\mathrm{E}}$$
$$\mu_v^{\mathrm{eff}} = -i\omega\mu \left(1 - \frac{\sigma_v^{\mathrm{H}}}{i\omega\epsilon}\right) = -\mu s_v^{\mathrm{H}} \tag{5.128}$$

である．以降の式を簡単にするため，以下の式 (5.129) で表される s^{E} と s^{H} を導入する．

$$s_v^{\mathrm{E}} = i\omega \left(1 - \frac{\sigma_v^{\mathrm{E}}}{i\omega\epsilon}\right)$$
$$s_v^{\mathrm{H}} = i\omega \left(1 - \frac{\sigma_v^{\mathrm{H}}}{i\omega\epsilon}\right) \tag{5.129}$$

すると $\epsilon_v^{\mathrm{eff}} = \epsilon s_v^{\mathrm{E}}$, $\mu_v^{\mathrm{eff}} = \mu s_v^{\mathrm{H}}$ となる．

さて，$\epsilon_v^{\mathrm{eff}}$, μ_v^{eff} を使って，媒質 2 で v 方向に進む光の実効的なインピーダンス Z_v^{eff} を書きなおすと

$$Z_v^{\mathrm{eff}} = \sqrt{\frac{\mu_q^{\mathrm{eff}}}{\epsilon_q^{\mathrm{eff}}}} = \sqrt{\frac{\mu}{\epsilon}} \sqrt{\frac{s_v^{\mathrm{H}}}{s_v^{\mathrm{E}}}} = Z \sqrt{\frac{s_v^{\mathrm{H}}}{s_v^{\mathrm{E}}}} \tag{5.130}$$

となる．よって，媒質 2 で v 方向に屈折して進む光の反射係数 r_v は，屈折角を θ_v として

$$r_v = \frac{Z_1 \cos\theta_1 - Z_v^{\mathrm{eff}} \cos\theta_v}{Z_1 \cos\theta_1 + Z_v^{\mathrm{eff}} \cos\theta_v} = \frac{Z_1 \cos\theta_1 - Z\sqrt{\frac{s_v^{\mathrm{H}}}{s_v^{\mathrm{E}}}} \cos\theta_v}{Z_1 \cos\theta_1 + Z\sqrt{\frac{s_v^{\mathrm{H}}}{s_v^{\mathrm{E}}}} \cos\theta_v} \tag{5.131}$$

である[*5]. まず，入射角 θ_1 と屈折角 θ_2 が等しくなるようにする．このようにすると，あとの条件が簡単になる．

$$\epsilon_1 = \epsilon_2$$
$$\mu_1 = \mu_2 \tag{5.132}$$

次に，光の波数の界面の接線方向成分が保存されることから以下の条件が得られる．

$$\rho_y^{\mathrm{E}} = \rho_y^{\mathrm{H}} = 0 \tag{5.133}$$

最後に，式 (5.131) の分子が 0 となることから，x 方向に伝搬する光 ($v = x$) に対して，媒質 2 が PML として動作するための以下の条件が得られる．

$$\frac{\sigma_x^{\mathrm{E}}}{\epsilon_2} = \frac{\sigma_x^{\mathrm{H}}}{\mu_2} \tag{5.134}$$

式 (5.132)〜(5.134) の条件を含んだ媒質 2 を用いれば PML として用いることができる．ただし，計算量を考えると PML 層はあまり厚くできないので，完全に反射がない媒質を作ることはできない．

5.3.4　分散媒質

　FDTD は時間領域で問題を解くので，媒質の誘電率や透磁率が周波数に依存しない場合には，時間応答をフーリエ変換することにより周波数特性（波長特性）を議論することができる．しかし，波長により誘電率や透磁率が変わる分散媒質を扱うときには単純ではなく，ここで述べる取り扱いが必要である．

RC 法

　周波数 ω の電場 $\boldsymbol{E}(\omega)$ を印加した際に生じる電束密度 $\boldsymbol{D}(\omega)$ は

$$\boldsymbol{D}(\omega) = \epsilon(\omega)\boldsymbol{E}(\omega) \tag{5.135}$$

[*5]　連続条件から得られる反射係数 r や透過係数 t は，スネルの法則を満たさない屈折角でもよい．よって，スネルの法則を満たさない場合でも r の式は成り立ち，任意の θ_1 と θ_v で式 (5.131) が書ける．

と表される．$\epsilon(\omega)$ は周波数 ω の誘電率である．$\epsilon(\omega)$ は周波数が無限に高いときの誘電率 ϵ_∞ と真空中の誘電率 ϵ_0，周波数に依存する電気感受率 $\chi(\omega)$ で以下のように記述される．

$$\epsilon(\omega) = \epsilon_0(\epsilon_\infty + \chi(\omega)) \tag{5.136}$$

すると式 (5.135) は畳み込み積分で記述され，ある時間 t における電束密度は

$$\boldsymbol{D}(t) = \epsilon_0 \epsilon_\infty \boldsymbol{E}(t) + \epsilon_0 \int_0^t \chi(\tau) \boldsymbol{E}(t-\tau) d\tau \tag{5.137}$$

となる．$\boldsymbol{D}$ の時間微分を考えることにより積分の部分を帰納的に計算する方法を RC (recursive convolution) 法と呼ぶ．式 (5.137) を離散化すると

$$\begin{aligned} D^n &= \epsilon_0 \Big(\epsilon_\infty E^n + \sum_{m=0}^{n-1} E^{n-m} \int_{m\Delta t}^{(m+1)\Delta t} \chi(\tau) d\tau \Big) \\ &= \epsilon_0 \Big(\epsilon_\infty E^n + \sum_{m=0}^{n-1} E^{n-m} \chi^m \Big) \end{aligned} \tag{5.138}$$

となる．ここで，

$$\chi^m = \int_{m\Delta t}^{(m+1)\Delta t} \chi(\tau) d\tau \tag{5.139}$$

である．

さて，マックスウェルの方程式 $\frac{\partial}{\partial t}\boldsymbol{D} = \nabla \times \boldsymbol{H}$ を離散化すると

$$\frac{\boldsymbol{D}^n - \boldsymbol{D}^{n-1}}{\Delta t} = \nabla \times \boldsymbol{H}^{n-\frac{1}{2}} \tag{5.140}$$

となるので，式 (5.138) より $\boldsymbol{D}^n - \boldsymbol{D}^{n-1}$ を求めて，$\boldsymbol{E}^n$ について解くと以下のようになる．

$$\boldsymbol{E}^n = \frac{\epsilon_\infty}{\epsilon_\infty + \chi^0} \Big(\boldsymbol{E}^{n-1} + \Psi^{n-1} + \frac{\Delta t}{\epsilon_0} (\nabla \times \boldsymbol{H}^{n-\frac{1}{2}}) \Big) \tag{5.141}$$

Ψ^{n-1} は

$$\Psi^{n-1} = \sum_{m=0}^{n-2} \Delta\chi^m \boldsymbol{E}^{n-m-1} \tag{5.142}$$

である．ここで，$\Delta\chi^m$ は

$$\Delta\chi^m = \chi^m - \chi^{m+1} \tag{5.143}$$

である．このような変形を行えば，χ の時間依存性がわかれば，D を計算することなしに E を求めることができる．さらに $\Delta\chi^m$ が帰納的に定義できるような形であれば，式 (5.142) が簡単に求められ，それを使って式 (5.141) を計算できる．次にデバイ分散を例にとり，式 (5.142) を考える．

デバイ分散

　配向していた分子や原子の双極子モーメントの方向がある時間を境に秩序を失い誘電率が緩和するような過程では，デバイ分散と呼ばれる分散関係を示す．たとえば，電場を印加して双極子モーメントを揃えて，ある瞬間に電場を切って 0 とするような場合である．このとき，緩和時間 τ を掛けて緩和していき，誘電率は以下のような周波数特性を示す．

$$\epsilon(\omega) = \epsilon_0\epsilon(\infty) + \epsilon_0 \int_0^\infty \chi(t) e^{-(i\omega+\frac{1}{\tau})t} dt \tag{5.144}$$

ここで，$\epsilon(\infty)$ は充分時間が経過したときの比誘電率である．電気感受率 $\chi(t)$ は，単位ステップ関数 $u(t)$ を使って

$$\chi(t) = \chi(0)\exp(-\frac{t}{\tau})u(t) \tag{5.145}$$

と表される．式 (5.145) を式 (5.144) に代入すると

$$\epsilon(\omega) = \epsilon_0\Big(\epsilon(\infty) + \int_0^\infty \chi(0)\exp\Big(-\Big(\frac{t}{\tau}+i\omega t\Big)\Big)u(t)\Big) \tag{5.146}$$

となる．これを計算すると以下のようになる．

$$\epsilon(\omega) = \epsilon_0\Big(\epsilon(\infty) + \frac{\chi(0)\tau}{1+i\omega\tau}\Big) \tag{5.147}$$

式 (5.146) の $t=0$ のときを計算して，整理すると

$$\chi(0) = \frac{\epsilon_0/\epsilon_0 - \epsilon(\infty)}{\tau} \tag{5.148}$$

となる．これを式 (5.145) に代入して以下の関係が得られる．

$$\chi(t) = \frac{\epsilon_0/\epsilon_0 - \epsilon(\infty)}{\tau} \exp\left(-\frac{t}{\tau}\right) u(t) \tag{5.149}$$

式 (5.149) の関係があるときの $\Delta\chi^m$ を求める．少し煩雑な計算の後, $t = m\Delta t$ として

$$\Delta\chi^m = \frac{\epsilon(0) - \epsilon(\infty)}{\epsilon_0}\left(1 - \exp\left(-\frac{\Delta t}{\tau}\right)\right)^2 \exp\left(-\frac{m\Delta t}{\tau}\right) \tag{5.150}$$

が得られる．よって，

$$\Delta\chi^{m+1} = \exp\left(-\frac{\Delta t}{\tau}\right)\Delta\chi^m \tag{5.151}$$

となる．これを式 (5.142) に代入すると

$$\Psi^{n-1} = \sum_{m=0}^{n-2} \Delta\chi^m E^{n-m-1} = E^{n-1}\Delta\chi(0) + \exp\left(-\frac{\Delta t}{\tau}\right)\Psi^{n-2} \tag{5.152}$$

となる．式 (5.152) と式 (5.141) より，$\boldsymbol{E}^n$ は $\boldsymbol{E}^{n-1}$ と Ψ^{n-2} から帰納的に求めることができる．

多少複雑であるがローレンツ分散やドルーデ分散の場合も同様の取り扱いで電場を帰納的に求めることができる．詳細は参考文献に挙げた FDTD の教科書を参照されたい．

付録A
媒質中のマックスウェルの方程式

電場ベクトルを E,磁場ベクトルを H,電束密度 (電気変位) を D,磁束密度を B とする.誘電率 ϵ,透磁率 μ を持つ媒質中でのマックスウェルの方程式は以下のように記述できる.

$$\nabla \times E = -\frac{\partial B}{\partial t}$$
$$\nabla \times H = \frac{\partial D}{\partial t} + J$$
$$\nabla \cdot D = \rho$$
$$\nabla \cdot B = 0 \tag{A.1}$$

ここで,電流密度 J, ρ は電荷密度である.媒質の導電率が σ のとき,各パラメータの間には以下の関係がある.

$$J = \sigma E$$
$$B = \mu H$$
$$D = \epsilon E = \epsilon_0 E + P \tag{A.2}$$

ここで P は媒質がもつ分極であり,ϵ_0 は真空の誘電率である.式 (A.1) の最初の式に $\nabla \times$ を作用して

$$\nabla \times \nabla \times E = \nabla \times (-\frac{\partial B}{\partial t}) \tag{A.3}$$

となる.ベクトルの公式 $\nabla \times \nabla \times A = \nabla(\nabla \cdot A) - \nabla^2 A$ を使うと

$$\nabla^2 E = \epsilon\mu \frac{\partial^2 E}{\partial t^2} \tag{A.4}$$

となり,電場の波動方程式が得られる.磁場も同様である.また,この波動方程式で示される波の速度 v は $v^2 = 1/(\epsilon\mu)$ である.

付録 B

屈折率楕円体

　屈折率が式 (2.3) に示した楕円体で表現される理由は以下ように説明される．楕円体の表面は光電場のエネルギーが等しい面を表している．

　媒質内のある点を伝搬する光の持つエネルギー W はポインティングベクトル $\boldsymbol{S}$ で表される．ある体積 v の空間から散逸されるポインティングベクトル $\int_s \boldsymbol{S} \cdot \boldsymbol{n} ds = \int_v \mathrm{div} \boldsymbol{S} dv$ はその空間のエネルギーの変化 $\int_v \frac{dW}{dt} dv$ に等しいので

$$\int_v \mathrm{div}\boldsymbol{S} dv + \int_v \frac{dW}{dt} dv = 0 \tag{B.1}$$

である．ここで n は空間を作る閉曲面の法線ベクトルである．よって，エネルギー保存の法則

$$\mathrm{div}\boldsymbol{S} + \frac{dW}{dt} = 0 \tag{B.2}$$

が得られる．$\mathrm{div}\boldsymbol{S}$ を計算すると

$$\mathrm{div}\boldsymbol{S} = \mathrm{div}(\boldsymbol{E} \times \boldsymbol{H}) = \boldsymbol{H}\mathrm{rot}\boldsymbol{E} - \boldsymbol{E}\mathrm{rot}\boldsymbol{H} = -\left(\boldsymbol{E}\frac{\partial \boldsymbol{D}}{\partial t} + \boldsymbol{H}\frac{\partial \boldsymbol{B}}{\partial t}\right) \tag{B.3}$$

となる．$\boldsymbol{E}\frac{\partial \boldsymbol{D}}{\partial t}$ や $\boldsymbol{H}\frac{\partial \boldsymbol{B}}{\partial t}$ は

$$\boldsymbol{E}\frac{\partial \boldsymbol{D}}{\partial t} = \boldsymbol{E}\frac{\partial}{\partial t}(\epsilon \boldsymbol{E}) = \frac{1}{2}\frac{\partial}{\partial t}(\epsilon \boldsymbol{E}^2) = \frac{1}{2}\frac{\partial \boldsymbol{E}\boldsymbol{D}}{\partial t} \tag{B.4}$$

$$\boldsymbol{H}\frac{\partial \boldsymbol{B}}{\partial t} = \boldsymbol{H}\frac{\partial}{\partial t}(\mu \boldsymbol{H}) = \frac{1}{2}\frac{\partial}{\partial t}(\mu \boldsymbol{H}^2) = \frac{1}{2}\frac{\partial \boldsymbol{H}\boldsymbol{B}}{\partial t} \tag{B.5}$$

となるので，式 (B.4) と式 (B.5) を式 (B.3) に代入して式 (B.1) を使うと

$$W_{\mathrm{E}} = \frac{1}{2}\boldsymbol{E}\boldsymbol{D} \tag{B.6}$$

$$W_{\mathrm{H}} = \frac{1}{2}\boldsymbol{H}\boldsymbol{B} \tag{B.7}$$

となる．ここで W_E は電場の持つエネルギー，W_H は磁場の持つエネルギーである．

光がどの方向に伝搬しても，吸収がない限りは光が持つエネルギーは変化しないので，たとえば，電場のエネルギー W_E は，主軸が x, y, z 軸にある際に

$$W_\mathrm{E} = \frac{1}{2}\boldsymbol{ED} = \frac{1}{2}(\epsilon_{xx}E_x^2 + \epsilon_{yy}E_y^2 + \epsilon_{zz}E_z^2)$$
$$= \frac{1}{2}\Big(\frac{D_x^2}{\epsilon_{xx}} + \frac{D_y^2}{\epsilon_{yy}} + \frac{D_z^2}{\epsilon_{zz}}\Big) = \frac{1}{2\epsilon_0}\Big(\frac{D_x^2}{n_x^2} + \frac{D_y^2}{n_y^2} + \frac{D_z^2}{n_z^2}\Big) \qquad (\mathrm{B.8})$$

と記述され，その値は一定となる．これを満たす (D_x, D_y, D_z) で作られる面は楕円体となるが，それらの主軸は x, y, z 軸と重なるので $\sqrt{2W_\mathrm{E}\epsilon_0}$ 倍にすれば式 (2.3) のように記述できる．

付録 C
SHG の式

媒質 1 と媒質 2 の界面では

$$-E_1^- \cos\theta_1 = (E_2^+ - E_2^-)\cos\theta_2$$
$$+ \frac{P_x^+}{\epsilon_0}\Big(\frac{\cos^2\theta_2^s}{(n_2^s)^2 - n_2^2} - \frac{\sin^2\theta_2^s}{n_2^2}\Big)$$
$$- \frac{P_z^+}{\epsilon_0}\cos\theta_2^s \sin\theta_2^s \Big(\frac{1}{n_2^s - n_2^2} + \frac{1}{n_2^2}\Big)$$
$$+ \frac{P_x^-}{\epsilon_0}\Big(\frac{\cos^2\theta_2^s}{(n_2^s)^2 - n_2^2} - \frac{\sin^2\theta_2^s}{n_2^2}\Big)$$
$$+ \frac{P_z^-}{\epsilon_0}\cos\theta_2^s \sin\theta_2^s \Big(\frac{1}{n_2^s - n_2^2} + \frac{1}{n_2^2}\Big)$$
$$+ \frac{P_x^0}{\epsilon_0}\frac{1}{n_2^2}$$

$$-n_1 E_1^- = n_2(E_2^+ + E_2^-)$$
$$+ \frac{n_2^s P_x^+}{\epsilon_0}\frac{\cos\theta_2^s}{(n_2^s)^2 - n_2^2} - \frac{n_2^s P_z^+}{\epsilon_0}\frac{\sin\theta_2^s}{(n_2^s)^2 - n_2^2}$$
$$- \frac{n_2^s P_x^-}{\epsilon_0}\frac{\cos\theta_2^s}{(n_2^s)^2 - n_2^2} - \frac{n_2^s P_z^-}{\epsilon_0}\frac{\sin\theta_2^s}{(n_2^s)^2 - n_2^2}$$
$$- \frac{n_2^s P_z^0}{\epsilon_0((n_2^s)^2 - n_2^2)} \quad \text{(C.1)}$$

媒質 2 と媒質 3 の界面では

$$-E_3^+ \phi_3^+ \cos\theta_3 = (E_2^+ \phi_2^+ - E_2^- \phi_2^-)\cos\theta_2$$
$$+ \frac{P_x^+ \phi_2^{s+}}{\epsilon_0}\Big(\frac{\cos^2\theta_2^s}{(n_2^s)^2 - n_2^2} - \frac{\sin^2\theta_2^s}{n_2^2}\Big)$$
$$- \frac{P_z^+ \phi_2^{s+}}{\epsilon_0}\cos\theta_2^s \sin\theta_2^s \Big(\frac{1}{n_2^s - n_2^2} + \frac{1}{n_2^2}\Big)$$

$$
\begin{aligned}
&+ \frac{P_x^- \phi_2^{s-}}{\epsilon_0} \left(\frac{\cos^2 \theta_2^s}{(n_2^s)^2 - n_2^2} - \frac{\sin^2 \theta_2^s}{n_2^2} \right) \\
&+ \frac{P_z^- \phi_2^{s-}}{\epsilon_0} \cos \theta_2^s \sin \theta_2^s \left(\frac{1}{n_2^s - n_2^2} + \frac{1}{n_2^2} \right) \\
&+ \frac{P_x^0}{\epsilon_0} \frac{1}{n_2^2}
\end{aligned}
$$

$$
\begin{aligned}
-n_3 E_3^+ \phi_3^+ = {}& n_2 (E_2^+ \phi_2^+ + E_2^- \phi_2^-) \\
&+ \frac{n_2^s P_x^+ \phi_2^{s+}}{\epsilon_0} \frac{\cos \theta_2^s}{(n_2^s)^2 - n_2^2} - \frac{n_2^s P_z^+ \phi_2^{s+}}{\epsilon_0} \frac{\sin \theta_2^s}{(n_2^s)^2 - n_2^2} \\
&- \frac{n_2^s P_x^- \phi_2^{s-}}{\epsilon_0} \frac{\cos \theta_2^s}{(n_2^s)^2 - n_2^2} - \frac{n_2^s P_z^- \phi_2^{s-}}{\epsilon_0} \frac{\sin \theta_2^s}{(n_2^s)^2 - n_2^2} \\
&- \frac{n_2^s P_z^0}{\epsilon_0 ((n_2^s)^2 - n_2^2)} \tag{C.2}
\end{aligned}
$$

付 録 D
ベクトル球面調和関数

ベクトル球面調和関数の r, θ, ϕ 成分を l を整数として行列表示すると以下のようになる．

$$\boldsymbol{M}_{eln} = \begin{pmatrix} 0 \\ \dfrac{-l}{\sin\theta}\sin(l\phi)P_n^l(\cos\theta)z_n(\rho) \\ -\cos(l\phi)\dfrac{dP_n^l(\cos\theta)}{d\theta}z_n(\rho) \end{pmatrix} \quad \text{(D.1)}$$

$$\boldsymbol{M}_{oln} = \begin{pmatrix} 0 \\ \dfrac{l}{\sin\theta}\cos(l\phi)P_n^l(\cos\theta)z_n(\rho) \\ -\sin(l\phi)\dfrac{dP_n^l(\cos\theta)}{d\theta}z_n(\rho) \end{pmatrix} \quad \text{(D.2)}$$

$$\boldsymbol{N}_{eln} = \begin{pmatrix} n(n+1)\dfrac{z_n(\rho)}{\rho}\cos(l\phi)P_n^l(\cos\theta) \\ \cos(l\phi)\dfrac{dP_n^l(\cos\theta)}{d\theta}\dfrac{1}{\rho}\dfrac{d}{d\rho}(\rho z_n(\rho)) \\ -l\sin(l\phi)\dfrac{P_n^l(\cos\theta)}{\sin\theta}\dfrac{1}{\rho}\dfrac{d}{d\rho}(\rho z_n(\rho)) \end{pmatrix} \quad \text{(D.3)}$$

$$\boldsymbol{N}_{oln} = \begin{pmatrix} n(n+1)\dfrac{z_n(\rho)}{\rho}\sin(l\phi)P_n^l(\cos\theta) \\[2mm] \sin(l\phi)\dfrac{dP_n^l(\cos\theta)}{d\theta}\dfrac{1}{\rho}\dfrac{d}{d\rho}(\rho z_n(\rho)) \\[2mm] -l\cos(l\phi)\dfrac{P_n^l(\cos\theta)}{\sin\theta}\dfrac{1}{\rho}\dfrac{d}{d\rho}(\rho z_n(\rho)) \end{pmatrix} \qquad (\text{D.4})$$

ここで，$P_n^l(\cos\theta)$ はルジャンドル陪関数であり，$z_n(\rho)$ は球面調和ベッセル関数，$\rho = kr$ である．球面調和ベッセル関数は

$$j_n(\rho) = \sqrt{\frac{\pi}{\rho}}J_{n+\frac{1}{2}}(\rho) \qquad (\text{D.5})$$

$$y_n(\rho) = \sqrt{\frac{\pi}{\rho}}Y_{n+\frac{1}{2}}(\rho) \qquad (\text{D.6})$$

と表される．$J_n(\rho)$ は第一種ベッセル関数，$Y_n(\rho)$ は第二種ベッセル関数である．また，球面調和ハンケル関数（第三種ベッセル関数）は

$$\begin{aligned} h_n^{(1)}(\rho) &= j_n(\rho) + iy_n(\rho) \\ h_n^{(2)}(\rho) &= j_n(\rho) - iy_n(\rho) \end{aligned} \qquad (\text{D.7})$$

と表される．本書の波動の定義では，球面調和ハンケル関数としては $h_n^{(1)}$ を用いる．また，どの種類のベッセル関数を使うかは，ベクトル球面調和関数（$\boldsymbol{M}$ や $\boldsymbol{N}$）の右肩につける数字で区別する．

付録 E

基板上の球の式

基板上の球の計算における，式の中に現れる積分について導出する．

$$\int_{-1}^{1} V_j^1(1,t) P_k^1(t) dt$$
$$= (-1)^{j+1} \sum_{l=1}^{\infty} \frac{(l+j)! r^l}{(l+1)!(j-1)!(2r_0)^{l+j+1}} \int_{-1}^{1} P_k^1(t) P_l^1(t) dt$$
$$= (-1)^{j+1} \sum_{l=1}^{\infty} \frac{(l+j)! r^l}{(l+1)!(j-1)!(2r_0)^{l+j+1}} \frac{2k(k+1)}{2k+1} \delta_{lk}$$
$$= (-1)^{j+1} \frac{(k+j)!}{(k+1)!(j-1)!(2r_0)^{k+j+1}} \frac{2k(k+1)}{2k+1} \tag{E.1}$$

$$\int_{-1}^{1} \left.\frac{\partial V_j^1(r,t)}{\partial r}\right|_{r=1} P_k^1(t) dt$$
$$= (-1)^{j+1} \frac{k(k+j)!}{(k+1)!(j-1)!(2r_0)^{k+j+1}} \frac{2k(k+1)}{2k+1}$$
$$= (-1)^{j+1} \frac{2k^2(k+1)(k+j)!}{(k+1)!(j-1)!(2r_0)^{k+j+1}(2k+1)} \tag{E.2}$$

付録 F

3次元 FDTD

3次元のFDTDでは式 (5.88)〜(5.93) を差分する (図 **F.1**). E_x と H_x についての記述すると以下のようになる.

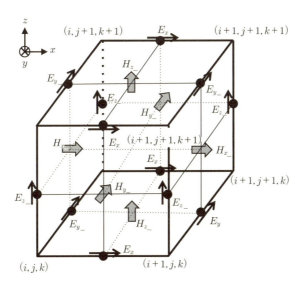

図 **F.1**　3次元 FDTD.

$$
\begin{aligned}
E_x^{n+1}\left(i+\frac{1}{2}, j, k\right) &= E_x^n\left(i+\frac{1}{2}, j, k\right) \\
&+ \frac{1}{\epsilon(i+\frac{1}{2}, j, k)} \frac{H_z^{n+\frac{1}{2}}(i+\frac{1}{2}, j+\frac{1}{2}, k) - H_z^{n+\frac{1}{2}}(i+\frac{1}{2}, j-\frac{1}{2}, k)}{\Delta y} \Delta t \\
&- \frac{1}{\epsilon(i+\frac{1}{2}, j, k)} \frac{H_y^{n+\frac{1}{2}}(i+\frac{1}{2}, j, k+\frac{1}{2}) - H_y^{n+\frac{1}{2}}(i+\frac{1}{2}, j, k-\frac{1}{2})}{\Delta z} \Delta t
\end{aligned}
$$

$$\begin{aligned}
E_y^{n+1}\left(i,j+\frac{1}{2},k\right) &= E_y^n\left(i,j+\frac{1}{2},k\right) \\
&+ \frac{1}{\epsilon(i,j+\frac{1}{2},k)} \frac{H_x^{n+\frac{1}{2}}(i,j+\frac{1}{2},k+\frac{1}{2}) - H_x^{n+\frac{1}{2}}(i,j+\frac{1}{2},k-\frac{1}{2})}{\Delta z} \Delta t \\
&- \frac{1}{\epsilon(i,j+\frac{1}{2},k)} \frac{H_z^{n+\frac{1}{2}}(i+\frac{1}{2},j+\frac{1}{2},k) - H_z^{n+\frac{1}{2}}(i-\frac{1}{2},j+\frac{1}{2},k)}{\Delta x} \Delta t \\
E_z^{n+1}\left(i,j,k+\frac{1}{2}\right) &= E_z^n\left(i,j,k+\frac{1}{2}\right) \\
&+ \frac{1}{\epsilon(i,j,k+\frac{1}{2})} \frac{H_y^{n+\frac{1}{2}}(i+\frac{1}{2},j,k+\frac{1}{2}) - H_y^{n+\frac{1}{2}}(i-\frac{1}{2},j,k+\frac{1}{2})}{\Delta x} \Delta t \\
&- \frac{1}{\epsilon(i,j,k+\frac{1}{2})} \frac{H_x^{n+\frac{1}{2}}(i,j+\frac{1}{2},k+\frac{1}{2}) - H_x^{n+\frac{1}{2}}(i,j-\frac{1}{2},k+\frac{1}{2})}{\Delta y} \Delta t \\
H_x^{n+\frac{1}{2}}\left(i,j+\frac{1}{2},k+\frac{1}{2}\right) &= H_x^{n-\frac{1}{2}}\left(i,j+\frac{1}{2},k+\frac{1}{2}\right) \\
&+ \frac{1}{\mu(i,j+\frac{1}{2},k+\frac{1}{2})} \frac{E_y^n(i,j+\frac{1}{2},k+1) - E_y^n(i,j+\frac{1}{2},k)}{\Delta z} \Delta t \\
&- \frac{1}{\mu(i,j+\frac{1}{2},k+\frac{1}{2})} \frac{E_z^n(i,j+1,k+\frac{1}{2}) - E_z^n(i,j,k+\frac{1}{2})}{\Delta y} \Delta t \\
H_y^{n+\frac{1}{2}}\left(i+\frac{1}{2},j,k+\frac{1}{2}\right) &= H_y^{n-\frac{1}{2}}\left(i+\frac{1}{2},j,k+\frac{1}{2}\right) \\
&+ \frac{1}{\mu(i+\frac{1}{2},j,k+\frac{1}{2})} \frac{E_z^n(i+1,j,k+\frac{1}{2}) - E_z^n(i,j,k+\frac{1}{2})}{\Delta x} \Delta t \\
&- \frac{1}{\mu(i+\frac{1}{2},j,k+\frac{1}{2})} \frac{E_x^n(i+\frac{1}{2},j,k+1) - E_x^n(i+\frac{1}{2},j,k)}{\Delta z} \Delta t \\
H_z^{n+\frac{1}{2}}\left(i+\frac{1}{2},j+\frac{1}{2},k\right) &= H_z^{n-\frac{1}{2}}\left(i+\frac{1}{2},j+\frac{1}{2},k\right) \\
&+ \frac{1}{\mu(i+\frac{1}{2},j+\frac{1}{2},k)} \frac{E_x^n(i+\frac{1}{2},j+1,k) - E_x^n(i+\frac{1}{2},j,k)}{\Delta y} \Delta t \\
&- \frac{1}{\mu(i+\frac{1}{2},j+\frac{1}{2},k)} \frac{E_y^n(i+1,j+\frac{1}{2},k) - E_y^n(i,j+\frac{1}{2},k)}{\Delta x} \Delta t \quad \text{(F.1)}
\end{aligned}$$

参考文献

　[1]〜[9] は光学全般についての教科書である．どれを選んでも充分な知見が得られるが，特に [3] は図も多くやさしくに書かれており，最近のトピックも含まれている．[10] は導波路と光ファイバについて詳しい．[11]〜[19] は非線形光学に関する教科書である．古い本は SI 単位系でなく cgs 単位系で書かれているので，気をつける必要がある．[20]〜[22] はフォトニック結晶に関する教科書である．[23]〜[31] は表面プラズモンやメタマテリアルに関する教科書である．[23] は粒子により光の散乱について詳しい．[32]〜[36] は FDTD 法に関する教科書である．[32] はこの分野の代表的な教科書であるが量が多い．

[1]　G. R. Fowles, "Introduction to Modern Optics", Dover, New York (1968)
[2]　M. Born, E. Wolf, "Principles of Optics", Pergamon Press, Oxford (1959)
[3]　B. E. A. Saleh, M. C. Teich, "Fundamentals of Photonics", Wiley, New York (2007)
[4]　辻内順平，「光学概論 I・II」，朝倉書店 (1979)
[5]　鶴田匡夫，「応用光学 I・II」，培風館 (1990)
[6]　吉田貞史，矢嶋弘義，「薄膜・光デバイス」，東京大学出版会 (1994)
[7]　工藤惠栄，上原冨美哉，「基礎光学」，現代工学社 (1990)
[8]　三好旦六，「光・電磁波論」，培風館 (1987)
[9]　黒田和夫，「物理光学」，朝倉書店 (2011)
[10]　國分泰雄，「光波工学」，共立出版 (1999)
[11]　N. Bloembergen, "Nonlinear Optics", Benjamin, London (1977)
[12]　Y. R. Shen, "The Principles of Nonlinear Optics", Wiley, New York (1984)
[13]　P. N. Butcher, D. Cotter, "The Elements of Nonlinear Optics", Cambridge University Press, New York (1990)
[14]　A. Yariv, "Quantum Electronics", Wiley, New York (1967)
[15]　R. W. Boyd, "Nonlinear Optics", Academic Press, New York (2008)
[16]　小川智哉，「結晶工学の基礎」，裳華房 (1998)

- [17] 宮澤信太郎, 「光学結晶」, 培風館 (1995)
- [18] 雀部博之編, 「有機フォトニクス」, アグネ (1995)
- [19] 黒田和夫, 「非線形光学」, コロナ社 (2008)
- [20] 藤井壽崇, 井上光輝, 「フォトニック結晶」, コロナ社 (2000)
- [21] 迫田和彰, 「フォトニック結晶入門」, 森北出版 (2004)
- [22] 吉野勝美, 武田寛之, 「フォトニック結晶の基礎と応用」, コロナ社 (2004)
- [23] C. F. Bohren, D. R. Huffman, "Absorption and Scattering of Light by Small Particles", Wiley, New York (1998)
- [24] van de Hulst, "Light Scattering by Small Particles", Dover, New York (1957)
- [25] J. A. Stratton, "Electromagnetic Theory", McGraw-Hill, New York (1941)
- [26] 福井萬壽夫, 大津元一, 「光ナノテクノロジーの基礎」, オーム社 (2003)
- [27] 岡本隆之, 梶川浩太郎, 「プラズモニクス」, 講談社サイエンティフィク (2010)
- [28] 梶川浩太郎, 岡本隆之, 高原淳一, 岡本晃一, 「アクティブ・プラズモニクス」, コロナ社 (2013)
- [29] M. ナジノフ, V. A. ポドリスキー編, 木村達也訳, 「光メタマテリアルの基礎」, 丸善 (2014)
- [30] A. A. マラドゥディン編, 木村達也訳, 「光メタ表面材料」, オーム社 (2014)
- [31] F. カポリノ編, 萩行正憲, 石原照也, 真田篤志監訳, 「メタマテリアルハンドブック基礎編・応用編」, 講談社サイエンティフィク (2014)
- [32] A. Taflove, S. C. Hagness, "Computational Electrodynamics", Artech House, London (2005)
- [33] U. S. Inan, R. A. Marchall, "Numerical Electromagnetics", Cambridge University Press, New York (2011)
- [34] 宇野亮, 「FDTDによる電磁界およびアンテナ解析」, コロナ社 (1998)
- [35] 宇野亮, 何一偉, 有馬卓司, 「数値電磁解析のためのFDTD法」, コロナ社 (2016)
- [36] 橋本修, 「実践FDTD時間領域差分法」, 森北出版 (2006)
- [37] 応用物理学会 日本光学会 光設計研究グループ編, 「電磁場解析入門」, オプトロニクス社 (2010)
- [38] J. E. Sipe, R. W. Boyd, "In Optical Properties of Nanostructured Raman Media, ed. V. M. Shaleev", Springer, Heidelberg (2002) p.1
- [39] K. Miyano, T. Nishiwaki, A. Tomioka, Opt. Commun. **91** (1992) 502

[40] D. S. Bethune, J. Opt. Soc. Am. B **6** (1989) 910
[41] L. P. Mosteller, Jr, F. Wooten, J. Opt. Soc. Am. **58** (1968) 511
[42] D. S. Bethune, J. Opt. Soc. Am. B **8** (1991) 367
[43] エリ・ランダウ，イェ・リフシッツ，井上 健男訳,「電磁気学 2」Ch. 11, 東京図書 (1965)
[44] D. W. Berreman, J. Opt. Soc. Am. **62** (1972) 502
[45] 福田敦夫，竹添秀男,「強誘電性液晶の構造と物性」, コロナ社 (1990) p.396
[46] 藤原裕之,「分光エリプソメトリー」, 丸善 (2011) p.209
[47] R. Gabel and R. A. Roberts, "Signals and Linear Systems", Wiley (1973) p.150
[48] H. Wöhler, G. Haas, M. Fritsch, D. A. Mlynski, J. Opt. Soc. Am. A **5** (1988) 1554
[49] M. Schubert, Phys. Rev. B **53** (1996) 4265
[50] N. Bloembergen, P. S. Pershan, Phys. Rev. **128** (1962) 606
[51] H. M. Gibbs, "Optical Bistability: Controlling Light with Light", Academic Press, New York (1985)
[52] 黒川隆志,「光機能デバイス」, 共立出版 (2004) p.229
[53] K. M. Ho, C. T. Chan, C. M. Soukoulis, Phys. Rev. Lett. **65** (1990) 3152
[54] A. Poddubny, I. Iorsh, P. Belov, Y. Kivshar, Nat. Photon **7**(2013) 958
[55] J. Valentine, S. Zhang, T. Zentgraf, E. Ulin-Avila, D. A. Genov, G. Bartal, X. Zhang: Nature **455** (2008) 376
[56] 梶川浩太郎，レーザー研究 **44** (2016) 10
[57] 宮崎英樹，岩長祐伸，レーザー研究 **44** (2016) 27
[58] V. G. Kravets, F. Schedin, A. N. Grigorenko, Phys. Rev. B **78** (2008) 205405
[59] Y. Ebihara, R. Ota, T. Noriki, M. Shimojo, K. Kajikawa, Sci. Rep. **5** (2015) 15992
[60] 砂川重信,「理論電磁気学」, 紀伊國屋書店 (1999)
[61] R. Ruppin, J. Phys. Soc. Jpn. **58** (1889) 1446
[62] M. M. Wind, J. Vliger, D. Bedeaux, Physica **141A** (1987) 33
[63] T. Okamoto, I. Yamaguchi, J. Phys. Chem. B **107** (2003) 38
[64] B. T. Draine, J. Goodman, J. Opt. Soc. Am. **11** (1994) 1491

[65] M. A. Yurkin, V. P. Maltsevb, A. G. Hoekstra, J. Quantitive Specroscopy & Radiative Transfer **106** (2007) 546

[66] B. T. Draine, J. Goodman, Astrophys. J. **405** (1993) 685

欧字先頭索引

A
Amsterdam DDA 177
ATR 142

B
Berremanの4×4行列法 79
Bモデル 22

C
CMRR 179

D
DDA 176
　　　　Amsterdam―― 177
DDSCAT 177
dテンソル 101

E
EHF 3
EHモード 52

F
FCC構造 140
FCD 180
FDTD 180
　　　　1次元―― 181
　　　　2次元―― 183
　　　　3次元―― 209

H
HEモード 52
HF 1

K
Kretschmann 143

L
LDR 180
$LiNbO_3$結晶 117
LPモード 52
LW 1

M
MGモデル 22
Murの吸収境界 190
MW 1

O
Otto 142

P
PBG 130
p-偏光 26, 47
PML 191

Q
Q値 126

R
R（反射率）............ 26, 28, 38
RC法 197
RCWA 146

S
SF 186
s-偏光 26, 44
SHF 3
SHG 96, 100, 102, 104, 204
SW 1

T

T(透過率) ················ 26, 28, 38
TE 偏光 ············· 26, 44, 127, 138
TF ························· 186
TFSF 法 ····················· 186
THG ························ 98
TM 偏光 ············ 26, 47, 127, 137
TN セル ····················· 88

U

UHF ························· 2

V

VHF ························· 2
V パラメータ ············· 46, 48, 53

W

Whispering Gallery mode(WGM)
   ························ 125, 126

総 索 引

あ
RC 法 ················· 196

い
EH モード ················· 52
異常光 ················· 57, 67
──屈折率 ················· 57
位相 ················· 29
位相差板 ················· 14
位相整合 ············ 102, 105, 106
　　　──角 ················· 108
　　　温度── ················· 109
　　　角度── ············ 105, 107, 109
　　　擬似── ················· 109
　　　タイプ I の角度── ········· 107
　　　タイプ II の角度── ········ 109
位相速度 ················· 6, 60
位相変化 ················· 34
1 軸性結晶 ················· 106
1 軸性媒質 ············ 56, 57, 67
1 次元 FDTD ················· 181
1 次元フォトニック結晶 ········· 131
異方性媒質 ················· 55, 73
印加電場 ················· 16
インピーダンス ········ 7, 186, 192
　　　真空の── ················· 7

う
ウィスパーリング・ギャラリーモード
　(WGM) ··············· 125, 126
ウォークオフ角 ················· 109

え
HE モード ················· 52
液晶 ················· 87

──ディスプレイ ················· 87
s-偏光 ················· 26, 44
X 線 ················· 4
エネルギー屈折率 ················· 61
エネルギー保存の法則 ········ 29, 202
エバネッセント光 ················· 31
エバネッセント波 ············ 45, 53
FCC 構造 ················· 140
$LiNbO_3$ 結晶 ················· 117
LP モード ················· 52
エルミート行列 ················· 135
遠赤外線 ················· 3
円筒座標系 ················· 48
円偏光 ················· 10
　　　左回り── ················· 12
　　　右回り── ················· 12

お
オゾン線 ················· 4
オットー配置 ················· 142
温度位相整合 ················· 109

か
カー効果 ················· 98
　　　光── ················· 120
カーシャッター ················· 98
回折格子 ············ 142, 146, 157
外部電場 ················· 16
界面 ················· 26
ガウシアンパルス ················· 186
角周波数 ················· 5
角度位相整合 ············ 105, 107, 109
可視光 ················· 3
カットオフ ················· 46, 48
完全整合層(PML) ················· 191

217

完全バンドギャップ ·············· 140
ガンマ線 ························ 4
緩和時間 ······················ 35

き

規格化周波数 ············ 46, 48, 53
規格化伝搬定数 ·········· 46, 48, 53
疑似位相整合 ·················· 109
基板上の球 ···················· 170
基本逆格子ベクトル ············ 136
基本格子ベクトル ·············· 136
逆格子定数 ···················· 134
吸収 ·························· 29
　──境界 ···················· 189
　──断面積 ·············· 147, 179
Q 値 ························ 126
球のミー理論 ············ 163, 165
球面波 ····················· 5, 163
境界値問題 ···················· 159
共振器 ························ 125
鏡像 ·························· 171
共鳴角 ························ 144
局在表面プラズモン共鳴 ········ 146
局所電場 ······················ 18
局所伝搬行列 ··················· 80
局所場 ····················· 18, 93
　──因子 ····················· 94
巨視的電場 ···················· 17
巨視的な光電場 ················ 93
金 ··························· 142
銀 ··························· 142
均一化 ························ 22
近紫外光 ······················· 4
近赤外線 ······················· 3
金属 ·························· 34
　──微粒子 ·················· 147

く

グースヘンシェンシフト ········· 33
屈折率 ····················· 6, 55

異常光 ···················· 56, 67
エネルギー ···················· 61
　──楕円体 ·········· 55, 117, 202
　──テンソル ·················· 55
　──ベクトル ·················· 74
光線速度 ······················ 61
常光 ·························· 57
等価 ······················ 46, 53
分極波の実効的── ············ 112
クラウジウス–モソッティーの式
　　　　　　　········ 15, 20, 23, 179
クラッド ······················ 44
クレッチマン配置 ·············· 143
群速度 ·························· 6

け

蛍光 ························· 145
欠陥層 ······················· 134
減衰 ·························· 33
厳密光波結合法(RCWA) ········· 146

こ

コア ·························· 44
コアシェル球のミー理論 ········ 165
コアシェル構造 ················ 161
硬 X 線 ························ 4
光源 ························· 185
光線速度 ················· 60, 65
　──屈折率 ··················· 61
光線に関するフレネルの式 ······· 64
構造色 ························· 3
黒体 ························· 156
極超短波(UHF) ················· 2
コヒーレンス ·················· 104
固有偏光 ······················ 56

さ

サイズパラメータ ········ 128, 164
差分法 ······················· 181
三角格子 ····················· 139

総索引

3次元 FDTD ・・・・・・・・・・・・・・・・ 209
3次元フォトニック結晶・・・・・・・・・・ 139
3次の非線形光学効果・・・・・・・・・・・・ 97
散乱・・・・・・・・・・・・・・・・・・・・・・・・・・ 29
　　——界（SF）・・・・・・・・・・・・・ 186
　　——効率・・・・・・・・・・・・・・・・ 130
　　——断面積・・・・・・・・ 147, 165, 179

し
磁界・・・・・・・・・・・・・・・・・・・・・・・・・・ 4
紫外光・・・・・・・・・・・・・・・・・・・・・・・・ 4
時間領域差分法（FDTD）・・・・・・・・・ 180
　　1次元——・・・・・・・・・・・・・・・ 181
　　2次元——・・・・・・・・・・・・・・・ 183
　　3次元——・・・・・・・・・・・・・・・ 209
磁気共鳴周波数・・・・・・・・・・・・・・・・ 151
自己組織化・・・・・・・・・・・・・・・・・・・ 136
自然偏光・・・・・・・・・・・・・・・・・・・・・・ 8
磁束密度・・・・・・・・・・・・・・・・・・・・・ 201
磁場・・・・・・・・・・・・・・・・・・・・・・・・・・ 4
　　——の透過係数・・・・・・・・・・・ 193
　　——ベクトル・・・・・・・・・・・・・ 201
染み出し距離・・・・・・・・・・・・・・・・・・ 33
弱導波近似・・・・・・・・・・・・・・・・・・・・ 52
周波数分散・・・・・・・・・・・・・・・・・・・・ 6
主軸・・・・・・・・・・・・・・・・・・・・・・・・・ 55
準静電近似・・・・・・・・・・・・・・ 159, 170
常光・・・・・・・・・・・・・・・・・・・・・ 57, 67
　　——屈折率・・・・・・・・・・・・・・・ 57
消光効率・・・・・・・・・・・・・・・・・・・・・ 130
消光断面積・・・・・・・・・・・・・・・・・・・ 165
消衰断面積・・・・・・・・・・・・・・・・・・・ 179
ジョーンズベクトル・・・・・・・・・・ 12, 91
ジョーンズマトリクス・・・・・・・・ 13, 91
磁流・・・・・・・・・・・・・・・・・・・・・・・・ 194
真空紫外光・・・・・・・・・・・・・・・・・・・・ 4
真空のインピーダンス・・・・・・・・・・・・ 7
真空の誘電率・・・・・・・・・・・・・・・・・ 201
振幅ベクトル・・・・・・・・・・・・・・・・・・ 5

す
スネルの法則・・・・・・・・・・・ 24, 31, 153
スメクチック相・・・・・・・・・・・・・・・・ 88

せ
生体由来材料・・・・・・・・・・・・・・・・・ 158
静電エネルギー・・・・・・・・・・・・・・・・ 89
正の1軸性結晶・・・・・・・・・・・・・・・・ 106
正方格子・・・・・・・・・・・・・・・・・・・・・ 138
赤外線・・・・・・・・・・・・・・・・・・・・・・・・ 3
全界（TF）・・・・・・・・・・・・・・・・・・・ 186
線形分極・・・・・・・・・・・・・・・・・・・・・ 94
全光型光双安定素子・・・・・・・・・・・・ 121
センチメートル波（SHF）・・・・・・・・・ 3
全反射・・・・・・・・・・・・・・・・・・・・・・・ 31
　　——角・・・・・・・・・・・・・・・・・・ 143
　　——減衰法（ATR）・・・・・・・・ 142

そ
双球座標系・・・・・・・・・・・・・・・・・・・ 167
増強率・・・・・・・・・・・・・・・・・・・・・・ 145
双極子・・・・・・・・・・・・・・・・・・・ 19, 177
　　——モーメント・・・・ 19, 21, 35, 93
速軸・・・・・・・・・・・・・・・・・・・・・・・・・ 13

た
第3種ベッセル関数・・・・・・・・・・・・・ 49
第2種ベッセル関数・・・・・・・・・・・・・ 49
第2種変形ベッセル関数・・・・・・・・・・ 53
タイプ I の角度位相整合・・・・・・・・・ 107
タイプ II の角度位相整合・・・・・・・・・ 109
ダイヤモンド構造・・・・・・・・・・・・・・ 140
ダイレクター・・・・・・・・・・・・・・・・・・ 87
楕円偏光・・・・・・・・・・・・・・・・・・・ 10, 12
多重反射・・・・・・・・・・・・・・・・・・・・・ 37
多層膜・・・・・・・・・・・・・・・・・・・・・・・ 73
　　——からの光高調波発生・・・・ 114
多層問題・・・・・・・・・・・・・・・・・・・・・ 37
畳み込み積分・・・・・・・・・・・・・・・・・ 197
単一モード・・・・・・・・・・・・・・・・・・・ 55

――導波路・・・・・・・・・・・・・・・・・・・・46
弾性定数・・・・・・・・・・・・・・・・・・・・・・・・90
短波(HF, SW)・・・・・・・・・・・・・・・・・1

ち
チェレンコフ放射・・・・・・・・・・・・・・・153
遅軸・・・・・・・・・・・・・・・・・・・・・・・・・・・・13
中赤外線・・・・・・・・・・・・・・・・・・・・・・・・3
中波(MW)・・・・・・・・・・・・・・・・・・・・・1
超解像・・・・・・・・・・・・・・・・・・・・・・・・155
超短波(VHF)・・・・・・・・・・・・・・・・・・2
長波(LW)・・・・・・・・・・・・・・・・・・・・・1
直線偏光・・・・・・・・・・・・・・・・・・・・8, 12
直列モデル・・・・・・・・・・・・・・・・・・・・22

つ
ツイステッドネマチック(TN)セル・・・・88

て
TE 偏光・・・・・・・・・・・・26, 44, 127, 138
TFSF 法・・・・・・・・・・・・・・・・・・・・・186
TM 偏光・・・・・・・・・・・・26, 47, 127, 137
d テンソル・・・・・・・・・・・・・・・・・・・101
デバイ分散・・・・・・・・・・・・・・・・・・・198
テラヘルツ波・・・・・・・・・・・・・・・3, 119
電界・・・・・・・・・・・・・・・・・・・・・・・・・・・4
電荷密度・・・・・・・・・・・・・・・・・・・・・201
電気感受率・・・・・・・・・・・・・・17, 21, 93
電気光学係数・・・・・・・・・・・・・・・・・116
電気光学効果・・・・・・・・・・・・・・・・・116
電気変位・・・・・・・・・・・・・・・・・・・・・201
――ベクトル・・・・・・・・・・・・・・・・60
電束密度・・・・・・・・・・・・・・・・・・・・・201
テンソル・・・・・・・・・・・・・・・・・・・・・・93
電波・・・・・・・・・・・・・・・・・・・・・・・・・・・1
電場・・・・・・・・・・・・・・・・・・・・・・・・・・・4
　　印可――・・・・・・・・・・・・・・・・・・16
　　外部――・・・・・・・・・・・・・・・・・・16
　　局所――・・・・・・・・・・・・・・・・・・18
　　巨視的――・・・・・・・・・・・・・・・・17

――の透過係数・・・・・・・・・・・・・・193
――ベクトル・・・・・・・・・・・・60, 201
ローレンツの空洞――・・・・・・・・18
伝搬型表面プラズモン・・・・・・・・・・140
伝搬行列法・・・・・・・・・・・・・・・・42, 73
伝搬定数・・・・・・・・・・・・・・・・・・・・・45
伝搬モード・・・・・・・・・・・・・・・・・・・44
電流プローブ・・・・・・・・・・・・・・・・・119
電流密度・・・・・・・・・・・・・・・・・・・・・201

と
透過・・・・・・・・・・・・26, 37, 66, 69, 111
等価屈折率・・・・・・・・・・・・・・・・46, 53
透過係数・・・・・・・・・・・・・・・・・・26, 70
　　磁場の――・・・・・・・・・・・・・・193
　　電場の――・・・・・・・・・・・・・・193
透過率 T・・・・・・・・・・・・・・26, 28, 38
透磁率・・・・・・・・・・・・・・・・6, 151, 201
導電率・・・・・・・・・・・・・・・・・・・・・・201
等波数面・・・・・・・・・・・・・・・・・・・・155
等方性媒質・・・・・・・・・・・・・・・・56, 66
ドルーデモデル・・・・・・・・・・・・・・・141

な
ナノロッド・・・・・・・・・・・・・・・・・・・148
軟 X 線・・・・・・・・・・・・・・・・・・・・・・4

に
2 軸性媒質・・・・・・・・・・・・・・・・56, 58
2 次元 FDTD・・・・・・・・・・・・・・・183
2 次元フォトニック結晶・・・・・・・・136
2 次の非線形光学効果・・・・・・・・・・・94
2 次の非線形分極・・・・・・・・・・・・・101
λ/2 波長板・・・・・・・・・・・・・・・・・・・14
2 連球・・・・・・・・・・・・・・・・・・・・・・167

ね
ネマチック相・・・・・・・・・・・・・・・・・・88

の

ノイマン関数 ………………………… 49

は

ハード光源 …………………………… 185
バイオセンサー ………………… 143, 147
ハイパボリック−メタマテリアル …… 154
波数 ……………………………………… 5
波数ベクトル …………………… 5, 26
　　──面 ……………………………… 63
波長 ……………………………………… 1
　　──板 …………………………… 14
　　──分散 ………………………… 6
　　──変換 ………………………… 102
発光素子 ……………………………… 156
バネの固有振動数 ……………………… 21
葉巻型の回転楕円体 ………………… 148
波面 …………………………………… 57
パンケーキ型の回転楕円体 ………… 149
ハンケル関数 …………………… 49, 127
反磁性物質 …………………………… 152
反射 ………………… 26, 37, 66, 69, 111
　　──係数 ……………………… 26, 70
　　──率 R ………………… 26, 28, 38
反転操作 ……………………………… 95
反転対称性 …………………………… 95
反転中心 ……………………………… 95
反電場 ………………………………… 16
　　──係数 ………………………… 16
バンド構造 …………………………… 130
半波長電圧 …………………………… 119

ひ

p-偏光 …………………………… 26, 47
光カー効果 …………………………… 119
光整流 ………………………………… 96
光双安定現象 ………………………… 121
光第 3 高調波発生（THG） ………… 98
光第 2 高調波の透過 ………………… 110
光第 2 高調波の反射 ………………… 110
光第 2 高調波発生（SHG）
　　………………… 96, 100, 102, 104, 204
光導波路 ……………………………… 43
光の強さ ……………………………… 7
光のドップラー効果 ………………… 153
光ファイバ …………………………… 48
光誘起屈折率変化 …………………… 119
比屈折率差 …………………………… 51
微視的な分極 ………………………… 93
非線形感受率 ………………………… 94
　　──の対角成分 ………………… 109
非線形光学効果 ………………… 93, 94, 98
非線形媒質 …………………………… 102
非線形分極 ……………………… 94, 99
非線形分光 …………………………… 145
左手系 ………………………………… 151
左回り円偏光 ………………………… 12
比透磁率 ……………………………… 6
微分伝搬行列 ………………………… 80
比誘電率 ………………………… 6, 55
表面電荷密度 ………………………… 16
表面プラズモン ……………………… 140
　　伝搬型── ……………………… 140
　　──の伝搬長 ………………… 142
　　──の波数 …………………… 141
　　──の分散関係 ………… 141, 144

ふ

ファブリ−ペロ共振器 ……………… 125
V パラメータ …………………… 46, 48, 53
フォトニック結晶
　　………………… 130, 131, 136, 139, 146
フォトニックバンドギャップ（PBG）
　　……………………………………… 130
複屈折 …………………………… 4, 55, 85
負の 1 軸性結晶 ……………………… 106
負の屈折 ……………………………… 151
プラズマ周波数 ……………………… 35
プラズマ波 …………………………… 140
ブラッグマン（B）モデル …………… 22

ブリュースター角 ･･････････････ 30, 31
ブリリュアンゾーン ･･･････････････ 138
フレネルの式 ････････････････････ 61, 64
フレネルロム ････････････････････････ 34
ブロッホの定理 ･･････････････････････ 131
分極 ････････････････････････････ 16, 201
分極波 ･･･････････････････････ 110, 115
　　──の実効的屈折率 ･･･････････ 112
分極反転構造 ･･･････････････････････ 110
分極率 ･･･････････････ 19, 147, 177, 179
分散関係 ･････････････････････････ 51, 133
分散媒質 ･･･････････････････････････ 196

へ

平面波 ･･････････････････････････････ 5
並列モデル ････････････････････････ 22
ベクトル円筒調和関数 ･･････････････ 49
ベクトル球面調和関数 ･･･････ 163, 206
ベクトル調和波 ･･････････････････ 127
ベッセル関数 ･･････････････････ 49, 127
　　第 3 種── ･･････････････････ 49
　　第 2 種── ･･････････････････ 49
　　第 2 種変形── ････････････････ 54
　　リカッチ── ･･･････････････ 167
Berreman の 4×4 行列法 ･･････････ 79
変換効率 ････････････････････････ 104
偏光
　　s── ････････････････････ 26, 44
　　円── ･･････････････････････ 10, 11
　　固有── ････････････････････ 56
　　自然── ････････････････････････ 8
　　楕円── ･･････････････････ 10, 12
　　直線── ･･････････････････ 8, 12
　　TE── ･･････････ 26, 44, 127, 138
　　TM── ･･････････ 26, 47, 127, 137
　　p── ･････････････････････ 26, 47
　　──子 ･････････････････････ 14
　　──度 ･････････････････････ 10
　　──板 ････････････････････････ 8

ほ

ポインティングベクトル ･･･ 7, 57, 60, 202
方解石 ･･････････････････････････ 68
棒状のナノ粒子 ････････････････ 148
飽和吸収体 ･･･････････････････ 121
ポッケルス係数 ････････････････ 116
ポッケルス効果 ･･･････････････ 97, 116
ポテンシャル ･･････････････････ 160

ま

マックスウェル-ガーネット(MG)モデル
　･････････････････････････････ 22
マックスウェルの方程式 ･･････････ 201

み

右手系 ･･･････････････････････ 151
右回り円偏光 ･････････････････････ 12
ミリ波（EHF）･･････････････････････ 3

む

Mur の吸収境界 ･････････････････ 190

め

メタマテリアル ･･････････････････ 150
　　ハイパボリック── ････････ 154
　　──による光吸収 ･･････････ 156

も

モーガン条件 ･･････････････････････ 92

ゆ

有効媒質近似 ････････････････････ 22
誘電率 ･･･････････････ 6, 22, 151, 201
　　真空の── ････････････････ 201
　　比── ･････････････････････ 6, 55
　　──テンソル ･･････････････ 55

よ

λ/4 波長板 ･････････････････････ 14

ら
ラプラスの方程式 ･･････････････ 160
ラマン散乱 ･････････････････････ 145

り
リカッチ–ベッセル関数 ･････････ 167
離散双極子近似(DDA) ････････ 176
立方晶 ･･･････････････････････････ 18

臨
臨界角 ･･････････････････････ 31, 33

る
ルジャンドル関数 ･･････････････ 168
ルジャンドル陪関数 ･･････ 169, 171

ろ
ローレンツの空洞電場 ･･････････ 18

MSET : Materials Science & Engineering Textbook Series

監修者

藤原 毅夫	藤森 淳	勝藤 拓郎
東京大学名誉教授	東京大学教授	早稲田大学教授

著者略歴

梶川 浩太郎（かじかわ こうたろう）
1964 年　東京都に生まれる
1987 年　東京工業大学工学部有機材料工学科卒業
1989 年　東京工業大学大学院理工学研究科修士課程修了
　　　　　東京工業大学工学部助手，理化学研究所基礎科学特別研究員，
　　　　　名古屋大学理学部助手などを経て
1999 年　東京工業大学助教授
2008 年　東京工業大学教授
東京工業大学教授　博士（工学）

専門分野　光機能性材料

2016 年 12 月 20 日　第 1 版発行

検印省略

物質・材料テキストシリーズ
先端機能材料の光学
光学薄膜とナノフォトニクスの基礎を理解する

著　者 © 梶　川　浩太郎
発行者　内　田　　　学
印刷者　山　岡　景　仁

発行所　株式会社　内田老鶴圃　〒112-0012 東京都文京区大塚 3 丁目 34-3
　　　　　　　　　　　　　　　　電話 (03) 3945-6781(代)・FAX (03) 3945-6782
http://www.rokakuho.co.jp/　　　　　　　　　　　　　印刷・製本／三美印刷 K.K.

Published by UCHIDA ROKAKUHO PUBLISHING CO., LTD.
3-34-3 Otsuka, Bunkyo-ku, Tokyo 112-0012, Japan

U. R. No. 629-1

ISBN 978-4-7536-2306-8 C3042

物質・材料テキストシリーズ

藤原 毅夫・藤森 淳・勝藤 拓郎 監修

共鳴型磁気測定の基礎と応用　高温超伝導物質からスピントロニクス，MRIへ

北岡 良雄 著　A5・280頁・本体4300円

物質・物性・材料の研究において学際的・分野横断的な新しいサイエンスを切り拓く可能性を秘める共鳴型磁気測定について，その基礎概念の理解と応用展開をできるだけやさしく，分かりやすく，連続性を保ちながら執筆したテキスト．

はじめに／共鳴型磁気測定法の基礎／共鳴型磁気測定から分かること（Ⅰ）：NMR・NQR／NMR・NQR測定の実際／物質科学への応用：NMR・NQR／共鳴型磁気測定から分かること（Ⅱ）：ESR／共鳴型磁気測定法のフロンティア

固体電子構造論　密度汎関数理論から電子相関まで

藤原 毅夫 著　A5・248頁・本体4200円

本書は，量子力学と統計力学および物質の構造に関する初歩的知識で，物質の電子構造を自分で考えあるいは計算できるようになることを目的としている．電子構造の理解，そして方法論開発へ前進するに必携の書である．

結晶の対称性と電子の状態／電子ガスとフェルミ液体／密度汎関数理論とその展開／1電子バンド構造を決定するための種々の方法／金属の電子構造／正四面体配位半導体の電子構造／電子バンドのベリー位相と電気分極／第一原理分子動力学法／密度汎関数理論を超えて

シリコン半導体　その物性とデバイスの基礎

白木 靖寛 著　A5・264頁・本体3900円

本書は半導体物理，半導体工学を学ぼうとする大学学部生の入門書・教科書から大学院や社会で研究開発する方の参考書となるよう執筆されている．シリコン半導体の物性とデバイスの基礎を中心に詳述しているが，半導体に関する重要事項も網羅する．

はじめに／シリコン原子／固体シリコン／シリコンの結晶構造／半導体のエネルギー帯構造／状態密度とキャリア分布／電気伝導／シリコン結晶作製とドーピング／pn接合とショットキー接合／ヘテロ構造／MOS構造／MOSトランジスタ（MOSFET）／バイポーラトランジスタ／集積回路（LSI）／シリコンパワーデバイス／シリコンフォトニクス／シリコン薄膜デバイス

固体の電子輸送現象　半導体から高温超伝導体まで そして光学的性質

内田 慎一 著　A5・176頁・本体3500円

物理学の基礎を学んだ学生にとって固体物理学でわかりにくい事柄，従来の固体物理学の講義や市販の専門書に対して学生が感じる物足りなさが得た多くのフィードバックを反映，類型的な項目の選び方と記述を極力避け，読者が持つであろう疑問に正面から答える．

はじめに：固体の電気伝導／固体中の「自由」な電子／固体のバンド理論／固体の電気伝導／さまざまな電子輸送現象／固体の光学的性質／金属の安定性・不安定性／超伝導

強誘電体　基礎原理および実験技術と応用

上江洲 由晃 著　A5・312頁・本体4600円

本書は定着している古典的な知識を辿るとともに，強誘電体の新しい動向を盛り込んでいる．著者自身が強誘電体の実験的研究に取り組んできたことから，その経験に基づき実験の記述により比重を置いていることが本書の大きな特徴である．強誘電体を学ぼうとする，あるいは取り扱う学生・研究者・技術者にとって，座右に置くべき必携の書である．

誘電体と誘電率／代表的な強誘電体とその物性／強誘電体の現象論／特異な構造相転移を示す誘電体／強誘電相転移とソフトフォノンモード／強誘電体の統計物理／強誘電体の量子論／強誘電性と磁気秩序が共存する物質／強誘電体の基本定数の測定法／強誘電体のソフトモードの測定法／リラクサー強誘電体／分域と分域壁／強誘電性薄膜／強誘電体の応用

偏光伝搬解析の基礎と応用　ジョーンズ計算法の基礎と偏光干渉，偏光回折，液晶の光学

小野 浩司 著　A5・224頁・本体3800円

材料学シリーズ No.22
液晶の物理

折原 宏 著　A5・264頁・本体3600円